北京市科学技术协会科普创作出版资金资助

魔力数学

Magical Maths

数字与计算

巧妙解答复杂的难题

NUMBERS: HOW TO COUNT THEM

[英]史蒂夫·韦 [英]费利西娅·劳/著
[英]戴维·莫斯廷/绘
郭园园/译

一起了解数字的起源、计算和分配方法，
并尝试图形谜题、幻方游戏吧！

知识产权出版社
全国百佳图书出版单位
—北京—

一、二、三

在计数的时候，你首选的计数工具是什么？哈哈，大部分人会选择手指，几乎所有的孩子在学习计数的时候都会这么做。

在计数的时候，手指是非常有用的。这是为什么呢？因为手指永远伴随在我们身边，使用非常方便。事实上，在远古时代，人们就开始使用手指进行计数了。在计数的时候，我们通常会用到不同的手指或手指组合，并用嘴说出其对应的数字名称。

由于我们从小就这样做，所以这看起来是再容易不过的事情了。但实际上，人类经历了几千年才获得这种今天看似简单的计数能力。

算盘

在今天的中国、俄罗斯、土耳其等国的商店或市场里，穿珠算盘仍被使用。许多人仍可以熟练地使用算盘，他们计算数字求和的速度甚至超过了电子计算器。

古人发明了算盘，它首先是一种计数工具。算盘大致可以分为三类：沙盘类、算板类和穿珠类。大家常见的穿珠算盘是由许多小棒组成的，每根小棒上都穿有算珠，这些珠子可以上下拨动，用以表示不同的数字。古巴比伦人、古埃及人和古代中国人都曾使用过算盘，最早的算盘可以追溯到5000年前。

其中，第一种类型的算盘——沙盘，是在平板上铺有细沙，人们利用手指或小棒在细沙上画出符号来计数。事实上，“算盘”的英文“abacus”这个词的本义就是“擦抹细沙”。

早期的计数符号

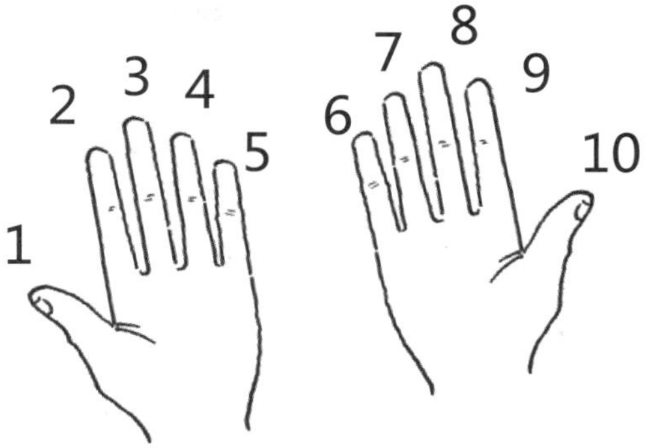

人们放弃游牧生活，不再靠狩猎和采集野果为生后，便开始了定居的农耕生活，这时候无论计数方式还是计数结果的记录水平都得到了突飞猛进的发展。从那时起，家畜和文明生活的用具开始增多，于是数字就诞生了。

当人们利用手指计数的时候，手指就自然地成为最早的数字符号了。当然，每一个数字还需要一个对应的名称，以便人们记住这些数字的顺序和数值。

当手指的数目不够用时，人们便利用在小木棒或卵石上做标记的方法来计数。随着计数的数值越来越大，种类越来越多，表示数字的语言也越来越丰富。

印度的数字符号

大约2000年前，古代印度人便发明了用来计数的印度数字，这些数字符号表示如下：

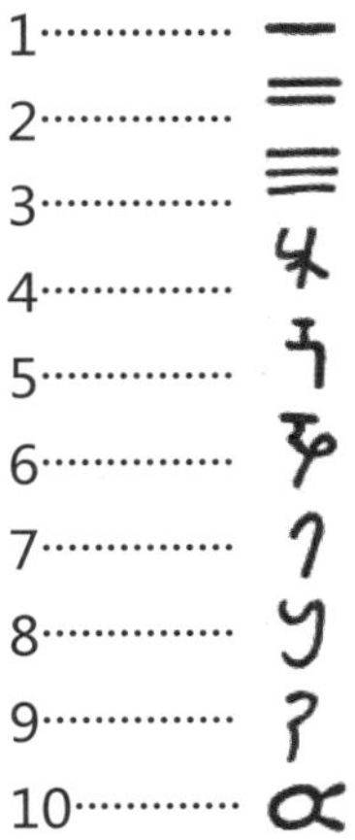

这些印度数字符号一直在不断演变，它们在生活中的作用也变得越来越重要。我们今天通用的数码就源自它们。

直至今日，人们仍可以在印度洋沿岸的一些岛屿上找到如左图中展示的这串玛瑙贝，它们在古代不仅是货币，同样也可以作为一种计数工具。

各种各样的数字符号

下面我们将要介绍几种已在世界各地使用了数千年的数字符号。

象形数字

现在已知最早的数字符号，是5000年前由古埃及人发明的刻在石头上的象形文字中的数字符号。象形数字的表示采用编组法，也就是说，通过适当地重复这些符号就可以表示任意的整数。人们通常习惯把较小的数字放在前面。

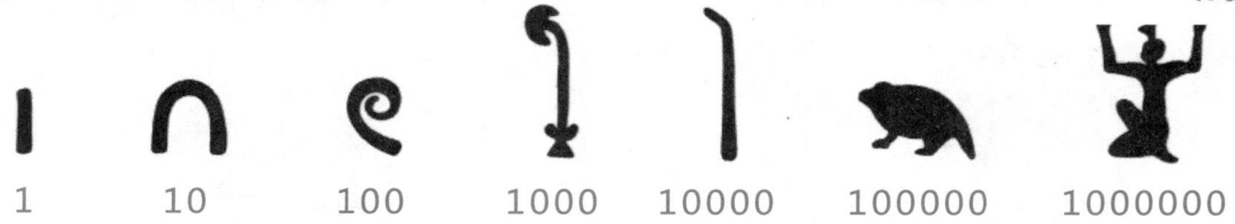

这是一组象形数字的加法运算

=8×1+5×10+4×100+8×1000+5×10000+2×100000
=258458

中国数字

下图展示了中国人表示数字的几种方法。

	1	2	3	4	5	6	7	8	9	10	100	1000
古代数字体系	一	二	三	四	五	六	七	八	九	十	百	千
商业数学中使用的“苏州码子”	〡	〢	〣	〤	〥	〦	〧	〨	〩	十	百	千

苏州码子脱胎于中国古代的算筹，也是唯一还在被使用的算筹系统，多用在商业领域，用于速记。

找数字

中国数字在上一页已经向大家展示过了，下面是历史上另外几种文字体系中从1到9的数字符号。

印度-阿拉伯数字	1	2	3	4	5	6	7	8	9
阿拉伯数字	١	٢	٣	٤	٥	٦	٧	٨	٩
梵文数字	१	२	३	४	५	६	७	८	९
藏文数字	༡	༢	༣	༤	༥	༦	༧	༨	༩
克什米尔数字	𑇑	𑇒	𑇓	𑇔	𑇕	𑇖	𑇗	𑇘	𑇙
孟加拉数字	১	২	৩	৪	৫	৬	৭	৮	৯
泰语数字	๑	๒	๓	๔	๕	๖	๗	๘	๙

在下面的表格中隐藏着按照水平、竖直或倾斜直线排列的8种不同类型从1到9的连续数字，你能将它们分别找出来吗？

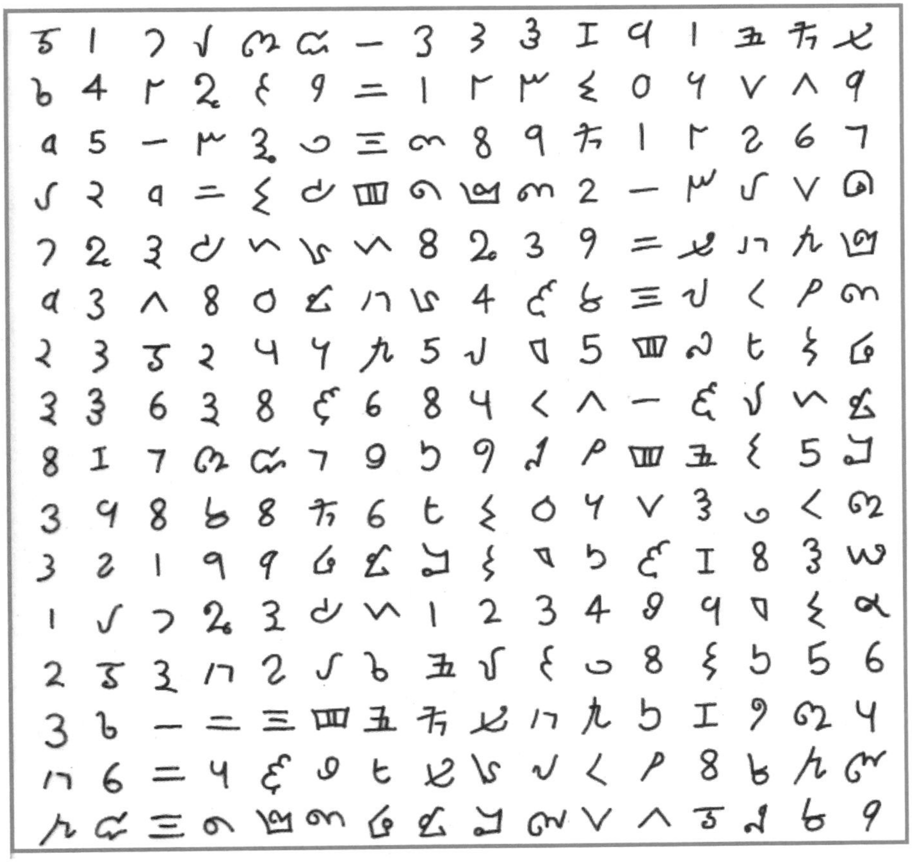

答案在第32页

罗马数字

古罗马人使用的罗马数字一般是由直线条和交叉线条构成，目的是将其刻在石头上以显现出权威性。例如，字母“I”表示数字1；两个字母“I”，即“II”，表示数字2；字母“V”表示数字5；在“V”左侧加上字母“I”，表示从5中减去数字1，即“IV”，表示数字4；在“V”右侧加上字母“I”，表示5加上1，即“VI”，表示数字6；字母“X”表示数字10；剩余数字的构造规则以此类推。这些数字至今仍被使用在钟表的盘面、书籍的章节标号、钱币的序号等处。

罗马数字从1到10的符号
如下所示：

I
II
III
IV
V
VI
VII
VIII
IX
X

你知道下面的罗马数字
分别表示多少吗？

XV =
XVIII =
XXVII =
XXXIX =

数词

人类在学会使用语言之前很可能已经掌握了计数的本领。但是很久以前，数字并非像今天一样拥有它们的名字。

一般认为，古人对不同物品在计数的时候通常会使用不同的数字名称。例如，古人在表示“三根木棒”和“三个人”时，使用的数词“三”是完全不同的两个词，经过长时间的演化，人们才逐渐使用统一的数词“三”来对所有不同的物品进行计数。

答案在第32页

十条小船与十个椰子

有非常多的证据表明，古人在对相同数目的不同物品计数时会使用不同的数词。例如，斐济岛的居民在描述十条小船时使用的数词是“bola”，而在描述十个椰子时使用的数词是“koro”。

七种名称

关于上述问题，加拿大土著居民给出了更有力的证据。在对相同数量的不同物品计数时，他们甚至会使用七种不同的数词。例如，他们的语言中有七个不同的单词均表示数字“十”，就好像表示十双鞋的数词是“@”，表示十片面包的数词是“±”，表示十个小朋友的数词是“&”，表示十根胡萝卜的数词是“*”，表示十条狗的数词是“%”，表示十根木棒的数词是“？”，表示十天的数词是“#”。

统一的名称

放眼今天的世界，在某一种语言中，人们在描述不同的物品时通常会使用统一的数词。例如，对于从1到5的表述，法语是un, deux, trois, quatre,cinq; 英语是one, two, three, four, five; 西班牙语是uno, dos, tres, cuatro, cinco; 德语是eins, zwei, drei, vier, fünf; 印度尼西亚语是satu, dua, tiga, empat, lima; 日语是ichi, ni, san, shi, go。

狼的骨头

人类以“五”为单位计数的历史非常悠久。1937年，考古学家卡尔·阿布索伦博士（Dr. Karl Absolon）在捷克斯洛伐克发掘出一根狼的骨头，据考证它有大约3万年的历史。这根骨头被人为地刻上了许多组以五条竖线为单位的计数符号。

事实上以“五”为单位计数在通常情况下比以“一”为单位计数的效率更高，特别是遇到较大的数字时。

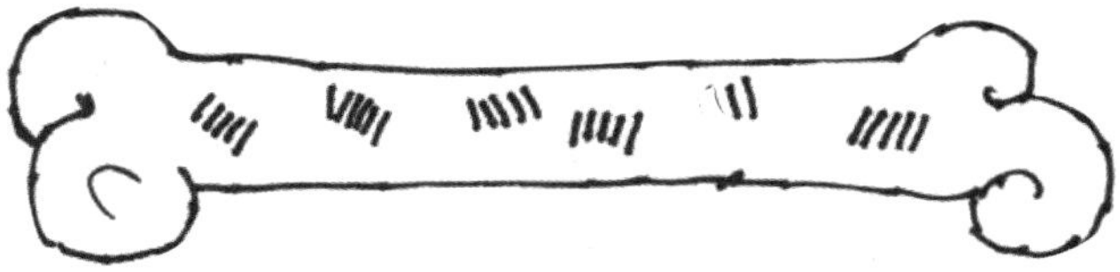

数字的排列顺序

我们都知道数字的顺序是从1到10，这是按照从小到大的顺序排列的。当然这也是大多数情况下我们计数的顺序，但是你是否想过这些数字还有没有其他的排列顺序呢？

1．什么时候我们这样计数？

10 9 8 7 6 5 3 2 1…

2．下面的数字是按照什么顺序排列的呢？

EIGHT
FIVE
FOUR
NINE
ONE
SEVEN
SIX
TEN
THREE
TWO

提示：什么时候SEVEN会出现在SIX前面呢？

3．下面的数字是按照什么顺序排列的呢？

EIGHT
SEVEN
THREE
FIVE
FOUR
NINE
ONE
SIX
TEN
TWO

提示：偶数是可以被2整除的数，但是奇数却不能。

4．下面数字的排列有些古怪，它们是按照什么顺序排列的呢？

8 4 6 9 10 1 2 3 5 7

提示：数字8由两个闭合的部分组成。

5．下面的数字是按照什么顺序排列的呢？

TWO
FOUR
SIX
EIGHT
TEN
ONE
THREE
FIVE
SEVEN
NINE

答案在第32页

动物们会数数吗？

你认为动物们会数数吗？数数仅仅是人类才具备的本领吗？如果动物会数数，就意味着必须理解"一"后面是"二"，"二"后面是"三"……这个数字顺序。事实上，有些动物的确具备数数的本领，这是某些动物生存所必需的基本能力。

斑鬣狗

斑鬣狗是群居动物，它们必须随时弄清楚入侵者种群的数量。斑鬣狗具有数出不同声音数量的本领，通过声音来确定自身种群的数量和入侵者种群的数量，进而通过对比来确定是继续进攻还是撤退。

呱呱叫的青蛙

青蛙的种类有很多，一般雌性青蛙可以数出单位时间内其他青蛙呱呱叫的次数，用以区分哪些是同类的雄性青蛙来进行交配繁衍。

勤劳的蜜蜂

勤劳的蜜蜂从蜂巢出来寻找食物，它们可以通过数出蜂巢到食物之间路标的数量来判断飞行的距离。

动物里的明星

亚力克斯是一只非洲灰鹦鹉，它可以从1数到6。为了测试这一点，人们在它面前的托盘中摆上5个绿色的方块、6个绿色的球、4个玫瑰色的球和3个玫瑰色的方块。当分别问它每种颜色不同形状的物体数量时，它会给出准确的答案。

艾是日本一只39岁的雌性黑猩猩，她是第一个能用阿拉伯数字数数的动物。她能够理解这些数字符号所代表的大小、它们的连续性以及在数轴上的位置。她可以通过敲击的方式给出问题的正确答案。

接下来的数字是多少？

数字的排列顺序有许多种，你能找出下面每一组数字的排列规律是什么吗？

每组数字中接下来的数字是多少？

3,	5,	7,	9,	___,	___
5,	12,	19,	26,	___,	___
17,	14,	11,	8,	___,	___
4,	20,	36,	52,	___,	___
2,	4,	8,	16,	___,	___
1,	4,	9,	16,	___,	___
96,	48,	24,	12,	___,	___
7,	12,	22,	42,	___,	___
1,	3,	6,	10,	___,	___

提示：你可以通过每组数中相邻两个数字的差值或倍数关系找出各自的规律。

左面这组数列中第一个数为1，后面每个数字均为正方形数，你知道这是为什么吗？

左面这组数列中第一个数同样为1，后面每个数字均为三角形数，你知道这是为什么吗？

帕斯卡三角形

右面一组数构成的三角形就是著名的帕斯卡三角形，你知道它们每行的数字是如何得到的吗？

1
1 1
1 2 1
1 3 3 1
1 4 6 4 1
1 5 10 10 5 1
_ _ _ _ _ _ _
_ _ _ _ _ _ _ _
_ _ _ _ _ _ _ _ _

你能把上面横线上缺失的数字补齐吗？

答案在第32页

幻 方

数学上的众多突破都是通过谜题的形式进行的，这一点也许并不奇怪。在很久以前，人们便发现了幻方并且为之着迷。幻方是一种将数字排列在正方形方格中，使每行、每列和对角线上的数字之和都相等的谜题。

例如，将从1到9中的每个数字分别写在正方形表格中，每个数字只能使用一次，且满足：

1. 每横行三个数字之和等于15；
2. 每竖行三个数字之和等于15；
3. 每条对角线三个数字之和等于15。

4	3	8
9	5	1
2	7	6

你能将下面幻方中缺失的数字补全吗?

	7	2
1		

	1	
		7
4		

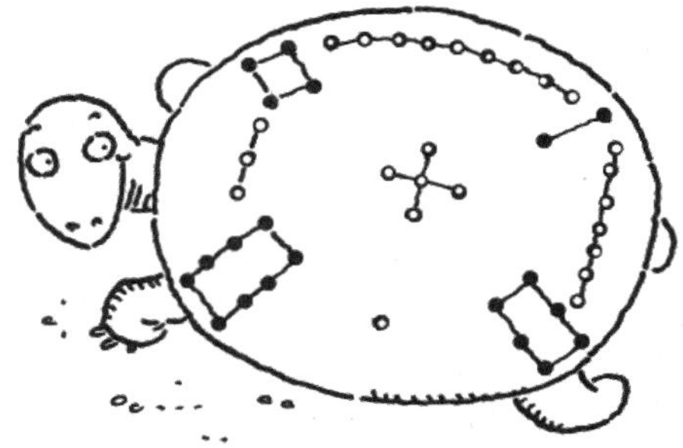

幻方的历史

历史学家一般认为幻方起源于几千年前的中国。大约4000年前，大禹在治水的时候，有一次在黄河边看见水中出现了一只神龟，龟背上刻有神秘的符号，它被称为“洛书”。大禹依此治水成功，遂将天下分为九州。龟背上的“洛书”是由点和线构成的，结构是戴九履一，左三右七，四二为肩，八六为足，五守中央。

幻方在今天的中国仍然比较常见，例如，在一些建筑物或艺术品的设计上。当然你偶尔也会发现一些算命先生在占卜的过程中也会使用它们。

答案在第32页

斐波那契数列

下面将要介绍的是著名的斐波那契数列，它以著名的意大利数学家列昂纳多·斐波那契的名字命名。斐波那契被人称作“比萨的列昂纳多”。斐波那契数列的构造原理是从第三个数字开始，每个数字均为前面两个相邻数字之和，如下所示：

0, 1, 1, 2, 3, 5, 8, 13, 21, 34, 55, 89, 144, 233, 377, 610, 987, 1597, 2584, 4181, 6765, 10946, 17711, 28657, 46368, 75025, 121393, …

你能计算出后面的数字吗？

答案在第32页

斐波那契生平

斐波那契是生活在13世纪的一位才华横溢的意大利数学家。

当斐波那契还是个孩子的时候，便跟随作为商人的父亲——古列尔摩，从意大利出发，游历了众多位于北非的阿拉伯国家，斐波那契从阿拉伯人那里学习了很多数学知识。

斐波那契离开埃及后，又游历了叙利亚、希腊、西西里和法国南部，每到一处他都认真学习当地的计数系统和计算方法。

通常一朵花的花瓣数量就是斐波那契数列中的某一个数字。

斐波那契最为重要的代表作是《计算之书》（Liber Abaci）。该书首次将印度-阿拉伯数字及相关计算方法引入欧洲。

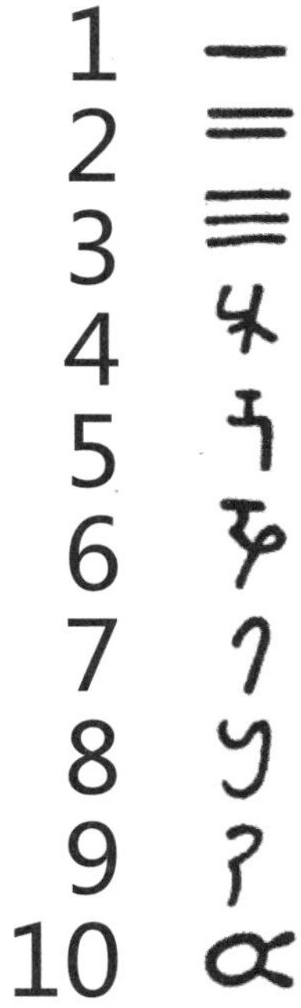

当斐波那契的《计算之书》在欧洲问世时，印度-阿拉伯数字并未被公众所接受。

斐波那契所使用的印度-阿拉伯数字与当时欧洲盛行的罗马数字相比，最大的优点在于位值制。例如，数字1，当其位于个位时表示数字“1”；当其位于十位时，表示数字“10”；当其位于百位时，表示数字“100”，以此类推。当人们认识到印度-阿拉伯数字计数体系的优点后，这种计数体系便以非常快的速度在欧洲传播开来，并逐渐演化成我们今天所使用的阿拉伯数字。

你知道我们今天数学课上所学到的数字体系应该感谢谁了吧？

关于9的运算技巧

一般孩子们认为9这个数字比较大，所以9的倍数记忆起来比较困难。但事实上有一个记住它们比较简单的方法——只需要利用你们的手指就可以。方法如下：想象一下，你的每一根手指代表一个数字，如右图所示。

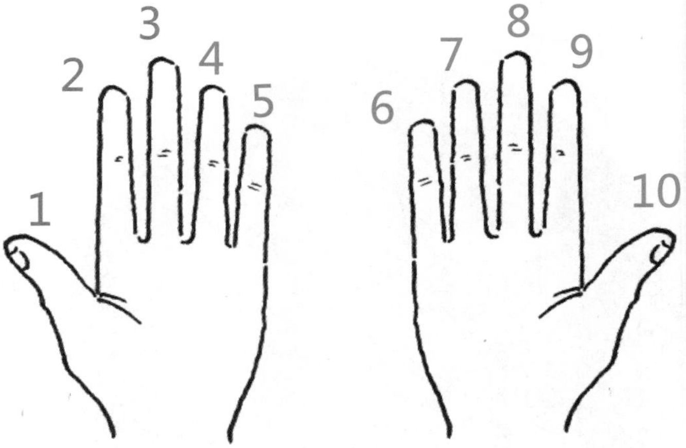

当某一个数字与9相乘时，就将表示这个数字的手指放下。例如1×9，如图将表示1的手指放下。

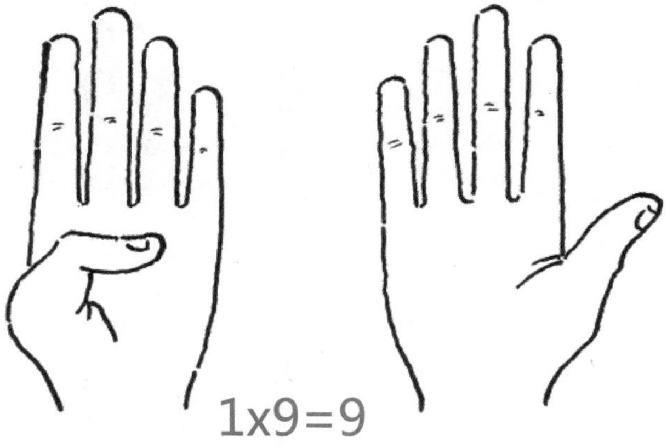

那么乘积是多少呢？想象一下你放下的那根手指左侧剩余的手指数目就是乘积的十位数字，那根手指右侧剩余的手指数目就是乘积的个位数字。

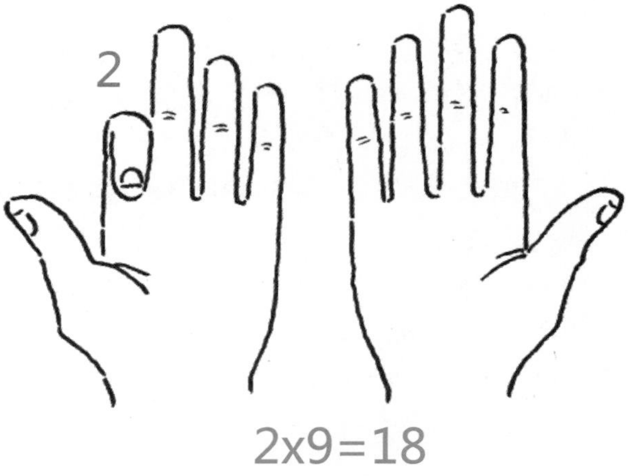

如图所示，你知道2×9的结果了吧！

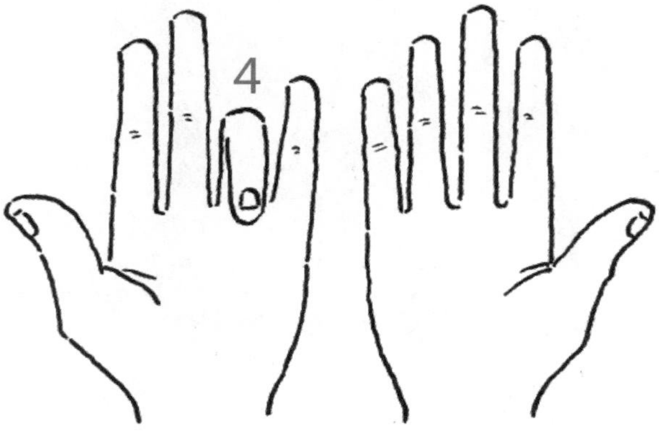

4×9的结果是多少呢？

答案在第32页

但是这种运算技巧的应用不止这些哟！

乘法运算有一些特殊的性质，例如它具有交换性，也就是说8×9与9×8的结果相同，因此你可以通过9的倍数表得到一些其他数字倍数的结果。

9的倍数表的应用不止于此。例如，现在要计算7×8，这个运算过程中9的倍数表还有用吗？当然有用。7×8相当于8个7的大小，同时7×9相当于9个7的大小，由于8个7要比9个7少1个7，比63少7的数字是56，这就是7×8的结果。

知道了9的倍数表，你试试通过它们来计算下面的问题吧：

5×7　4×8　3×11　8×8　7×7　6×8

因此，如果你记住了9的倍数表，便可以求出其他数字的倍数表。

乘法舞蹈

下面是一个关于乘法运算的小游戏。其中0至9每个数字都可以用肢体动作来表示，当然还需要表示乘法的运算符号“×”和等于号“=”的姿势，如下所示：

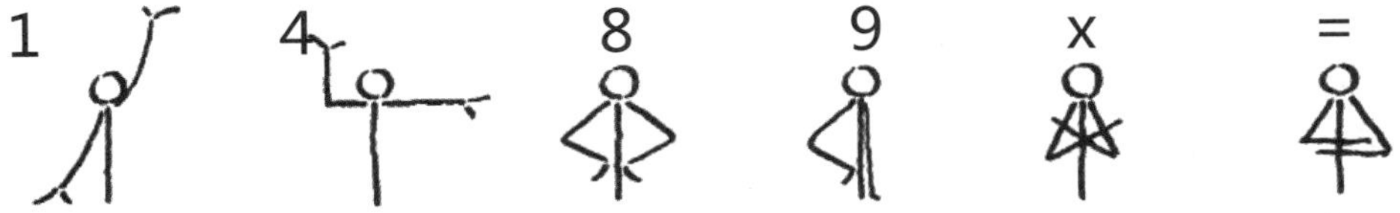

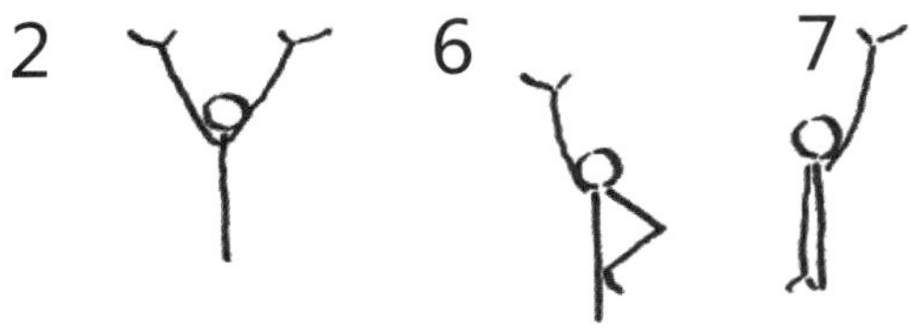

接下来用你的肢体表示每一个乘法运算吧！在学习乘法运算的时候，你可以运动一下！

四则运算

对于数字而言，它们之间有四种基本的运算，被称为“四则运算”。

加法运算：将两个或多个数字合并成一个较大的数字。加法运算的结果叫作和，加法运算的符号是“＋”。

例如，3＋5可以视为在3个物品上加上5个物品，而得到8个物品。

当然，你也可以沿着数字构成的直线数一数，从数字3开始向右侧数出5个数字，到达8所在的位置，这就是结果。

1 2 3 4 5

1 2 3 4 5 6 7 8 9 10

减法运算：为了发现两个数字之间的差值，在一个数字中取走另一个数字。减法运算的结果叫作差，减法运算的符号是“－”。减法运算与加法运算互为逆运算。

例如，7－2=5可以视为在7个物品中取出2个物品，剩余5个物品。

当然，你也可以沿着数字构成的直线数一数，从数字7开始向左侧数出两个数字，到达5所在的位置，这就是结果。

2 1

1 2 3 4 5 6 7 8 9 10

快速计算下列加法：	快速计算下列减法：
2＋3=?	4－3=?
2＋4＋3=?	15－1－3=?
2＋5＋4＋8=?	19－5－2－1=?
2＋9＋5＋7＋2=?	22－9－5－7=?
2＋9＋5＋7＋2＋4=?	22－2－4－3=?

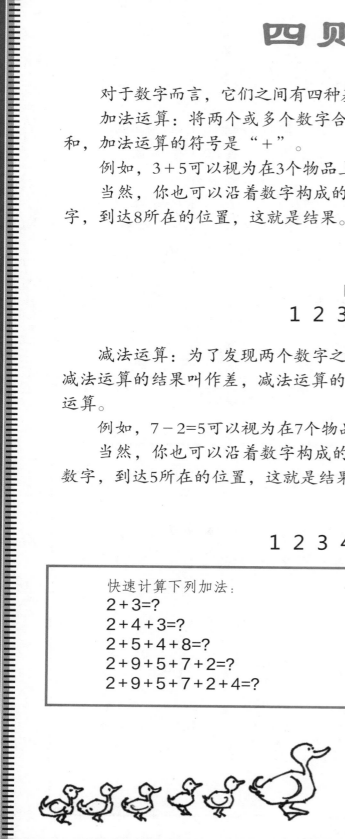

+−X÷+−X÷+−X÷+−X÷

乘法运算：将同一个数字重复多次相加的运算。例如，4×6=4+4+4+4+4+4（即将6个4相加），最后得到24。当然，6×4也等于6+6+6+6，也可以得到相同的答案。乘法运算的结果叫作乘积，简称积，乘法运算的符号是“×”。

小贴士：记住1至10的倍数表在乘法运算中是十分有用的。当然，如果你忘记了某些结果，也可以通过重复相加的方法得到答案。

除法运算：求在某一数中所包含另一个数字的个数的运算。例如，12÷2=6可以理解为12中包含6个2。除法运算的结果叫作商，除法运算的符号是“÷”。除法运算与乘法运算互为逆运算。

小贴士：也可以利用连续的减法运算求出结果。

12−2=10　10−2=8　8−2=6　6−2=4　4−2=2　2−2=0

+−X÷+−X÷+−X÷+−X÷

快速计算下列乘法：

4×6=?

5×2×7=?

6×3×2×6=?

7×3×2×4×1=?

8×2×3×4×5=?

快速计算下列除法：

4÷2=?

16÷8÷2=?

20÷5÷2÷1=?

48÷4÷3÷2=?

100÷10÷5=?

答案在第32页

寻找缺失的数字

求出每组缺失数字的秘诀在于观察剩余三组已知数字之间属于哪一类四则运算。有些问题仅仅涉及一种运算，比较简单；有些问题则比较复杂，会涉及不止一种四则运算。

2 → 5
3 → 6
5 → 8
6 → ____

1 → 8
3 → 10
4 → 11
5 → ____

7 → 5
6 → 4
4 → 2
3 → ____

20 → 9
18 → 7
17 → ____
11 → 0

1 → 3
2 → 6
3 → 9
4 → ____

2 → 12
4 → 24
5 → 30
8 → ____

40 → 20
30 → 15
16 → ____
10 → 5

55 → 11
30 → 6
15 → 3
10 → ____

2 → 5
3 → 7
5 → 11
8 → ____

3 → 4
4 → 7
6 → 13
10 → ____

30 → 6
24 → ____
15 → 1
12 → 0

50 → 15
40 → 13
25 → 10
15 → ____

关于数字3的小知识

将某一数字每一位上的数字相加，若所得的和是3的倍数，那么原数字也是3的倍数。

例如，2013每个数位上的数字之和为2+0+1+3=6，6÷3=2，所以2013也是3的整数倍数。

答案在第32页

计算器

在人类历史上，算盘在长达数个世纪的时间里一直是最精确、最先进的计算工具。但是随着运算量加大，算盘已经不能满足人类对运算的需求。这时，一些聪明的发明家便试图创造更为先进的计算工具，首先出现的便是计算器，这就意味着通过机械和齿轮就可以完成一些运算。

加法器

加法器

1642年，布莱斯·帕斯卡（Blaise Pascal）发明了加法器(Pascaline)，它可以进行加减法运算，而乘法运算可以通过重复的加法实现。想要输入数字，需要将轮子转动到一定位置，在轮子上方的小窗上就会显现出数字，再输入一个新的数字，二者就会相加。

帕斯卡是一个天才少年，尤其在数学方面表现出过人的天赋，他因16岁的时候就能够写出学术论文而名噪一时，19岁的时候便发明了加法器。300多年前帕斯卡的这项发明可以视为今天人们普遍使用的计算机的先驱。

布莱斯·帕斯卡

用你手中的计算器检验下面的运算结果

1X1	=	1
11 X 11	=	121
111 X 111	=	12321
1111 X 1111	=	1234321
11111 X 11111	=	123454321
111111 X 111111	=	12345654321
1111111 X 1111111	=	1234567654321
11111111 X 11111111	=	123456787654321
111111111 X 111111111	=	12345678987654321

古戈尔

随着人类文明的发展，需要记录的数字日益增长。1古戈尔(googol)指的是1后面加上一百个零。这个单词是1938年一个叫米尔顿·西洛塔（Milton Sirotta）的9岁男孩发明的，他的叔叔是美国著名数学家爱德华·卡斯纳（Edward Kasner）。古戈尔这个词刻画出一个不可想象的大数和无穷之间的区别。著名网站谷歌（Google）的名字就源于此。

那么古戈尔是最大的数吗？当然不是，例如古戈尔派勒斯（googolplex）指的是10的古戈尔次方，相当于10^{googol}。你可以想象一下10的10次方，也就是10个10相乘，得到10亿，那么1古戈尔派勒斯该有多大了。

但是即便如此，古戈尔派勒斯也不是最大的数字，因为将其在最后一个数位加上数字1，那么便得到一个更大的数字，这样可以继续加下去而没有尽头。

因此，世界上没有最大的数字，数字可以无限大，无穷无尽，这便是——无穷。

无穷

这是无穷大的符号

无穷究竟是多大呢？答案是没有尽头。无穷的符号是“∞”，你可以把它看作将8水平放置，这个符号是在英国人沃利斯（John Wallis）的《无穷算术》（1655年出版）一书中首次使用的。事实上，这个符号真正的起源并不十分清楚，一种可能的解释是这个符号在数学上与“双纽线（lemniscate）”相同，这个词源于拉丁文“lemniscus”，意为“悬挂的丝带”，想象一下一个人沿着这样的丝带一直绕圈走下去而没有尽头。

长久以来不被人接受的数字——零

* 零是从“虚无”演变而来的数字，它被人们所接受只有1500年的历史。
* 一些早期的数学家甚至十分讨厌数字零，例如，古希腊数学家亚里士多德（Aristotle）认为零应该被忽略，因为它不能被分割。
* 古巴比伦人在计数过程中如果遇到在两个数字之间出现零的情况，就会将此数位空出来，而不使用表示零的符号。

有没有无穷大的数字？

在中国现代汉语中常用的计数单位有十、百、千、万，但是对于更大数字的单位，数学家通常采用如下的国际单位制词头：

词头名称		词头符号
个	$1=10^0$	
十	$10=10^1$	da
百	$100=10^2$	h
千	$1000=10^3$	k
	86400=一天中所包含的秒数	
兆	$1000000=10^6$	M
	31556926=一年中所包含的秒数	
吉	$1000000000=10^9$	G
	7000000000大约等于2011年地球上的人口总数	
太	$1000000000000=10^{12}$	T
拍	$1000000000000000=10^{15}$	P
艾	$1000000000000000000=10^{18}$	E
泽	$1000000000000000000000=10^{21}$	Z
尧	$1000000000000000000000000=10^{24}$	Y

葛立恒数（Graham's Number）是拉齐姆理论（Ramsey Theory）中一个异乎寻常问题的上限解，是一个难以想象的巨型数，它被视为现在正式数学证明中出现过的最大的数字，它大得连科学计数法也无法表示。举个例子，如果把宇宙中所有的已知物质换成墨水，并把它们放在一支钢笔中，那么也没有足够的墨水在纸上写下这个数字的所有数位。

群居动物

群居动物指的是以群体为生活方式的动物。它们在生活中无论进食、睡觉还是迁徙等都以集体为单位，彼此相互关照、相互协助，共同抵御外敌入侵。

团结一致

鱼儿们聚集在一起形成规模庞大的鱼群，当有外敌入侵时，鱼儿们向各个方向散开，闪动的鳞光会起到干扰和分散猎手注意力的效果。很明显，如果鱼儿单独游动，或者鱼群数量较少，它们就很容易被敌人吃掉。

即使是一些大型动物，如角马，它们也属于群居动物，这样可以有效阻止狮群的攻击。在非洲草原上，很多斑马也与角马们伴生在一起，这同样是为了更好地保护自己。角马群中的母角马们几乎在相同的时间内生产，而且刚出生的小角马在10分钟之内就能够学会奔跑，这样就留给猎食者很少的机会，有利于角马种群的繁衍生息。

四舍五入

这是一张位于东非肯尼亚境内的纳库鲁湖(Lake Nakuru)的图片,你能数清楚图片中有多少只火烈鸟吗?如果真要一只一只地数,又要从哪儿开始数起呢?鸟类学家在研究的过程中经常会遇到这样的问题。

答案是:估算。

有时候我们需要数的物品的数量十分庞大或是数起来十分困难,此时我们仅需要给出一个估算的数目,而不需要非常精确的数目,这是因为一个近似的数目已经足够用了。当然,我们也可以使用四舍五入的方法,例如一个比95稍大的数,我们可以认为它是100。

矩形估算法

鸟类学家十分擅长估算出图片中鸟的数量。他们一般首先在图片中选取一块小的矩形区域,随后数出其中鸟的数量,最后乘图片中所包含的矩形区域的数量即可。为了更为精确,他们选取了两类不同的矩形区域,一类是鸟比较集中的区域,另一类是鸟比较分散的区域,然后将两类区域鸟的数量分别乘图片中所包含两类小矩形区域的数量,最后将两个乘积相加,便会得到更为精确的鸟的数量。

估算

艺术家在作画时利用手中的铅笔便可以估计出远处一棵树或是较高的建筑物在画作上的高度。他们首先伸直手臂并用手握住铅笔,然后用大拇指标记出远处树木的最高点在铅笔上的位置,此时艺术家就可以通过这段铅笔的长度准确地画出树的高度。

十进位值制

毫无疑问，我们今天常用的十进位值制计数法是在每个数位上“满十进一”，也可以称其为“以十为底”，之所以这样做，是源于我们的十根手指。

十进位值制以数字10为底，也就是说当个位数字从1开始增加到9后便达到个位的上限，当数字进一步增加时便需要用新的数位——十位。此时数字从10开始，11，12，…，如此继续下去。事实上，计数体系有许多种，并不是所有的计数体系都以10为底。

十根手指和十个脚趾

在南美洲曾经存在一种古老的文明——玛雅文明。玛雅文明的计数体系就是以20为底，也就是说玛雅人在计数时只有用完了十根手指和十个脚趾共20个数后才会选择新的数位。利用20进制计数体系，玛雅人获得了十分精确的天文观测和计算数据。在玛雅文明时期并没有望远镜，人们仅仅通过裸眼进行观测和计算，由此获得的月球和行星的运动表比其他早期文明的数据更加精确。

事实上，直至今日，法语中表示80的单词是“quatre-vingts”，其本义是“4个20”。另外，今天英语中仍然常用单词“score”表示20，有一种说法是我们都可以庆祝3倍的“score”+10岁的生日。

南美洲火地岛（Tierra del Fuego）的居民在计数时以4为底，例如他们计数的方式如下：

1　2　3　10　11　12　13　20

1．大家看一看下面每组连续计数体系的底是多少呢？

1　2　10　11　12　20　　底是多少？________

2．大家看一看下面每组连续计数体系的底是多少呢？

15　16　17　20　21　22　　底是多少？________

3．大家看一看下面每组连续计数体系的底是多少呢？

100　101　102　103　104　110　111　　底是多少？________

4．如果下面的计数体系以6为底，那么接下来的数字是多少呢？

44　45

5．如果下面的计数体系以4为底，那么接下来的数字是多少呢？

32　33

答案在第32页

不同的底

我们日常生活中的电视、广播，以及计算机中的数字信号是以数字2为底的。

即便是今天，在澳大利亚、北非和南美洲的一些部落中，当地居民还采用如下的计数方式：一，二，二一，二二，二二一……

古巴比伦人和古代中东地区的人们在计数时通常以60为底，这也就是为什么我们今天的每个小时有60分钟，每分钟有60秒。

至于为什么古巴比伦人在计数时以60为底，主要原因是60中所含的约数比较多，例如1、2、3、4、5、6、10、12、15、20、30都可以将60整除。古巴比伦人主要从事农耕活动，经常会将大量的农产品在不同数量的人群中进行平均分配。

数字难题

在日常生活中，我们通常使用的数字有时是利用“数字技术”显示出来的，例如电子显示器、计算器屏幕就是利用一些发光的小棒组合起来显示数字的，0至9这十个数字的表现形式如下所示：

但有时这些发光的小棒会出现故障停止工作。

例如，上面这幅图是这台微波炉上显示时间的电子显示器，四个数位上相同位置的一根发光小棒坏掉了，那么根据剩余小棒的显示状态，你知道现在的准确时间吗？

如果还是这块出了毛病的电子显示器，你能在上面这幅图中画出6分59秒的显示状态吗？

下面是一辆汽车上速度表的电子显示器，它的四个数位上在相同位置也有一根发光的小棒坏掉了。

此时它显示汽车的速度是每小时87.9千米，你能看出来是哪个位置的小棒坏了吗？

如果还是这块出了毛病的电子显示器，你能在上面画出汽车的速度是每小时142千米的显示状态吗？

如果一块电子显示器最上面和最下面发光的小棒同时坏掉了，你能在下面画出0至9这十个数字的显示状态吗？

答案在第32页

数独（九宫格游戏）

数独游戏的盘面是一个大正方形，它在水平方向有九个横行，竖直方向有九个纵列，这样便划分成了八十一个相同的小正方形。同时这个大的正方形盘面又被粗线分为九宫，每一宫又包含九个小方格，所以又称为“九宫格”。

	2		1	7	8		3	
	4		3		2		9	
1								6
		8	6		3	5		
3								4
		6	7		9	2		
9								2
	8		9		1		6	
	1		4	3	6		5	

		6			7	3		
	1	8			9		5	
5							6	4
9	2			8				
			7	6	3			
				9			7	5
6	3							8
	9		3			5	2	
		2	4		6			

数独游戏的规则是，在这八十一个小格中给出一定的已知数字和解题条件，利用逻辑和推理在其他的空格中填上1至9的数字，使1至9每个数字在每一行、每一列和每一宫中都只出现一次。你能完成左面两个数独表格吗？

下面这组数字正中缺失的数字是什么呢？

5 -------- 4 -------- 9
3 -------- ? -------- 4
2 -------- 3 -------- 5

答案在第32页

锻治真起

数独起源于18世纪初瑞士数学家欧拉等人研究的拉丁方阵（Latin Square）。20世纪70年代，人们在美国纽约的一本益智杂志上发现了这个填数字游戏。1984年日本人锻治真起(Maki Kaji)将其介绍到日本，发表在尼古莱公司（Nikoli）的一本游戏杂志上，起名为“数独”。锻治真起设定了数独的现代游戏规则，因此被人们称为“数独教父”。随后这款能够增进形象思维和逻辑推理能力的智力游戏开始风靡全世界，目前在全世界600余种报纸和上千个网站上都能找到数独游戏的踪影。

你身体里的计算机

令人惊奇的大脑

如果你想要赢得投飞镖比赛，那么你首先需要利用身体里的计算机——大脑，计算出理想投掷分数的顺序。你必须在几秒钟内完成加减法运算。飞镖比赛的运动员非常擅长这种运算——他们大脑的计算速度非常快，如果他想获得胜利，就必须精确地知道下一镖应落在什么位置。

人类的大脑由大约860亿个神经细胞构成，这些大脑神经细胞也被称为神经元。神经元是一种非常神奇的细胞，它们的形态和大小多种多样，它们聚集在一起相互发送和接收神经信号。神经信号是一种电信号，其传导速度非常快，这一过程就像计算机中的电压门和线路的工作原理一样。

在这成千上万个大脑细胞中有一部分是负责运算功能的，这一部分称为顶内沟，它们位于大脑中最大的部分——大脑皮层中。也就是说，所有思考的工作，当然包括完成数学老师布置的作业，都是由这一部分大脑完成的。

我们的大脑要消耗身体20%的能量，为了保证身体机能的正常运转，它们夜以继日地工作。

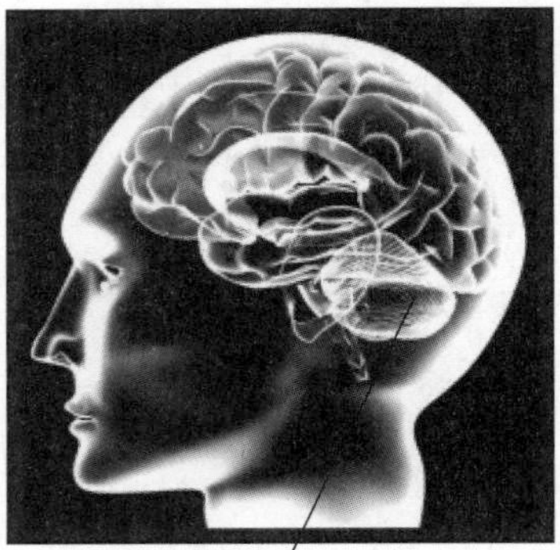

大脑的另一部分区域——颞下回(inferior temporal gyrus)起到认知数字的作用，它位于大脑两侧靠近耳道的位置。

魔法数字

下面是几个关于某些数字特殊的性质，如果你掌握了它们，会给你的朋友甚至老师留下非常深刻的印象。

想一个数字

任意想一个数字，如果将其减去1；
将所得差乘以3；
将所得积加上12；
将所得和除以3；
将所得商加上5；
将所得和减去开始你所想的数字；
最后的结果是8。

接下来看下面的数字表格：

1	2	3	4
5	6	7	8
9	10	11	12
13	14	15	16

首先在上面的表格中任意选取一个数字并记在心里。

然后选取第二个数字，但是它不能与第一个数字在同一行且不能在同一列。

接下来选取第三个数字，但是它不能与前两个数字在同一行且不能在同一列。

最后选取第四个数字，但是它不能与前三个数字在同一行且不能在同一列。

将这四个数字相加结果一定是34，神奇吧！

快速运算

你可以出一道乘法运算的题目：66×64，然后告诉你的朋友你可以快速算出结果4224，你的朋友一定会感到非常惊奇！

计算过程是这样的：首先你将其中一个乘数的十位数字6加上1，得到7，将所得7与另一个乘数的十位数字6相乘得到42，接下来将两个个位数字相乘得到6×4=24，将两个乘积组合在一起便得到4224，这就是最后的结果，很神奇吧！

事实上，并非所有的乘法运算都可以这样做，它们是有特点的。当两个十位数字相乘时，如果两个乘数十位上的数字相同，而两个乘数个位数字之和恰好是十，那么便可以将一个十位数字加一，与另一个十位数字相乘，然后将两个个位数字相乘，最后将两个乘积组合在一起便是正确答案。

下面和你的小伙伴们一起做这些有趣的题目吧！

未知数

随着文明的发展，人们需要面对的问题越来越复杂，数学家发现，仅仅掌握数字间的加减乘除等运算法则已经不能解决这些日益复杂的问题了，这样代数学就应运而生了。

什么是代数学？

公元830年前后，阿拉伯数学家花拉子米完成了其代表作《代数学》（ALGEBRA），它标志着代数学的诞生，并对后世数学的发展产生了深远的影响。直至今天，这门数学分支仍保持着强大的生命力，因此，花拉子米也被称为“代数学之父”。

代数学的基本特点是首先设所求的未知数为x，然后根据题目的条件让其参与运算并得到含有未知数x的等式，即方程，最后进行方程的化简和求解。

例如，《代数学》中有这样一道题目：将数字10分为两部分，将其中一部分除以另一部分所得商为4，现求这两部分分别是多少。首先设这两部分分别是x和$(10-x)$，根据题意得到$(10-x)\div x=4$，化简得到$10-x=4x$，$5x=10$，最后得到$x=2$，$10-x=8$。

当然方程中未知数的表现形式有很多，但是一般都用字母表示。你能计算出下列方程的解吗？

$$3y = 9$$
$$5z = 30$$
$$4a + 1 = 9$$
$$6b + 6 = 30$$
$$2c - 7 = 13$$

答案在第32页

索引

答案

第5页 找数字

如下图所示：

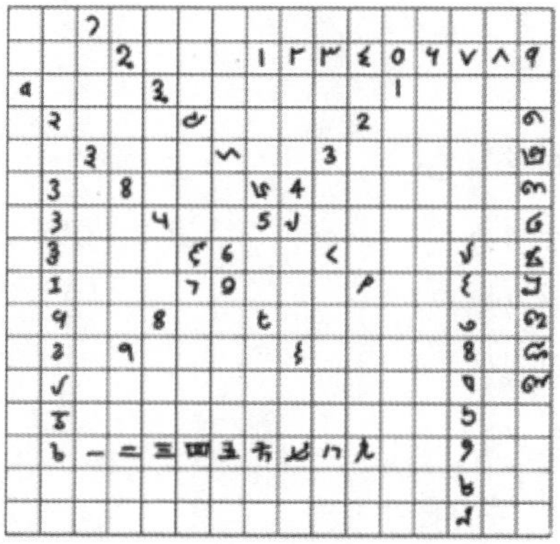

第6页 罗马数字

15，18，27，39

第8页 数字的排列顺序

1. 倒数。
2. 按照单词首字母在字母表中的顺序。
3. 按照单词的长短。
4. 按照数字中所包含闭合部分的多少。
5. 按照先偶数后奇数的顺序。

第10页 接下来的数字是多少？

3，5，7，9，11，13

5，12，19，26，33，40

17，14，11，8，5，2

4，20，36，52，68，84

2，4，8，16，32，64

1，4，9，16，25，36

96，48，24，12，6，3

7，12，22，42，82，162

1，3，6，10，15，21

第10页 帕斯卡三角形

三角形数与正方形数如下图中点的数量，其排列规则如下：

1

1 1

1 2 1

1 3 3 1

1 4 6 4 1

1 5 10 10 5 1

1 6 15 20 15 6 1

1 7 21 35 35 21 7 1

1 8 28 56 70 56 28 8 1

帕斯卡三角形：帕斯卡三角形中左右两侧数字均为1，从第三行开始剩余每个数字均为其上方相邻两个数字之和。

第11页 幻方

6	7	2
1	5	9
8	3	4

8	1	6
3	5	7
4	9	2

第12页 斐波那契数列

196418

第14页 关于9的运算技巧

$4\times9=36$

第16～17页 四则运算

快速计算加法：5，9，19，25，29

快速计算减法：1，11，11，1，13

快速计算乘法：24，70，216，168，960

快速计算除法：2，1，2，2，2

第18页 寻找缺失的数字

第一列：9，12，1，6，12，48

第二列：8，2，17，25（$+2^n-1$），4，8

第25页 十进位值制

1. 底为3；2. 底为8；3. 底为5；4. 50，51，52，53；5. 40，41，42

第26页 数字难题

现在的时间是　　6分59秒的显示状态

不完整的每小时142千米的显示状态

坏掉上下两根小棒的显示状态

第27页 数独（九宫格游戏）

6	2	9	1	7	8	4	3	5
8	4	5	3	6	2	7	9	1
1	3	7	5	9	4	8	2	6
2	7	8	6	4	3	5	1	9
3	9	1	2	8	5	6	7	4
4	5	6	7	1	9	2	8	3
9	6	3	8	5	7	1	4	2
5	8	4	9	2	1	3	6	7
7	1	2	4	3	6	9	5	8

2	4	6	1	5	7	3	8	9
3	1	8	6	4	9	2	5	7
5	7	9	8	3	2	1	6	4
9	2	7	5	8	1	4	3	6
4	8	5	7	6	3	9	1	2
1	6	3	2	9	4	8	7	5
6	3	1	9	2	5	7	4	8
8	9	4	3	7	6	5	2	1
7	5	2	4	1	8	6	9	3

第27页 缺失的数字

1

第30页 未知数

$y=3$，$z=6$，$a=2$，$b=4$，$c=10$

北京市科学技术协会科普创作出版资金资助

魔力数学

Magical Maths

图形与空间

完美构建精妙的结构

SHAPES: HOW TO BUILD THEM

[英]史蒂夫·韦 [英]费利西娅·劳/著
[英]戴维·莫斯廷/绘
郭园园/译

一起学习认识图形，寻找自然界中的精妙结构吧！

知识产权出版社
全国百佳图书出版单位
——北京——

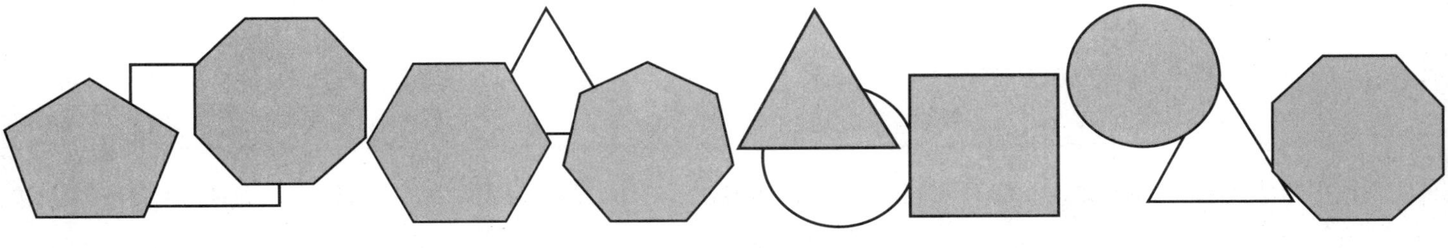

自然界中的图形

自然界中充满着多种多样的图形。

▶ 鹦鹉螺的化石形成一个漂亮的螺旋形状。

▲ 晶莹剔透的雪花是一个正六角形。

▲ 毒蝇鹅膏菌的伞盖从侧面看是一个半圆形。

▼ 圆润的卵石是经过数千年河水的冲刷才形成的。

▲ 许多图形是从一个中心点向外辐射而出，例如呈星形的海星。

▲ 许多水果是规则的瓣状。

◀ 美丽的花瓣可以吸引昆虫吸食花粉。

踩影子游戏

你和你的小伙伴们玩过踩影子游戏吗？在这个游戏里，你要尽可能地踩到别人的影子。当然这个游戏要在晴天的户外进行，因为只有当身体挡住射向地面的阳光时，才会在地面上形成影子。

指纹

指纹是人类手指指腹上由凹凸的皮肤所形成的纹路，可以使手在接触物体时增加摩擦力，从而更容易抓紧物体。如果将你的手指蘸上印泥，在一张白纸上按一下便会看见你的指纹。在这个世界上，每个人的指纹都是独一无二的，即使表皮磨损或被烧伤，愈合后的新生表面也能恢复原来的纹路。在某些领域，指纹非常重要，例如警察可以采集犯罪现场留下的指纹并在指纹数据库中进行比对，这样就可以锁定犯罪嫌疑人。

常见的指纹纹路主要有三种基本形状。

有些纹形中有同心圆或螺旋纹线，看上去像水中的漩涡，叫作斗形纹。

有些纹形像弓一样，叫作弓形纹。

有些纹形像一边开口的簸箕，叫作箕形纹。

同心圆

如果你将一颗石子扔在池塘中，这时原本平静的水面会形成水波纹，并且迅速向四周扩张开来。你仔细观察便会发现，这些水波是以石子落水处为圆心的大大小小的同心圆。

雨滴落在水面上形成同心圆

认识三角形

在所有的常见基本图形中，最有用的可能非三角形莫属了。常见的三角形主要有等边三角形、不等边三角形、等腰三角形、直角三角形等。

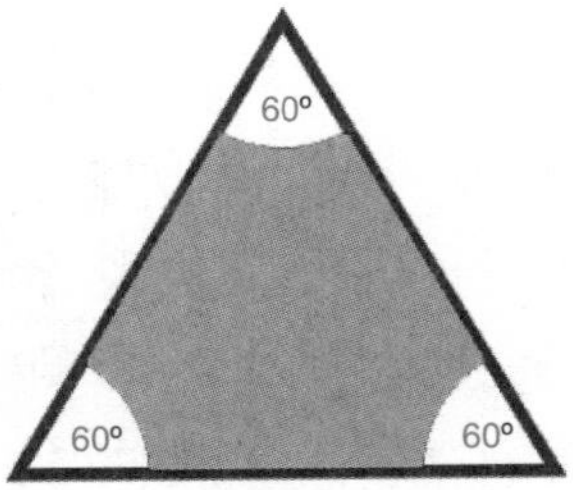

等边三角形

三条边都相等，三个内角都等于60°。

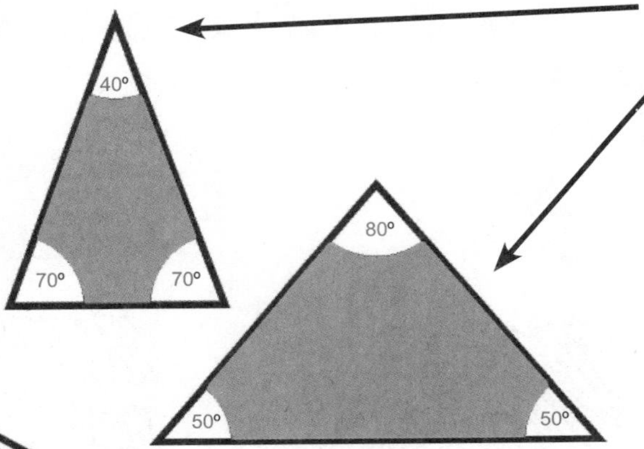

等腰三角形

顾名思义，就是有两边相等的三角形，相等的两边叫作两腰，第三条不等的边叫作底。两腰所对两底角相等，第三个不等的角叫作顶角。

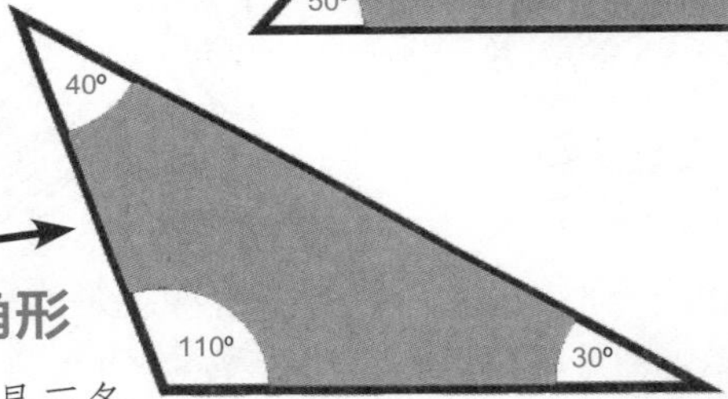

不等边三角形

顾名思义，就是三条边均不相等的三角形。这种三角形三条边不相等，三个角也不相等。

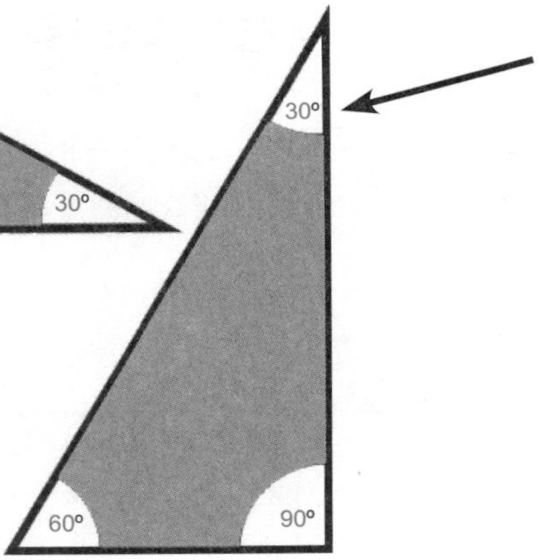

直角三角形

有一个内角等于90°的三角形，就是直角三角形。其中直角所对边是该三角形的最长边，叫作斜边。

三角形谜题

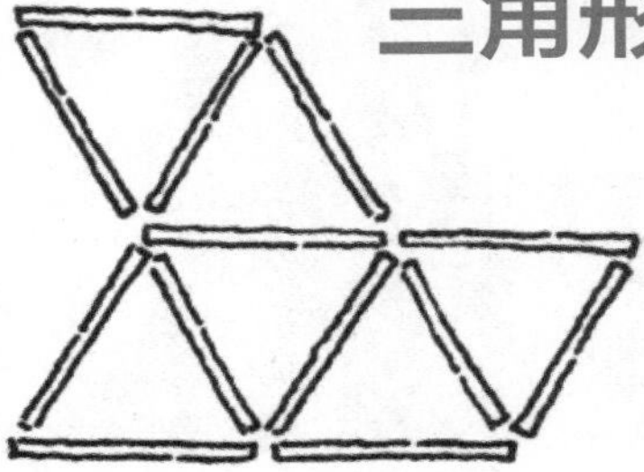

取13根牙签或小木棒摆放成左面的图案，现在要求取走3根，使剩下的图案中包含3个三角形。

你能用9根小木棒摆出一个包含5个三角形的图案吗？

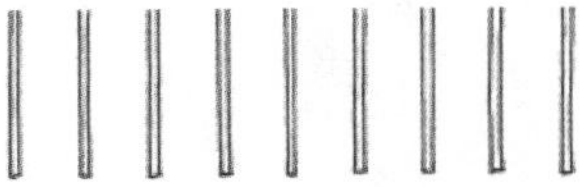

答案在第32页

隐藏的三角形

在下面的图案中隐藏着许多三角形，你能把它们全找出来吗？然后分别涂上颜色。

每一类三角形各有多少个？

等边三角形 ______　　不等边三角形 ______

等腰三角形 ______　　直角三角形 ______

答案在第32页

找单词

还记得前面讲过的几种三角形吗?

它们是等边（equilateral）三角形、等腰（isosceles）三角形、不等边（scalene）三角形、直角三角形（right angle triangle），其中直角三角形中最长边叫作直角三角形的斜边（hypotenuse）。上述这些单词就隐藏在下面的迷宫中，它们有的是横着写的，有的是竖着写的，还有的是斜着写的。你能找到它们吗?

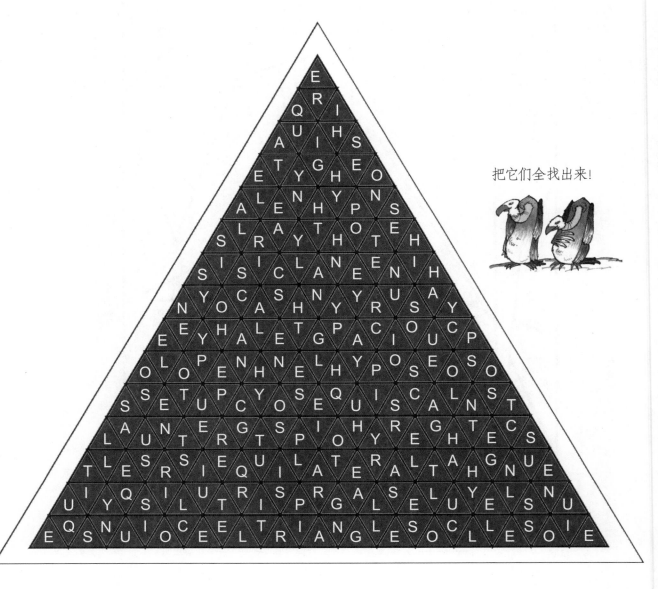

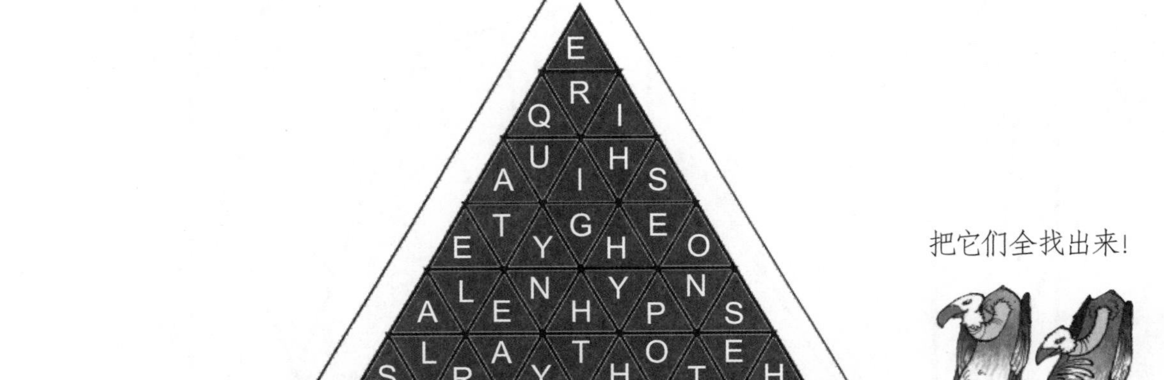

把它们全找出来!

答案在第32页

建造金字塔

吉萨金字塔群建于约4500多年前，由胡夫金字塔、哈夫拉金字塔、孟卡拉金字塔、狮身人面像等组成。巨大的胡夫金字塔是由200多万块巨石建成的，巨石的平均重量超过2吨，比1辆小汽车还重！为了防止被盗，法老的遗体被秘密安放在金字塔中的墓室内，里面放满了奇珍异宝。胡夫金字塔由10万多名工匠大约持续建造了20年时间，更令人惊讶的是，当时的建造工具只有铜凿子、锯条、石锤、木楔子和杠杆等简单的工具。

吉萨金字塔群

直角工具

古埃及人利用三角形帮助他们建造金字塔。在建造金字塔的过程中需要精准的直角，你认为古埃及人是如何构造直角的呢？

他们早已知道三边长度分别为3、4、5的三角形是一个直角三角形，于是他们巧妙地利用了这一点。

1. 首先取一条16厘米长的绳子，两端打结分别留出2厘米的长度，然后分别在距离两端打结处的3厘米和5厘米的地方打两个结。

2. 接下来利用绳子两端的两个2厘米部分把整条绳子系在一起形成一个圆环。

3. 在平面上把这个周长是12厘米的闭环上的三个结点固定住，并确保相邻的边被拉直，此时你就得到了一个标准的直角三角形。

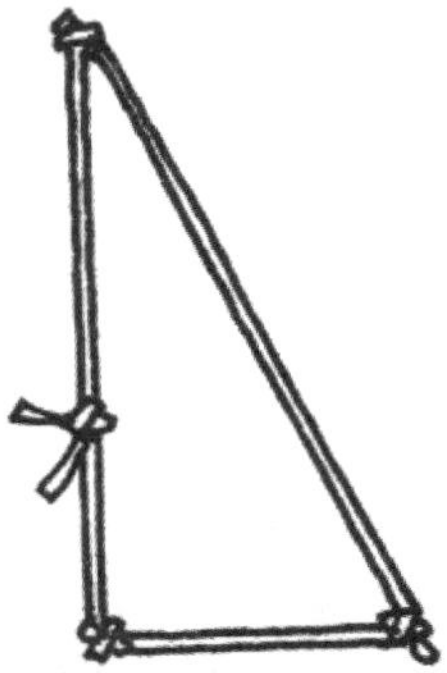

正方形和三角形

1. 数一数，下面的图案中一共有多少个正方形？

提示：你可以先数出最小的正方形的个数，然后数出由四个最小正方形构成的稍大正方形的个数，以此类推，最后将所有的正方形个数相加。

2. 数一数，下面的图案中一共有多少个三角形？

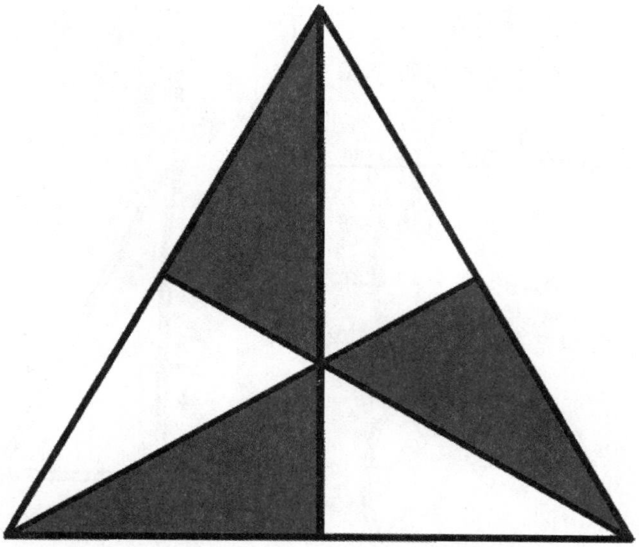

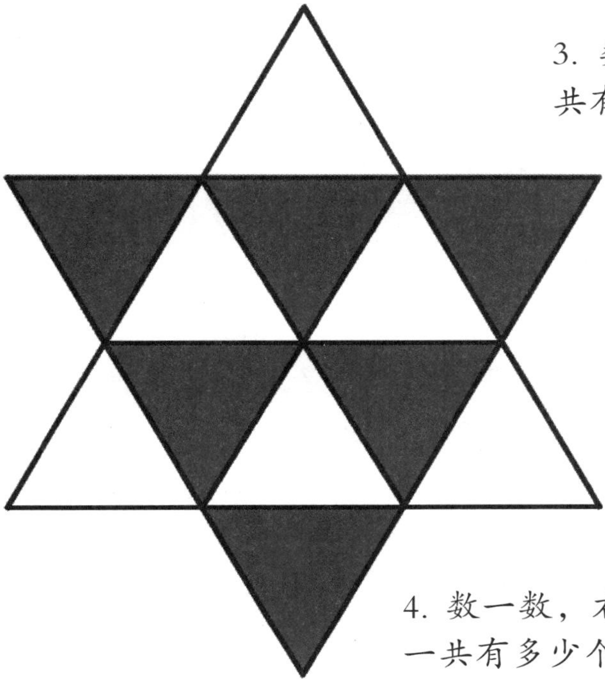

3. 数一数，左面的图案中一共有多少个三角形？

4. 数一数，右面的图案中一共有多少个三角形？

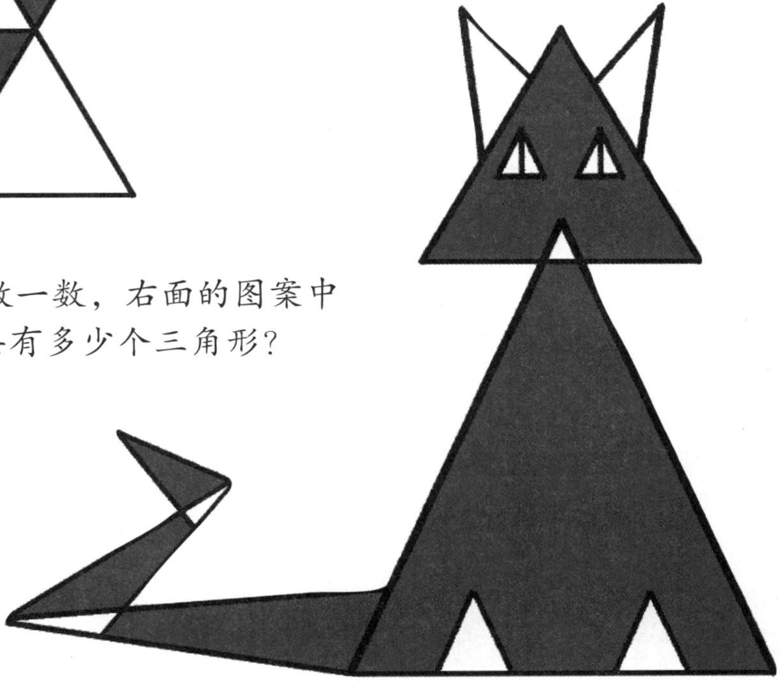

以“tri”开头的单词

“tri”在希腊语和拉丁语中是“三”的意思，因此在今天英语中如果一个单词以“tri”开头，那么这个单词的含义很有可能与“三”有关。

你能根据下面的提示猜出相应的单词吗？

tri…（有三个角的平面图形）
tri…（有三条腿的工具）
tri…（发生三次）
tri…（一项体育运动同时包括三个项目）
tri…（一种有三个角的史前动物）
tri…（同一胎出生的三个孩子中的一个）

答案在第32页

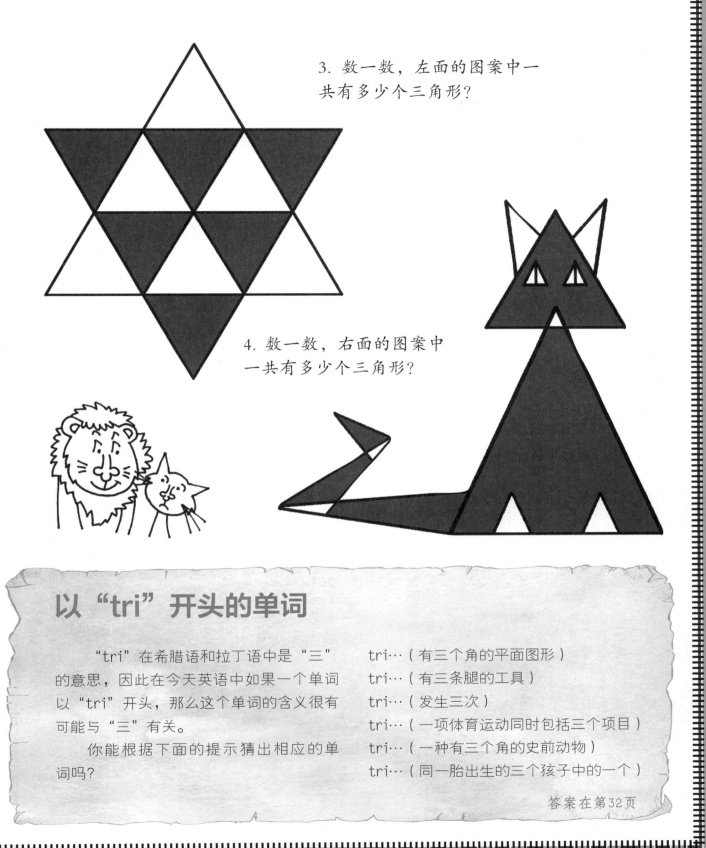

三角形的稳定性

三角形在结构上具有稳定性，尤其是等腰三角形中相等的两边，它们相互之间形成强有力的支撑。千百年来，无数的建筑师和工匠们都在他们的作品中应用了三角形的这种特性。例如，宏伟的金字塔、屋顶等形成的倒立的“V”字形，就是利用了三角形的稳定性。

法国巴黎的埃菲尔铁塔是人类建筑史上的瑰宝，在它的建设过程中就大量应用了三角形的稳定性。它的主体结构是四个巨大的支墩，它们在铁塔的顶部逐渐会合。这些支墩又是由若干大大小小的交叉三角形框架连接在一起的。

许多现代桥梁和建筑物也利用了与埃菲尔铁塔相类似的结构进行加固，整个金属框架都是由这些纵横交错的小三角形结构组成的。

▲ 坚固的钢梁支撑起一座桥

◀ 法国巴黎埃菲尔铁塔

◀ 澳大利亚悉尼歌剧院

▲ 美国波士顿肯尼迪总统图书馆

▲ 葡萄牙马德拉岛的小房子

▲ 巴林世界贸易中心

◀ 法国巴黎卢浮宫门前的玻璃金字塔

全等三角形

大小、形状完全相同的两个三角形称为全等三角形。在下面的图案中有三组全等三角形，你能将它们找出来吗？

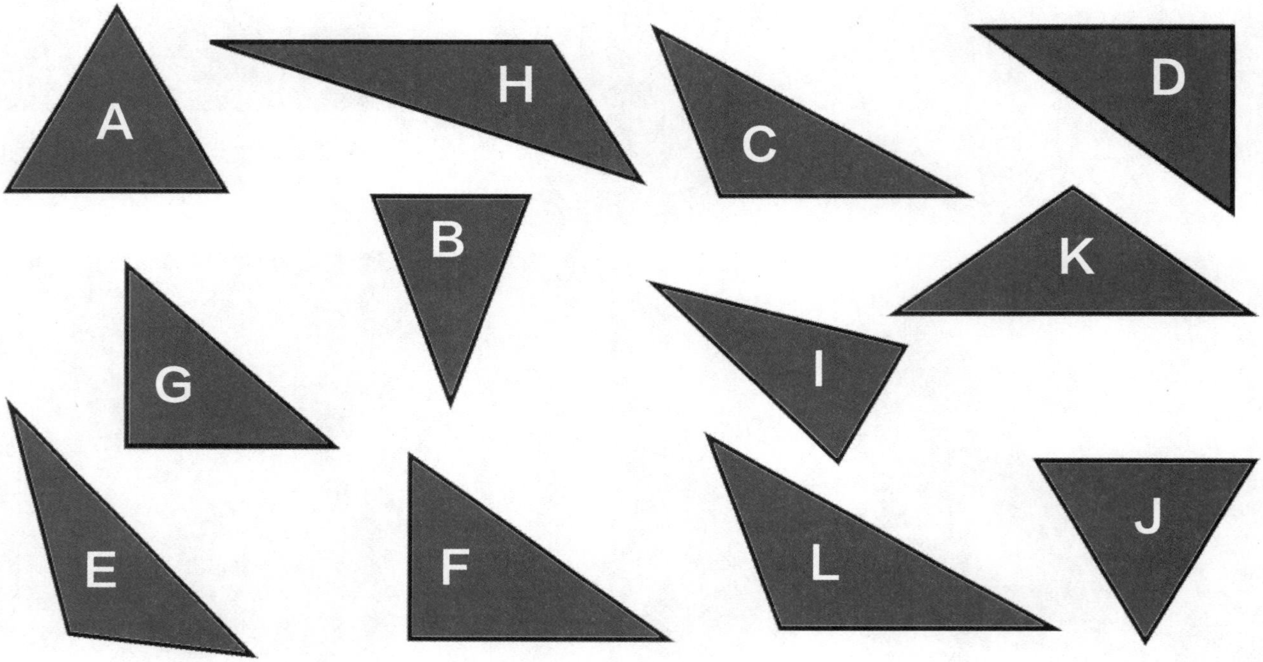

三组全等三角形分别是：

☐ 和 ☐　　☐ 和 ☐　　☐ 和 ☐

下面的6个面具可以分为3组，每组中的两个面具图案完全相同。

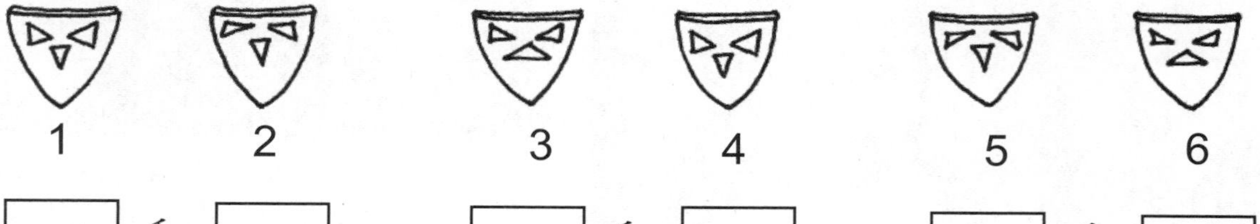

☐ 和 ☐　　☐ 和 ☐　　☐ 和 ☐

答案在第32页

相似三角形

如果两个三角形形状相同，但是大小不同，则称它们为相似三角形。在下面的图案中有五组相似三角形，你能将它们找出来吗？

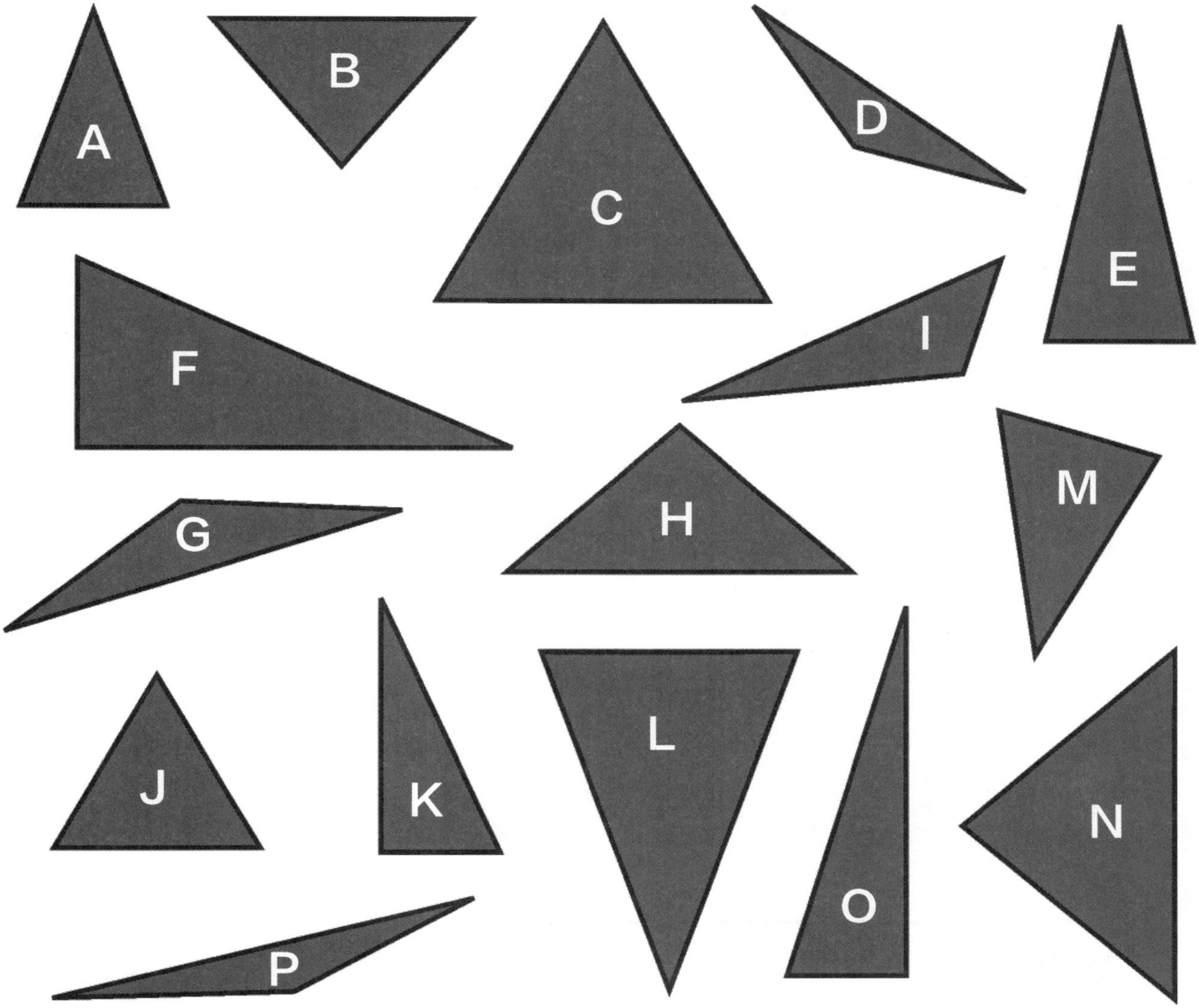

五组相似三角形分别是：

____ 和 ____　　____ 和 ____　　____ 和 ____

____ 和 ____　　____ 和 ____

答案在第32页

围城大作战

在下面的游戏中需要两个或更多的玩家，谁最终圈得的方格数量最多，谁就是赢家！

首先画出一个如下的点状网格，随后采取回合制，每位玩家一次只能画出一条连接相邻两点之间的水平或竖直的短线。经过4个回合，每位玩家就可以用四条短线围成一个封闭的小正方形，这就是你的领土。以自己的领土为起点，向外移动扩张，每次可以圈占多个方格，再次返回自己的领土时，圈起的领土将化为己有。注意，若自己的探索部队切断其他玩家的探索部队，可以将其击杀，反之自己也会死亡。圈占其他玩家领土的同时，也要防止其他玩家来抢占自己的领土。

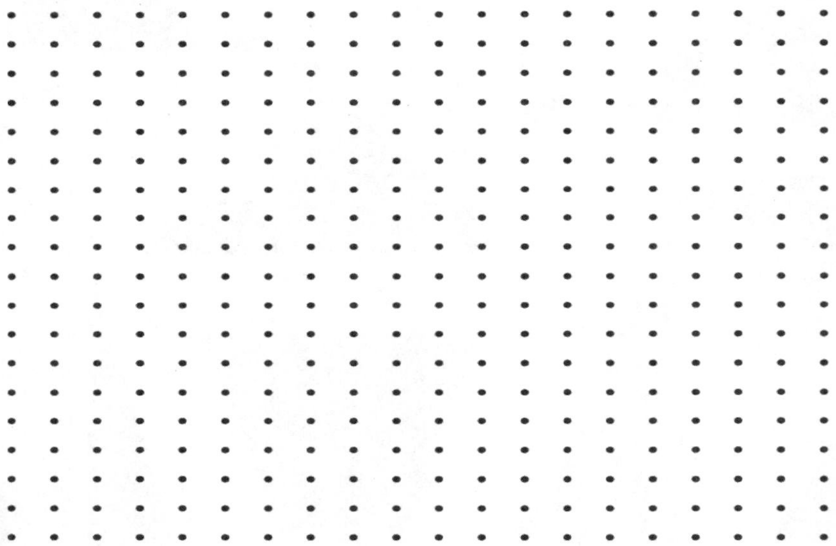

对称

蝴蝶的形状是一个轴对称图形，这使它达到一种平衡状态且有利于飞行。如果你在蝴蝶正中间画一条竖直的直线，那么这条直线左右两侧的部分是完全对称的，这条直线叫作蝴蝶的对称轴。

黄金矩形

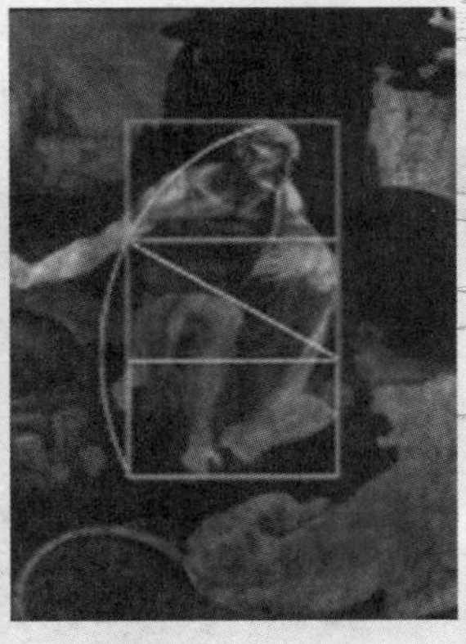

当一个矩形的短边长度为长边长度的0.618倍时，这样的矩形被称为黄金矩形。在历史上，许多设计师和建筑师都相信黄金矩形能够给画面带来美感，令人愉悦。例如，著名的古希腊帕特农神庙等建筑在设计上都应用了黄金矩形。除此之外，许多著名的艺术家在他们的艺术作品中也大量应用了黄金矩形，如达·芬奇、蒙德里安、达利等。甚至有些作曲家在他们的音乐作品中也应用了黄金比例。

如何画一个黄金矩形：

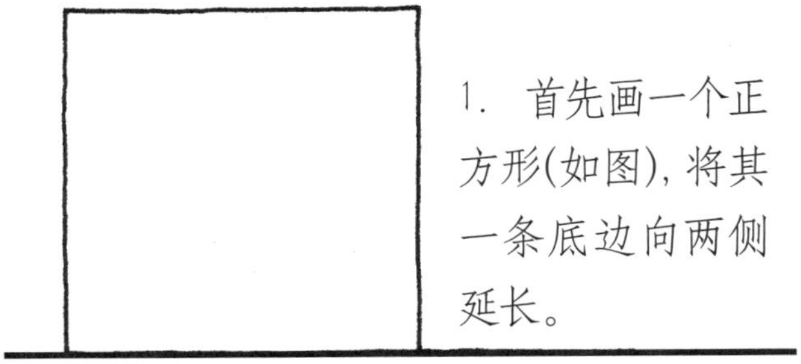

1. 首先画一个正方形(如图)，将其一条底边向两侧延长。

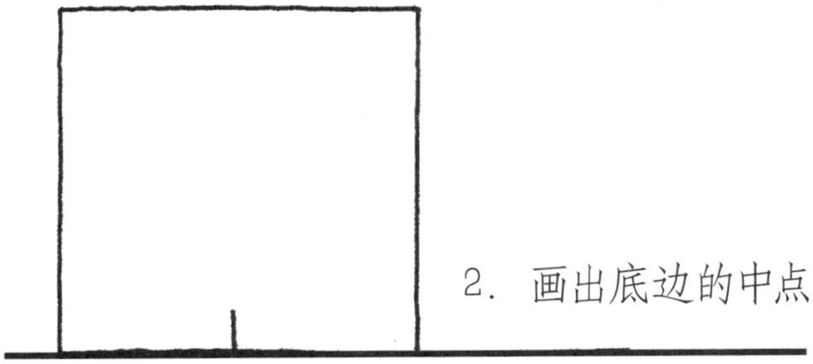

2. 画出底边的中点。

3. 利用圆规以此中点为圆心，以其到所对正方形一顶点的距离为半径画一段圆弧。

4. 所画圆弧会与底边的延长线有一个交点，将其作为所求作黄金矩形的一个顶点。如图所示，原正方形右侧的矩形即为所画黄金矩形。

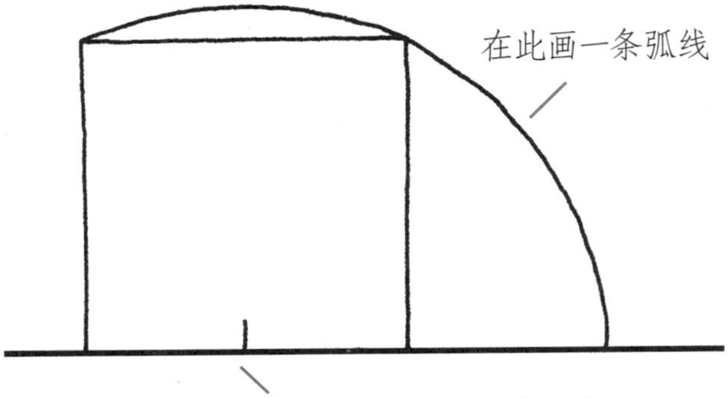
圆规的针脚所在位置，即圆弧所在圆的圆心

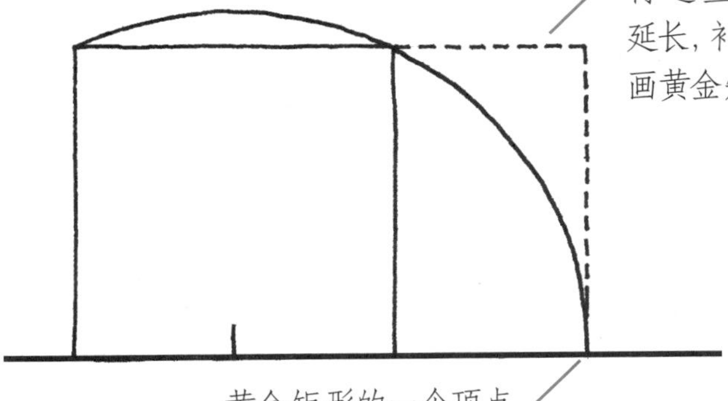
将这些线段延长，补全所画黄金矩形

四边形

四边形有四条边，下面是六种常见的四边形。

1. 正方形

四条边都相等，四个角都是直角，两组对边分别平行。

2. 菱形

四条边都相等，但是四个角都不是直角，两组对边分别平行。

3. 长方形（矩形）

两组对边分别平行且相等，四个角都是直角。

4. 平行四边形

两组对边分别平行且相等，四个角都不是直角。

5. 筝形

两组邻边分别相等，一组对角相等，另一组对角不相等。

6. 梯形

只有一组对边平行的四边形。

a) 有两个相邻直角的梯形叫作直角梯形。

b) 有一组对边相等的梯形叫作等腰梯形。

c) 无论如何，梯形永远都有一组对边平行。

隐藏的四边形

你能在下面的图案中找出隐藏的四边形吗？然后把它们涂上不同的颜色。

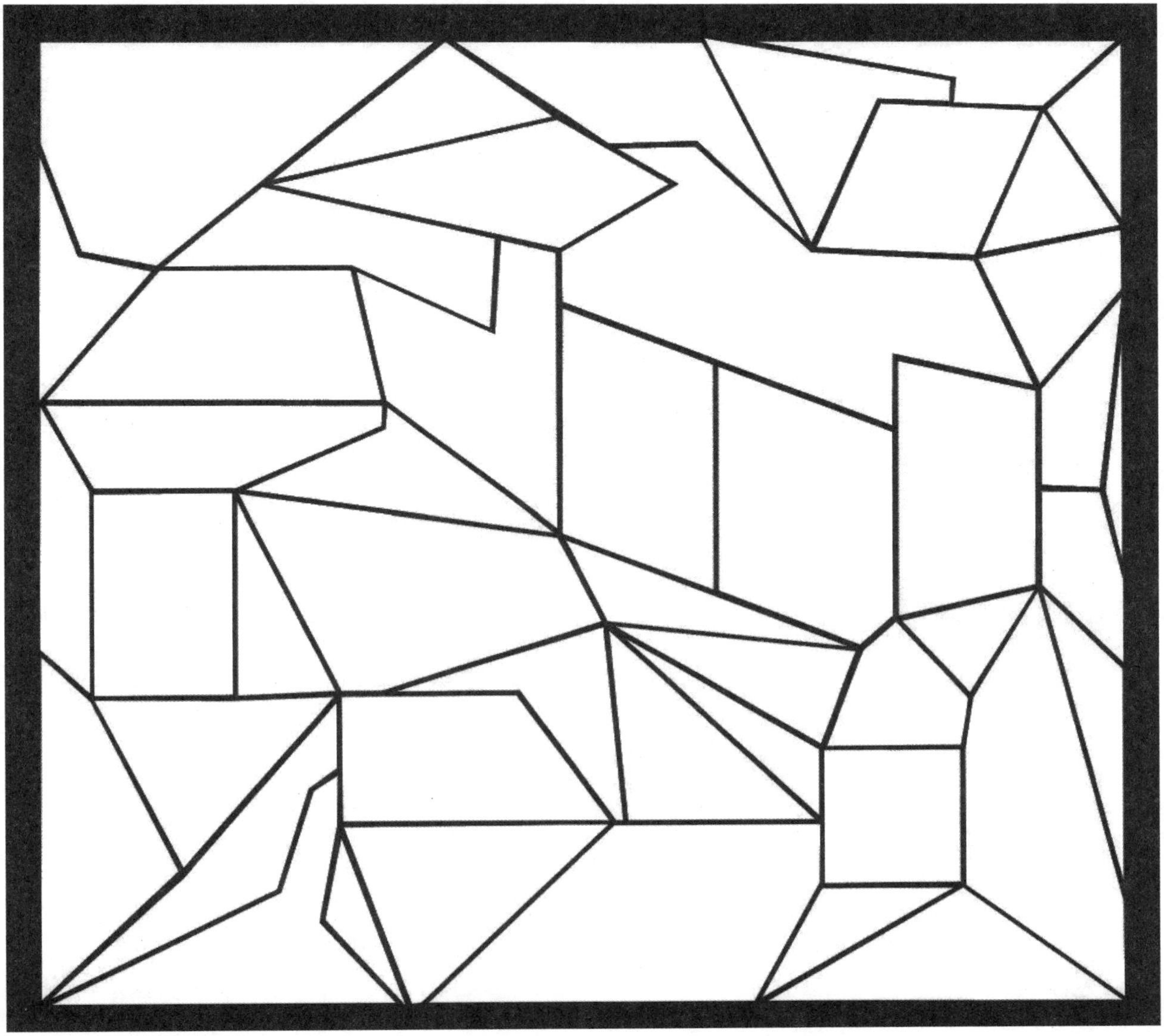

你在上面的图案中分别找出多少个四边形：

正方形 ______ 个　　矩形 ______ 个　　菱形 ______ 个

平行四边形 ______ 个　　梯形 ______ 个　　筝形 ______ 个

答案在第32页

平面图形的镶嵌

如果能用若干平面图形，无间隙且不重叠地覆盖平面的一部分，这叫作平面图形的镶嵌。镶嵌的关键在于每个公共顶点处所有角的和是360°。

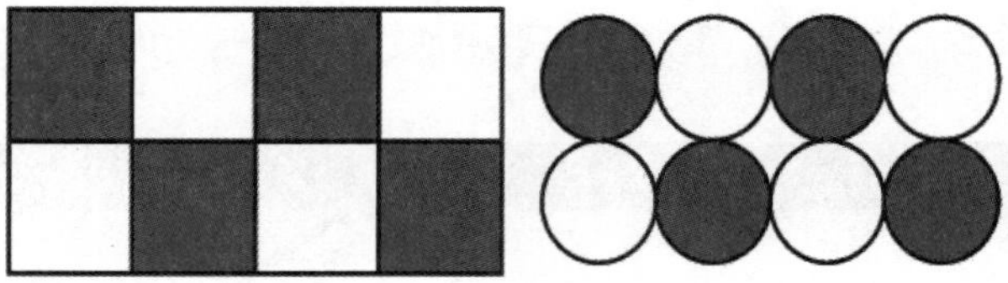

例如，若干全等的正方形可以进行镶嵌，但是若干全等的圆却不能进行镶嵌。

下面有9种不同形状的图形，如果每种图形都分别有若干个，那么哪些可以进行镶嵌？前几种图形比较简单，后面的图形会复杂一些。

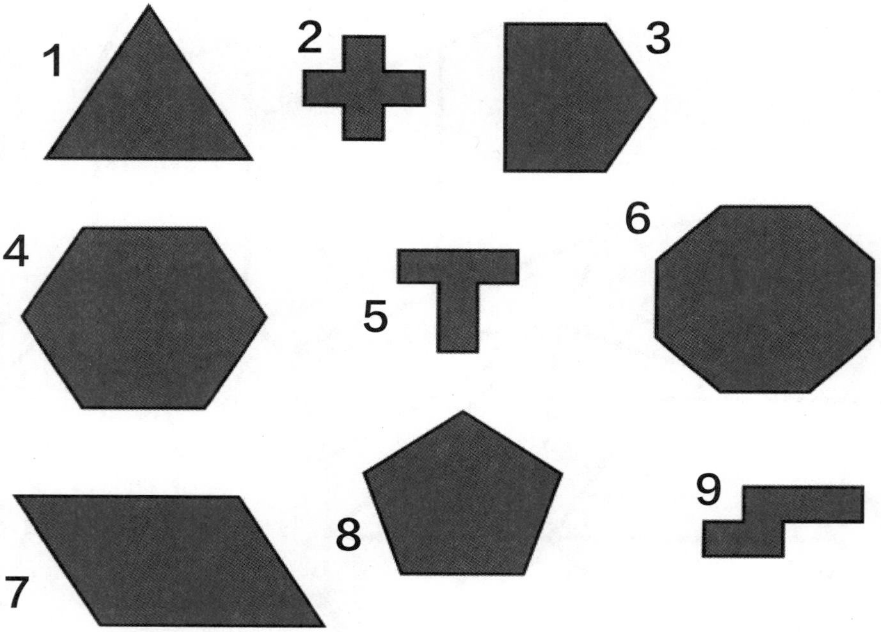

提示：如果你觉得有些图形比较复杂，你可以重复多画出几个全等的图形并把它们剪下来，然后动手操作一下看看能否进行镶嵌。

答案在第32页

马赛克

马赛克原意是用镶嵌方式拼接而成的细致图案。马赛克最初是一种镶嵌艺术，最早被发现使用在苏美尔人的神殿墙。而考古发现最多的是古希腊时代，当时是奢侈的艺术，只是统治者和小部分上层阶级的选择。到了古罗马时期，人们就在神殿或别墅的地面和墙上大量应用这种装饰手法。用马赛克拼成的人或动物图案细致入微，惟妙惟肖。

七巧板

七巧板是一种古老的中国传统智力游戏，顾名思义，它是由七块板组成的。如图所示，它们包括五块等腰直角三角形（两块小三角形、一块中三角形和两块大三角形）、一块正方形和一块平行四边形。七巧板的完整图案为一个正方形。

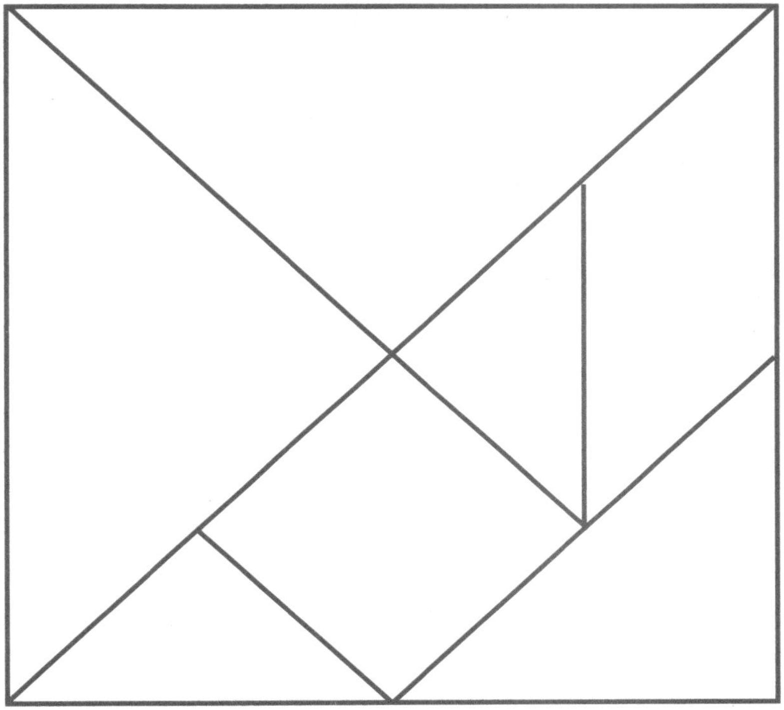

虽然七巧板的结构简单，但是用它们却可以拼出1600种以上的图案。下面这些图案就是用七巧板拼出来的，是不是很有趣！

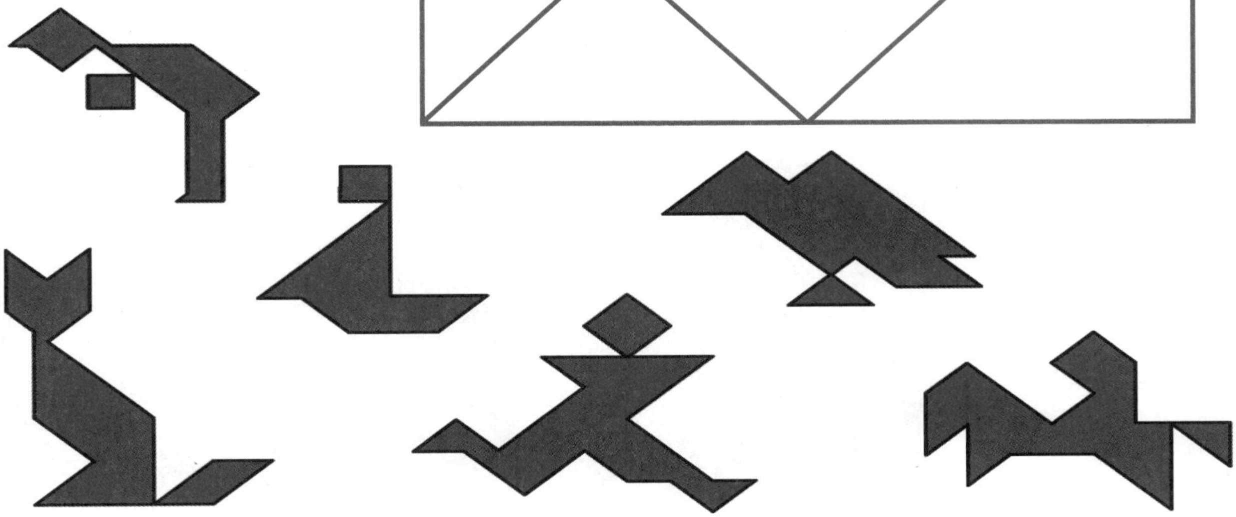

你可以在纸上仿照上面七巧板的图案做出一副七巧板，涂上不同的颜色并把它们剪下来。试一试能不能拼出一个大三角形和一个矩形，注意这些图形之间不能有缝隙也不能重叠。

答案在第32页

多边形

前面我们了解了三角形（triangle）和正方形（square），下面来看一看几种常见的多边形。

五边形（pentagon）
有五条边

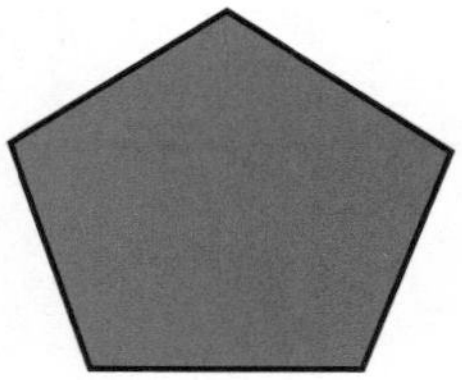

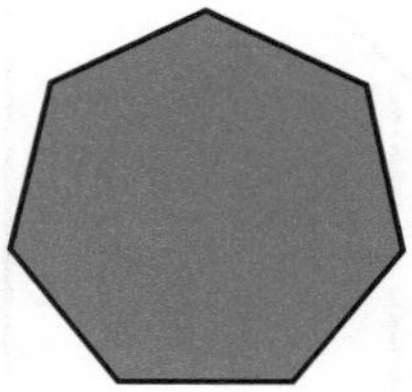

六边形（hexagon）
有六条边

自然界中的六边形

在自然界中有许多正六边形图案。例如，蜜蜂的蜂巢是由一系列紧密排列的六棱柱蜂室组成的，它们完美地嵌合在一起。这些蜂室的截面呈六边形，由蜜蜂分泌的蜂蜡制成。每一个蜂室大小刚刚可以容纳一只蜜蜂的幼虫，这种结构可以使用最少的蜂蜡同时使整个蜂巢的强度增大。

黄蜂的六边形蜂室是由木屑和唾液做成的

五边形

五角大楼（The Pentagon）是美国国防部的办公大楼，位于华盛顿西南方弗吉尼亚州的阿灵顿，因建筑物为五角形而得名，是世界上最大的单体办公建筑。五角大楼共有5个外立面，建筑分为5层，每层由内至外共有5个环状走廊，走廊总长度超过28千米。尽管五角大楼占地面积约为29英亩（约0.12平方千米），但正是由于这些环状走廊使得在五角大楼中任意两点之间的行进时间并不会太长。

从空中俯瞰五角大楼是一个正五边形图案

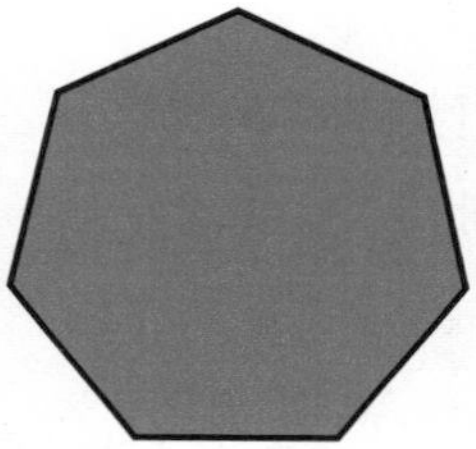

七边形（septagon）
有七条边

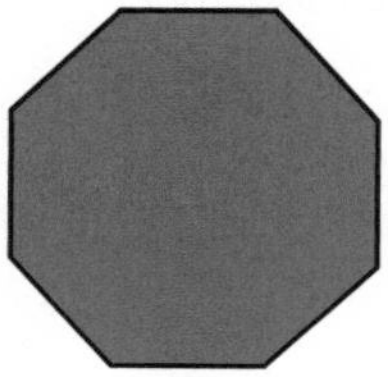

八边形（octagon）
有八条边

连线游戏

按照下面数字的顺序，将相邻两个数字所表示的点用直线段连接起来，有些点会经过两次，看看最后会得到什么图案。

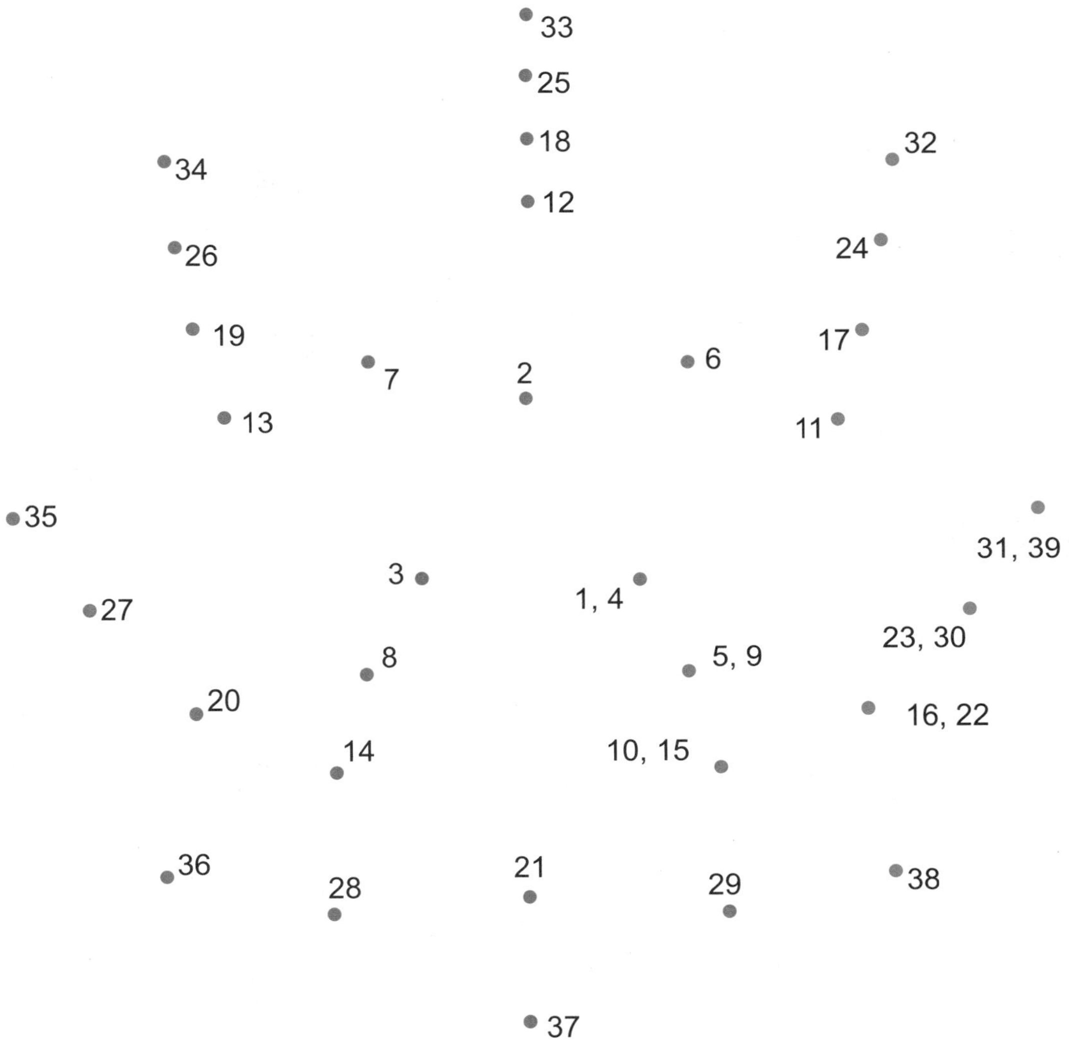

你会发现你画出了许多常见的平面图形，你还记得这些图形的英文名称吗？请根据下面的提示将它们各自的英文名称中缺失的字母补齐吧！

_ _ i _ n _ _ e　　s _ _ _ r _　　_ e _ _ a g _ _

h _ x _ _ o _　　_ e _ t _ _ _ n　　o _ _ a g _ _

答案在第32页

圆

你可以用圆规或是在一根固定长度的绳子一端系一根铅笔的方法画出一个完美的圆。

圆涉及一些重要概念：

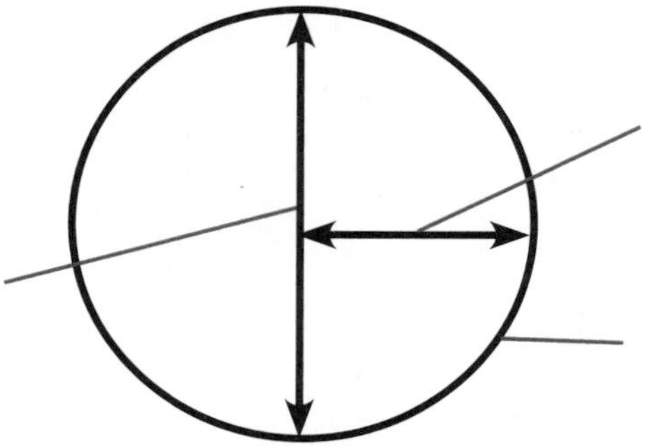

直径： 连接圆周上两点，并且经过圆心的线段。

半径： 从圆心到圆周上任意点所连线段。

周长： 在平面中以定点为圆心、以定长为半径旋转运动一周的轨迹的长度。

圆中连线

在下面的游戏中你首先要画一个圆，其次在其中画出一些线段，最后看看会得到怎样有趣的图案？

1. 首先将圆规的两脚张开，使其距离为10厘米，并在纸上画出一个圆。

2. 将圆规的两脚张开，使其距离等于2厘米，然后在所画圆周上从某一点开始顺次截取相等的长度，并将这些点从1至31进行标号。

3. 将间距为8段的两个点用直线段连接起来，即1与9、2与10、3与11……23与31、24与1、25与2……31与8连接。现在看看你会得到怎样的图案？

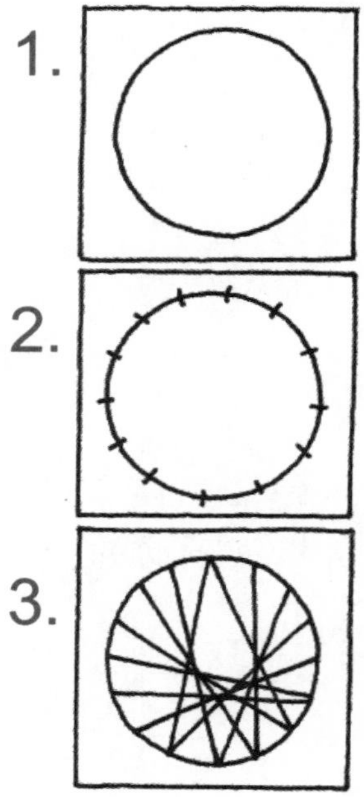

圆周率的故事

圆周率π是一个重要的数学常数，它的知名度很大，恐怕无人不知。早在公元前3世纪，古希腊数学家阿基米德就进行过圆周率的计算，但是直至1706年英国数学家威廉·琼斯才最先使用希腊字母π来表示圆周率。

事实上圆周率π指的是任意圆中周长与直径的长度比，但它是一个无理数，所以它的值无穷无尽。如果你有兴趣的话可以把它的前几位背下来：

3.1415926535897932384626433832795028841971693993751058209749445923078164062862089986280348253421170679 8…

古希腊数学家阿基米德

绘制完美的圆

首先找一根绳子，并在其一端系上一根铅笔。

将绳子的另一端用大头针固定在纸上。

确保有大头针的绳子一端固定，将绳子拉直，慢慢旋转另一端，利用铅笔在纸上移动一周的轨迹，便可以画出一个完美的圆。

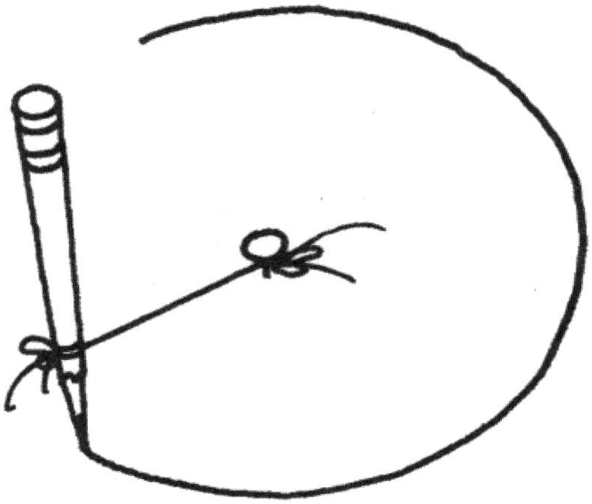

巨石圈

在世界各地许多不同的文明中都有用巨石围成圈的传统。例如，在非洲塞内加尔和冈比亚两个邻国之间的3万平方千米的区域内就散布着大大小小1000多个由巨石围成的圈。每块巨石被工具巧妙地雕琢成大约7吨重、平均2米高、几乎一样的圆柱或棱柱，它们围成圆形或椭圆形，这些遗址可以追溯到公元前3世纪，展现了一个强大繁荣、组织完备、延续持久的成熟社会和神圣文明。

或许世界上最出名的巨石圈非英国的“巨石阵”莫属了，它建于公元前3000年至公元前1600年。巨石阵不可思议之处在于位于巨石阵中心的巨石，这些巨石最高的有8米，平均重量接近30吨，更有不少重达7吨的巨石横架在石柱上。这些巨石从材质上可以分为两类，一种是砂岩，它们的开采地点应该距离巨石阵不远，即便如此想要移动这些至少25吨的巨石也绝非易事。另外一种是蓝砂岩，这种巨石最小的有5吨，大的重达50吨，它们开采于400千米外的山脉，因此它们是如何被运送过来的至今仍是一个谜！

除了巨石圈的建造过程外，我们对这些巨石圈的用途也不是很清楚，或许它们与制定历法、观测天象有关，又或许这是古人测量地球大小和形状的工具，也许有一天你可以解开这个谜！

瑞士的一处麦田怪圈

麦田怪圈

麦田怪圈是指在麦田或其他田地上，通过某种力量把农作物压平而产生出来的几何图案。事实上，大多数麦田怪圈是人类所为，但也有一些是科学家无法解释的，例如，有的麦田怪圈是一夜之间形成的，这或许预示着某种未知神秘力量的存在，你认为呢？

年轮

年轮指的是多年生木本植物，由于树木体内的细胞和导管每年重复一次由大到小、材质由松到密的变化，从而在树木的横截面上形成的色泽、质地不同的一圈圈同心环纹。当我们将一棵树砍倒后，只需要从其横截面的边缘向中心数出它的年轮的数目，就可以准确判断出这棵树的树龄。显然右图中的这棵树的树龄并不是很大。

科学家还发现年轮不仅可以告诉我们树木的树龄，通过年轮的形状、疏密等特征还可以得知树木在生长过程中所经历的气候变化。例如，一些非常古老的树木，通过它们的年轮可以得知该地区几百年间的气候变化情况。

为了纪念一些有意义的重大事件，人们往往会种下一些树木。那么请你猜一猜，人们为了纪念人类首次登月成功而种下树木的横截面上会有多少个年轮呢？

丢失的图形

看看下面第一排图形，它们是按照一定的规律排列起来的，但是其中有一个图形丢失了。按照剩余图形的排列规律在下面第二排图形中找到那个丢失的图形吧！

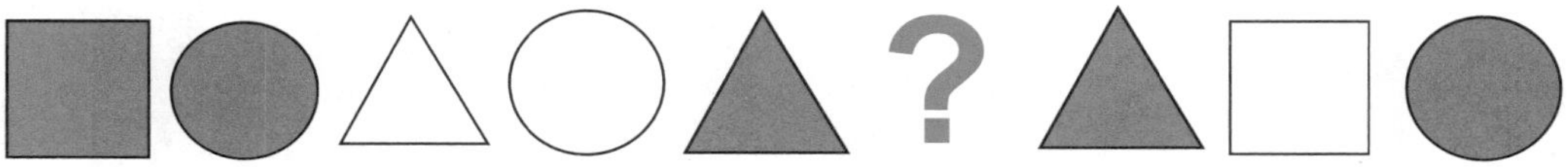

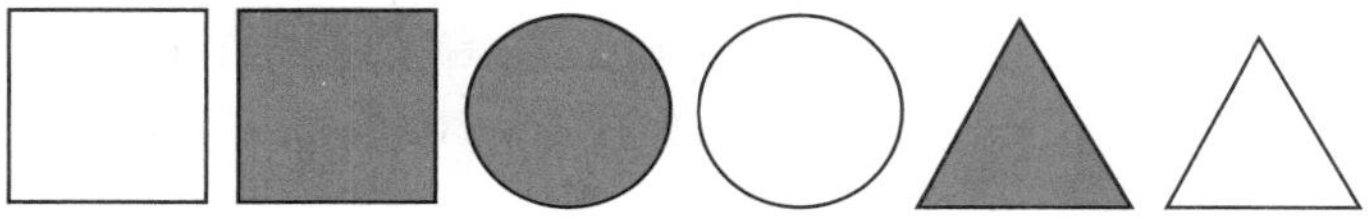

提示：在第一排图形中，如果你按照顺序每三个图形分为一组，你会发现每组图形的形状和颜色有一定的规律。

答案在第32页

三维图形

我们在前面学习了许多平面上的二维图形，事实上在我们的日常生活中还有许多存在于空间中的三维图形，也就是常说的立体图形。例如，在许多比赛中使用的球，球体表面上的任何一个点到球心的距离相等。又如，我们熟悉的正方体和金字塔等都属于三维图形。

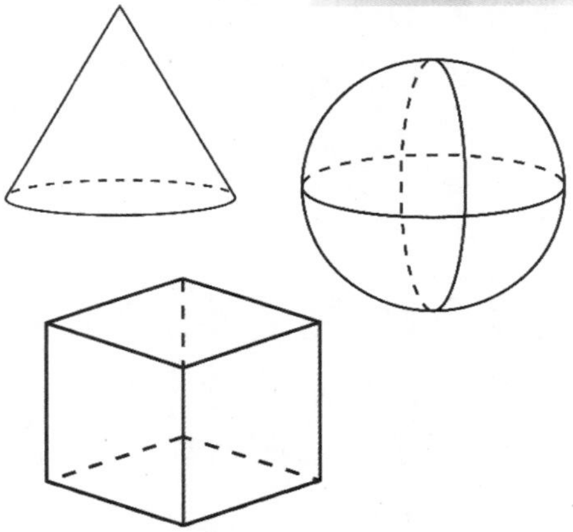

难以想象

我们生活在一个三维立体空间中，其中的很多事物都是三维立体图形。有的人联想丰富，天马行空，想象我们生活在平面的二维世界，我们每个人就像照片一样存在。但是你想过没有，一旦大家都变成了平面，你如何给亲人一个三维立体的拥抱呢？

肥皂泡

通常，我们用肥皂水吹出的在空中飞舞的肥皂泡是球状的，为什么会这样？事实上，肥皂泡的外皮是一层水膜，它的表面存在一种力，叫作表面张力，这个力有尽量缩小表面积的性质。相同体积的三维立体图形中，球体的表面积最小。因此，吹出的肥皂泡在表面张力的作用下，就会保持球形，使表面积最小。

大部分的肥皂泡寿命都很短，但是如果你给它特殊的关照，它可以保存一年之久！

小玩笑

是对还是错？

我们对每天看到的事物已经习以为常了，这是由于大脑已经牢牢地记住了它们，因此要改变我们大脑中常见事物的形状是十分困难的事情。大家想一想，我们平常吃的美味的蔬菜和水果很多都是近似球状，但这并不利于包装和存储，如果把它们培育成正方体的模样就会好很多，可是你见过正方体样子的苹果吗？

照镜子

当你在照镜子的时候，你会发现镜子里有一个“自己”，有趣的是，这是经过镜面反射后的虚像。如果你用左手摸你的左耳，那么镜子中的“自己”就会用右手摸右耳；如果你摸你的右耳，那么镜子里的“自己”就会做相反的动作。

全息图

普通的图像都是二维的，它们只反映事物的长和宽。但是为了使物体看起来更加真实，科学家发明了物体的三维立体图像——全息图。全息图看起来非常真实，它能反映物体的长、宽和深，你的眼睛和大脑会觉得真实的物体就在眼前。但是图像毕竟不是真实的物体，当你试图触摸全息图时，你的手会穿透图像。这很有趣吧！

小朋友们正围坐在一个地球的全息图旁

不规则图形

我们在前面学习过的等边、等角的图形在数学上称为规则图形，例如全等三角形就是一个规则图形，它的边和角都相等，剩余的三角形则称为不规则三角形。同理，什么样的四边形才是规则图形呢？答案是正方形。

当然我们在数学课本上已经看惯了太多的规则图形，事实上不规则图形同样非常精彩。下面这些图形有趣吗？看看它们分别像什么？给它们分别起个名字吧！

独特的名字

无论多边形的边数有多少条，它们都有自己的名字。例如，十边形（decagon）有10条边，二十边形（icosagon）有20条边，一千边形（chiliagon）有1000条边。

有些图形的名字，你的老师也不一定知道！

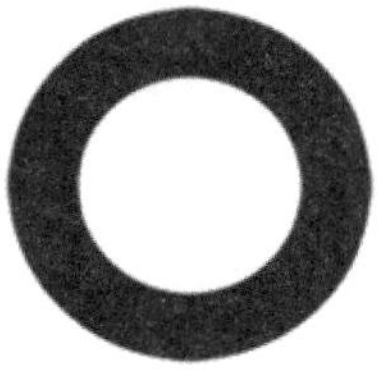

圆环是一个二维的环状图形。

巴尔比斯(balbis)指的是在两条平行线段中夹着一条线段，看起来像大写英文字母“H”。它的名字起源于古希腊时代跑步比赛终点处拉起的绳子。

圆环体像一个多纳圈，但注意它是实心的，并非像轮胎那样是空心的。

截头锥体就好像是一个金字塔被削去了顶端一样。

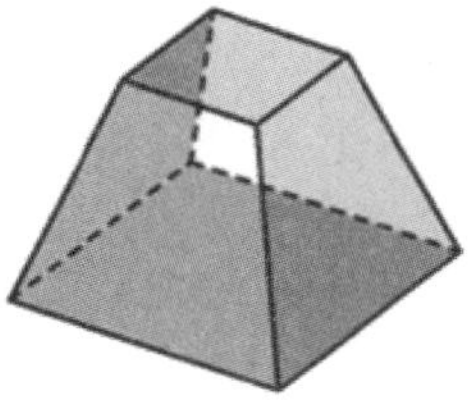

躺着的数字“8”在数学上称为双纽线，同时它也是表示“无穷”的数学符号。

圆方形就是一个正方形的四个直角处变为圆弧。

五角星形是由五边形的五条对角线所构成的图形。

三十二面体似乎很复杂，但是我们平常踢的足球就是一个三十二面体，它由12个正五边形和20个正六边形构成。

复习

圆

圆的任一条直径将圆分成相等的两部分。
圆的半径是连接圆心与圆周上任意点的线段。
圆的周长指的是圆周的长度。

三角形

等边三角形三条边相等，三个角均为60°。
等腰三角形有两条边相等，与第三条边不相等；有两个角相等，与第三个角不相等。
不等边三角形（斜三角形）三条边均不相等，三个角均不相等。
直角三角形有一个角为90°。

四边形

正方形四条边相等，四个角都是直角，两组对边分别平行。
矩形两组对边分别相等，四个角都是直角，两组对边分别平行。
菱形四条边相等，没有直角，两组对边分别平行。
平行四边形两组对边分别平行且相等，没有直角。
梯形仅有一组对边平行，有一组邻角为直角的称为直角梯形；不平行的那组对边相等的称为等腰梯形。

二维图形

我们通常考虑其中的多边形（polygon）：
五边形（pentagon）有5条边。
六边形（hexagon）有6条边。
七边形（septagon）有7条边。
八边形（octagon）有8条边。
九边形（nonagon）有9条边。
十边形（decagon）有10条边。

圆周率 π

在同一个圆中，圆周长与直径的比值常数。

索引

答案

第4页　三角形谜题
答案如图。

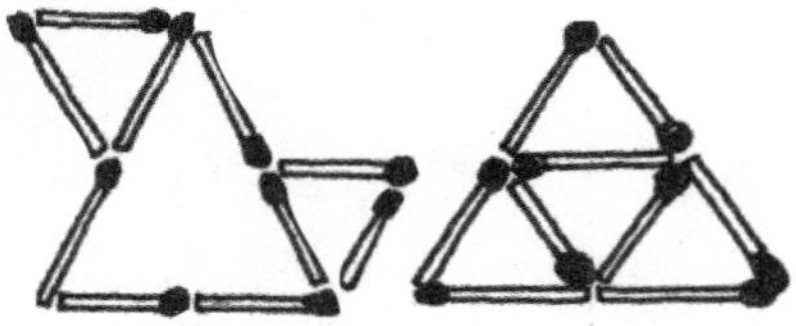

第5页　隐藏的三角形
等边三角形1个，不等边三角形4个，等腰三角形2个，直角三角形1个。

第6页　找单词
迷宫中隐藏着如下单词：
equilateral、isosceles
scalene、right angle
triangle、hypotenuse，
如图所示。

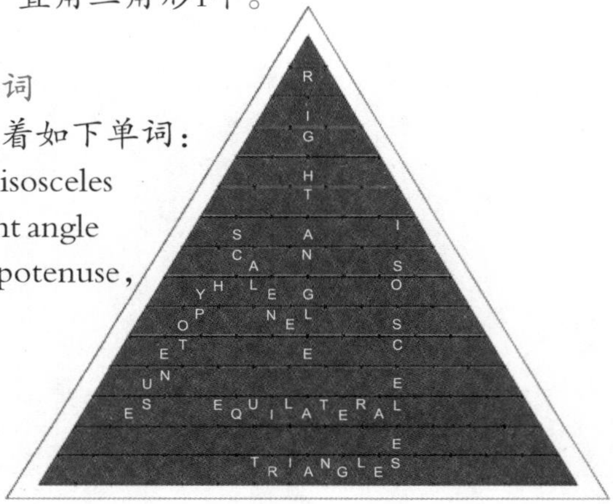

第8–9页　正方形和三角形
1. 30个正方形；2. 15个三角形；3. 20个三角形；
4. 20个三角形。

以“tri”开头的单词
triangle（三角形）、tripod（三脚架）、triple（三倍的）、triathlon（铁人三项赛）、triceratops（三角龙）、triplet（三胞胎之一）。

第12页　全等三角形
全等三角形分别是：A和J、D和F、C和E。
图案相同的面具分别是：1和4、2和5、3和6。

第13页　相似三角形
相似三角形分别是：A和L、B和N、C和J、D和G、F和K。

第17页　隐藏的四边形
正方形1个；矩形1个；菱形1个；平行四边形1个；梯形4个；筝形1个。

第18页　镶嵌
只有六边形和八边形不能进行镶嵌，剩余的图形都可以进行镶嵌。

第19页　七巧板
答案如下图所示：

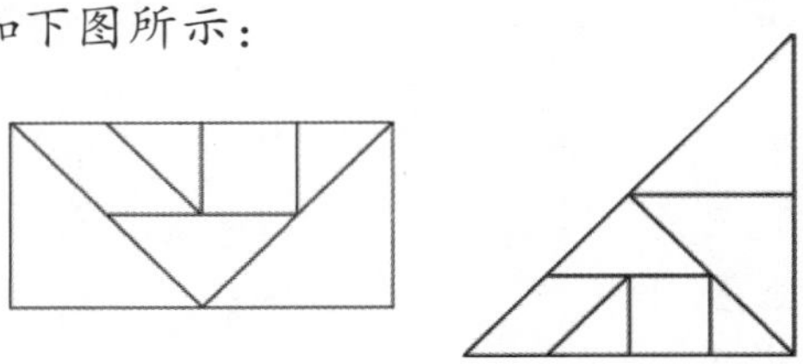

第21页　连线游戏
如下图所示：

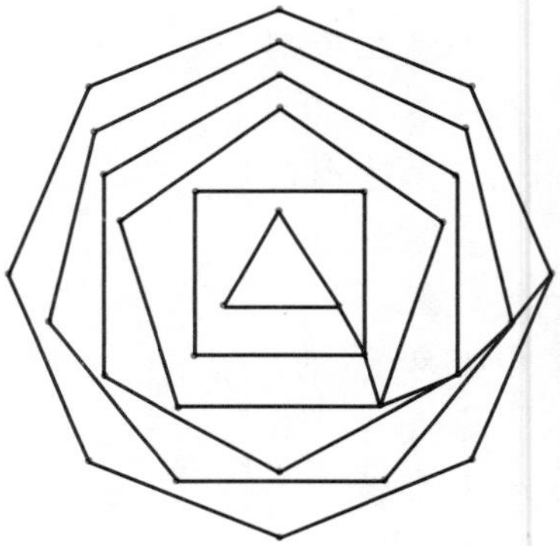

补全缺失的字母：
triangle（三角形）
square（正方形）
pentagon（五边形）
hexagon（六边形）
septagon（七边形）
octagon（八边形）

第25页　年轮
人类于1969年首次登月成功，树木的年轮每年会增加一圈，这样你应该知道答案了吧！

丢失的图形是：

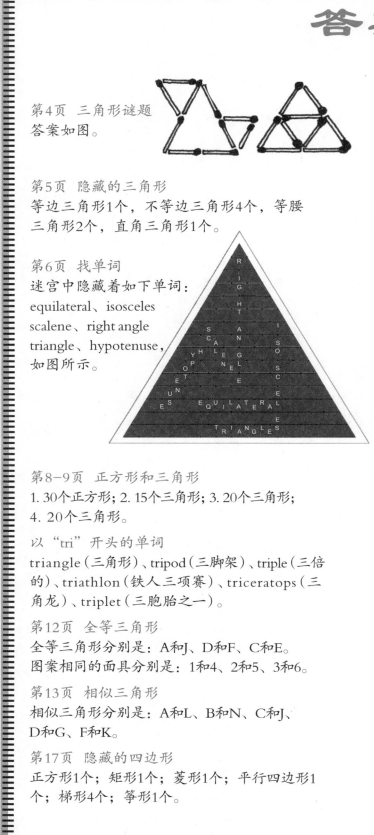

北京市科学技术协会科普创作出版资金资助

魔力数学

Magical Maths

分类与集合

精准区分不同的事物

SETS: HOW TO SORT, ORDER & IDENTIFY THEM

[英] 史蒂夫 · 韦 [英] 费利西娅 · 劳 / 著
[英] 戴维 · 莫斯廷 / 绘
郭园园 / 译

一起学习科学分类、命名、配对、分组的方法，
尝试划分集合吧！

知识产权出版社
全国百佳图书出版单位
——北京——

万物之名

世间万物都有属于自己的名字。从哲学的角度来说，名字是万事万物最重要的指称，是每一种物体最精确的指代方式。我们可以从阅读中“多识于鸟兽草木之名”，也可以在大自然中学习世间万物的特性并赋予它们独一无二的名称。这些图中有13种不同的生物，如果由你来命名，你将如何称呼它们呢？

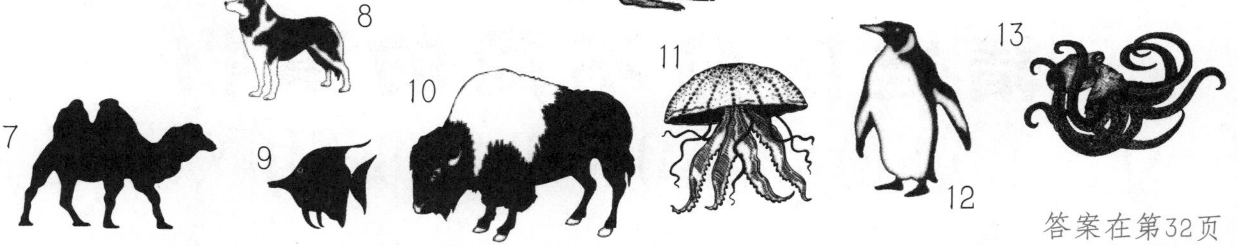

答案在第32页

卡尔·林奈和生物双名命名法

予万物以名，是人类认识自然的最初之路。被后人誉为“分类学之父”的18世纪瑞典博物学家卡尔·林奈创造了一套生物命名的方法。林奈首创了伟大的生物命名系统，提出界、门、纲、目、科、属、种的物种双名分类法，也就是说，每一个物种的学名由两个部分构成，即属名和种加词（种小名），这个分类法至今仍被人们采用。为了完善命名系统，林奈游历了很多地方，记录了4000余种植物。在他看来：“通过有条理的分类和确切的命名，我们可以区分和认识客观物体——分类和命名是科学的基础。”

所有的生物都可以根据林奈命名法来分类，比如，我们可以把美洲豹进行如下分类：

界：动物界
门：脊索动物门
亚门：脊椎动物亚门——有脊椎动物
纲：哺乳纲——和人类一样，是有血有肉的哺乳动物
目：食肉目——以肉为主要的食物来源
科：猫科——小猫咪和大老虎都属于这一科
族：豹族
属：豹属
种：美洲豹

姓氏

贝克先生

与万物一样，每个人都有自己的名字，这是我们来到这个世界上得到的第一件礼物。名字一般由姓和名组成。在早期社会，因为人烟稀少，人们有名无姓。随着社会的发展，人们以姓氏来区分彼此的身份，姓氏变成家族血脉的标志和符号。姓氏的由来多种多样，有的来自封邑之地，有的来自祖辈的官职，有的来自家族世袭的职业。想想看，我们的姓氏中包含着整个血脉变迁的密码，是不是很厉害呢？

在英国，最常见的姓氏是史密斯（Smith），表明他们是铁匠（blacksmith）的后裔；而贝克（Baker），则代表他们的祖辈可能是面包师（baker）。在中国也有类似的例子，比如陶、巫、罗、钟、简等，这些姓氏都与祖先的职业有关系。

金、李、朴是朝鲜族人口最多的三大姓氏。其中“朴”是最正宗的朝鲜族后裔。这些姓氏逐渐分化，形成一个个新的家族。为了更准确地识别身份，有的会在姓氏前加上地名以示区别。

粉色还是蓝色？

在美国或者西欧国家，当你走进一家婴儿用品商店的时候，会看到男婴和女婴的衣服分别选用不同的颜色——男婴的多为蓝色，女婴的多为粉色。这个传统来自1868年出版的美国小说《小妇人》，书中记录了从欧洲学习绘画回来的艾米，用法国流行的方式，给姐姐梅格家的龙凤胎宝宝戴米和黛西分别系上了蓝色和粉色的丝带，美国人也逐渐开始用蓝色和粉色来区分男婴和女婴。当然世界各地都有不同的习俗，比如在亚洲，人们更喜欢给宝宝穿上红色的衣服。

找朋友

请把上图中有相似点的物体进行配对并用线连在一起，其中有一件与其他事物都无关的物体，把它挑出来吧！

怪兽的脑袋

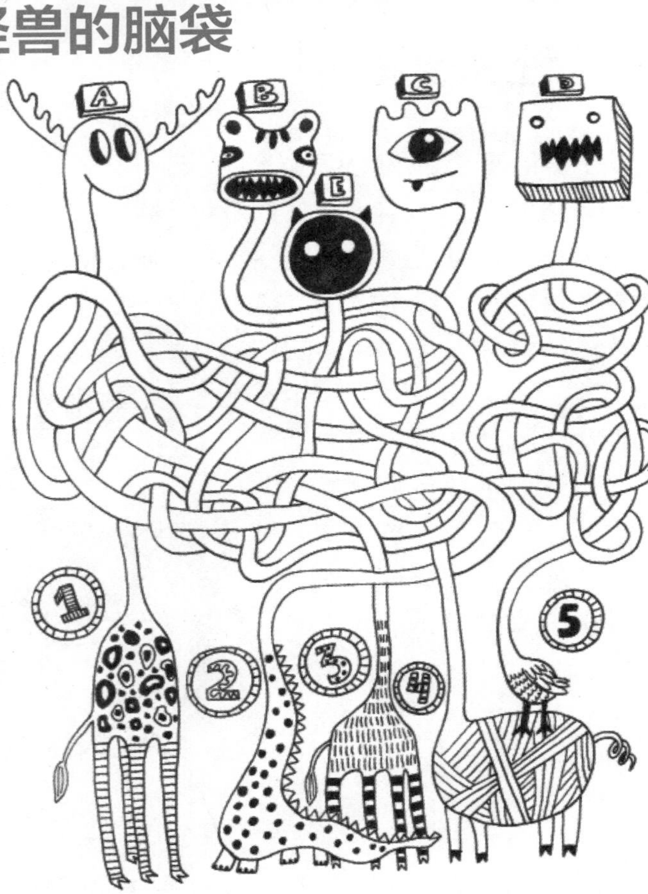

图中的怪兽们不小心把脖子缠在了一起，现在需要你的帮助，帮它们找出对应的身体和脑袋。

答案在第32页

格格不入

在下列图片中，每组都有一个物体与其他物体格格不入，请你把它挑出来。

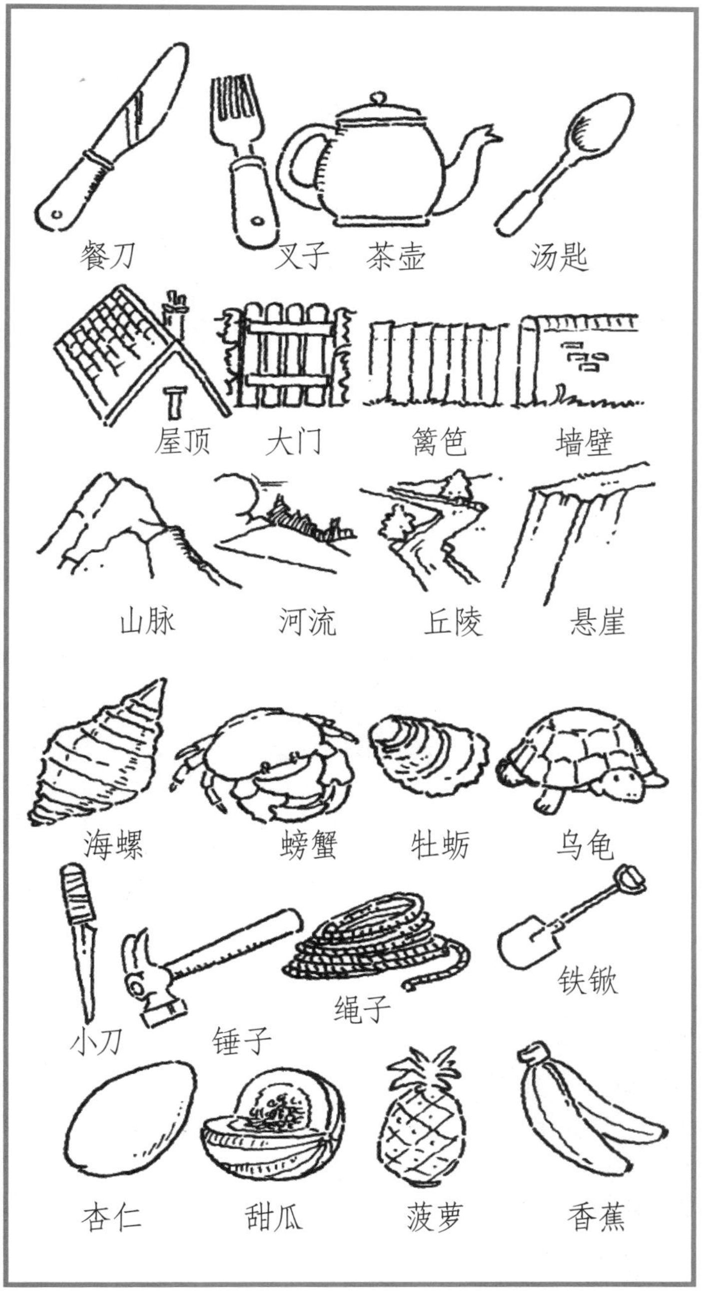

找出下图中与其他场景不同的那一个。

答案在第32页

灵长王国

很多时候，我们把猿和猴统称为猿猴。实际上，虽然猿与猴有很多相似的特征和生活习惯，但它们却是灵长类大家族中的不同物种。按照林奈的分类，灵长目一共有14科，约51属，560余种，猿、猩猩、狒狒和猴子都是灵长王国的子民。请根据图片和介绍，回答问题。

1. 这种猴子的骨骼和肌肉比较特殊，行动缓慢，只有在需要的时候才会移动。你认为应该是哪一种猴子呢？

2. 这种猿的胳膊比较长，是最擅长在树林中依靠手臂跳跃的猿。你知道它是哪一种灵长类动物吗？

3. 哪一种灵长类动物有尾巴呢？

▲ 如果你看过动画片《马达加斯加》，一定会对其中盛气凌人的环尾狐猴朱利安印象深刻。作为唯一会在白天活动的狐猴，它们最喜欢做的事情就是在清晨的阳光下炫耀自己美丽夺目的大尾巴。环尾狐猴喜食水果、嫩叶。它们的后肢比前肢长，因此攀爬、奔跑和跳跃能力都非常强，甚至能够像人一样直立行走。

▼ 南非大狒狒，又叫海角狒狒，可以在地面上直立行走，体形较大。它们虽然没有用来保持平衡的尾巴，但也可以在岩石、树木上灵活地奔跑跳跃。南非大狒狒有比较复杂的族群社会，每一个家族会有大约50个家庭成员。它们的寿命较长，在理想状态下可达45年以上。

▼ 吼猴是陆地动物中的“高音冠军”，每当它需要发出各种不同性质的传呼信号时，它那异常巨大的吼声，就不停息地响彻于森林树冠上。吼猴的尾巴很长，可以用来保持平衡，鼻子特别灵敏。跟其他喜欢活蹦乱跳的猴子不同，吼猴喜静不喜动，是灵长王国里出了名的大嗓门“宅男宅女”。

▲ 与喜欢在白天玩耍的环尾狐猴不同，夜猴是名副其实的“夜猫子”。夜猴有着敏锐的听力，尾巴长得很结实，可用来保持平衡。夜猴独特的标志是它的那对有彩色虹膜的大眼睛，它的眼睛集光能力很强，在近于漆黑的环境里，它照样能捕捉到正在飞行的昆虫。夜猴的食性很杂，野果、昆虫、鸟蛋、蜂蜜等都是它的食物。

▶猕猴是自然界最常见的猴子。和其他猴子一样，主要以树叶和水果为食，喜爱在树上奔腾跳跃。猕猴往往数十只或上百只一群，由猴王带领，群居于森林中。它们常爱攀藤上树，喜觅峭壁岩洞，其活动范围很大。

◀电影《猩球崛起》中的主角凯撒是一只聪明善良的黑猩猩。黑猩猩属于猿类，没有尾巴。它们是仅次于人类的智慧生物，它们的行为、饮食和社会习性都与人类十分相似。

◀长臂猿是一种体形较小的猿，因前臂特别长而得名。长臂猿没有尾巴，可以利用双臂抓住树枝在森林中行进，它们也可以用双脚直立行走，且能跳跃较远距离。喉部有音囊，善鸣叫。雄猿一般毛色较深，雌猿或幼猿色浅。

◀懒猴行动特别缓慢，没有尾巴，可以用强壮的四肢攀爬树木。因为怕光怕热，所以懒猴只在夜间才出来觅食。它们的食物主要是热带鲜嫩的花、叶和浆果，也捕食昆虫，喜食鸟蛋。也因为喜食蜂蜜，又得名“蜂猴”。

看了上面这些介绍，你是不是对灵长类动物有了更多的了解？我们来把有相同习惯或特点的灵长类动物配对吧！

哪两种灵长类动物是夜行性动物呢？

哪两种灵长类动物是猿类呢？

哪两种灵长类动物喜欢鸟蛋呢？

哪三种灵长类动物可以直立行走呢？

原猴

实际上，上面介绍的灵长类动物中有三种并不是真正的猴子，所以科学家把它们称为原猴或类猴。它们是最原始的灵长类动物，在3000万年前活跃在所有大陆的森林中，但现在只活跃于东半球，比如马达加斯加、非洲和东南亚地区才有原猴的踪迹。大部分的原猴都是夜行性动物。

那么，你知道哪三种灵长类动物是原猴吗？

赛警犬与千里眼

原猴的视力和嗅觉都特别发达，还会用自己的气味来标记领土。对于所有的猴子和猿类来说，灵敏的嗅觉和发达的视力非常重要，是它们在危机四伏的丛林中安全生活的法宝。

答案在第32页

分组游戏

请将灵长类王国数据库中的动物们按照下面的要求进行分组：
把树栖动物的编号写在圆圈A中。
把以昆虫为食的动物编号写在圆圈B中。
把同时具备食虫和树栖两种习性的动物编号写在圆圈C中。
如果不符合以上所有要求，就把动物编号写在方格D中。

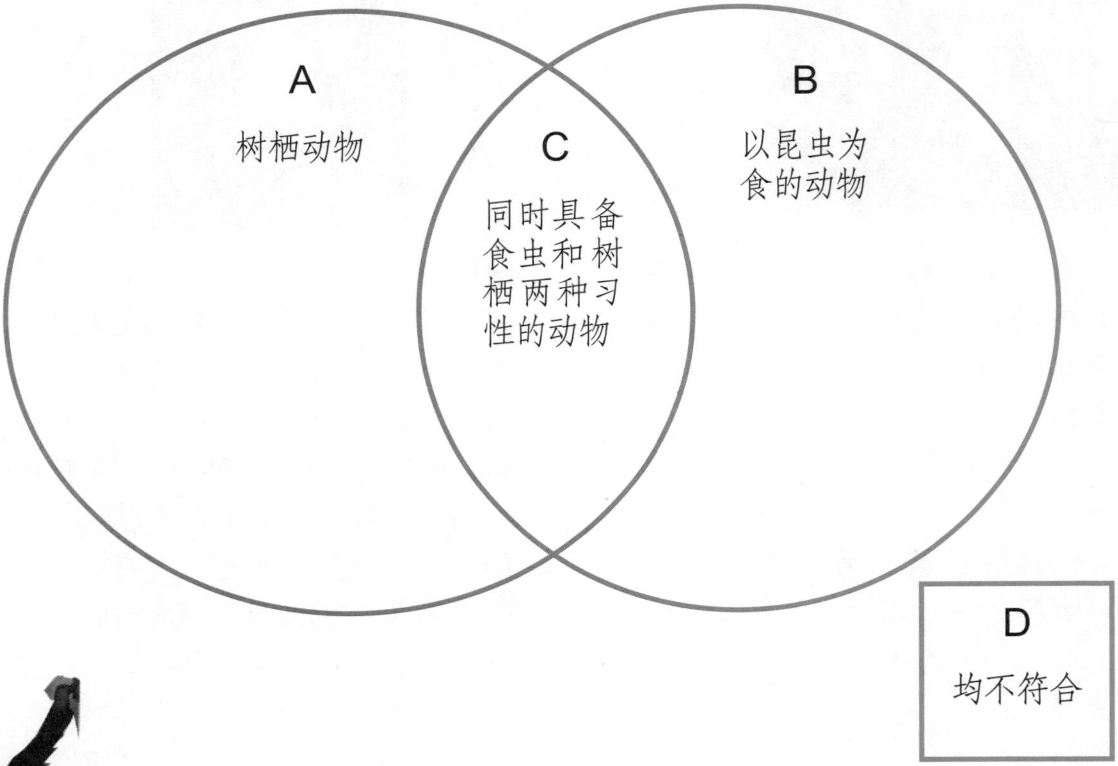

灵长类王国数据库

1. 吼猴，树栖，以树叶和水果为食
2. 夜猴，树栖，以昆虫和鸟蛋为食
3. 环尾狐猴，树栖，最爱吃树叶和水果
4. 黑猩猩，树栖，杂食类动物

猴以食为天

猴子和猿类都吃什么呢？请将灵长类王国数据库中匹配的信息填在下面的维恩图中。

提示：维恩图，是在所谓的集合论（或者类的理论）数学分支中，在不太严格的意义下用以表示集合（或类）的一种草图。

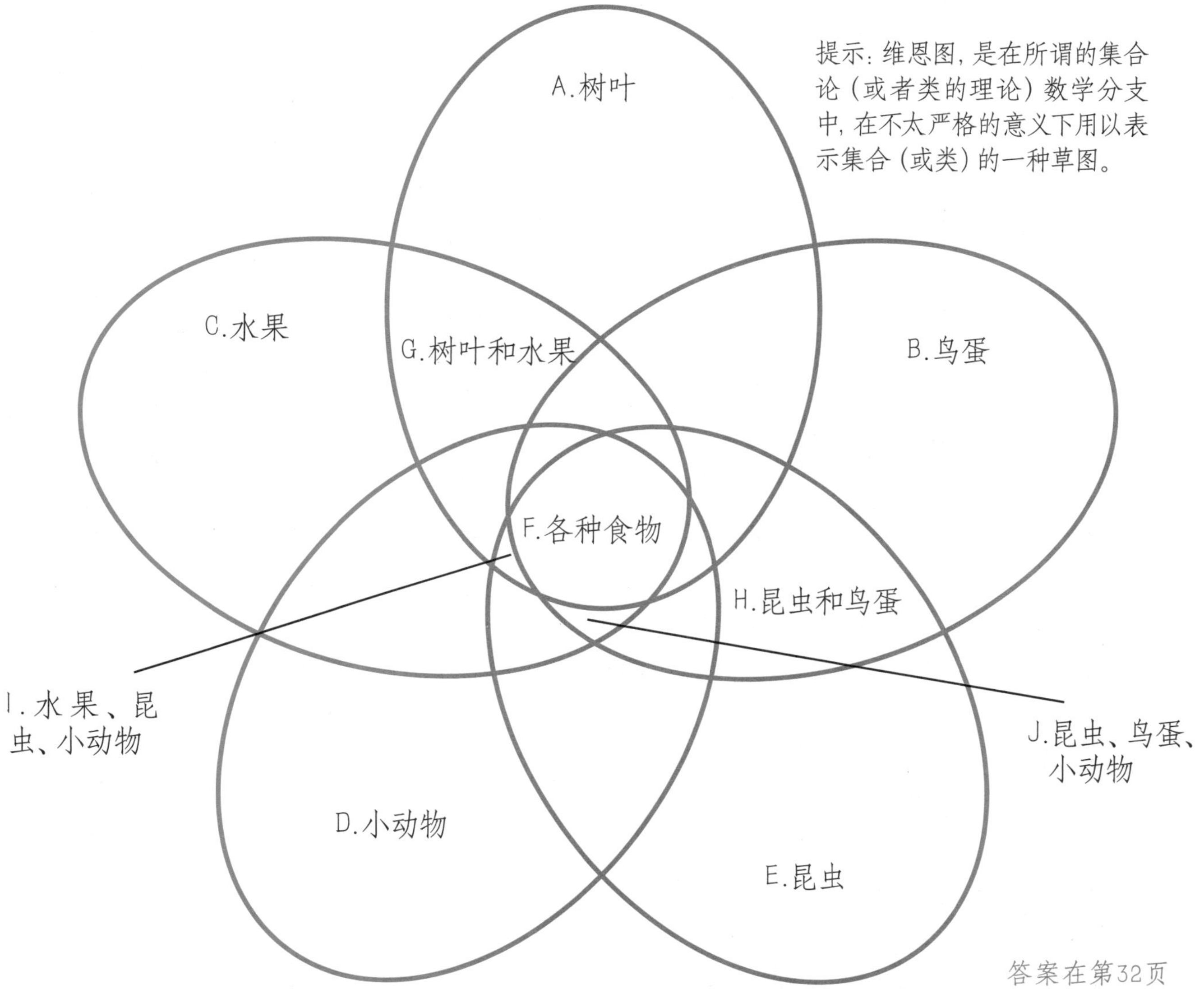

答案在第32页

5. 猕猴，树栖，有时会在地面活动，以树叶和水果为食

6. 长臂猿，树栖，以水果为食

7. 懒猴，树栖，以昆虫、鸟蛋和小动物为食

8. 南非大狒狒，以水果、昆虫和小动物为食

公园里的一天

你计划去国家公园玩一天。在公园的路上有许多标志牌，你知道它们分别代表什么含义吗？

如果你想玩某个体育项目，你该寻找哪个标志牌呢？哪个标志牌表示医务护理呢？问讯处的标志是哪个？救援电话的标志是哪个？如果你饿了想要吃点东西，应该去哪里呢？

答案在第32页

度假计划

假期就要到了，三个好朋友都在制订自己的出行计划。但是他们还没想好是独自游还是双人游，或者干脆组一个三人团，于是他们列出了所有的出行方式。

方案1：乔独自游

方案2：贝丝独自游

方案3：麦克独自游

方案4：乔和麦克双人游

方案5：乔和贝丝双人游

方案6：麦克和贝丝双人游

方案7：乔、贝丝和麦克三人一起出游

思考：如果一共四个人的话，会有多少种出行方式呢？

答案在第32页

天气观测

哲学家斯宾塞·约翰逊曾说："唯一不变的是变化本身。"更何况是千变万化的天气呢？要知道，变化是天气唯一的特质！观测全球各地的天气系统并发布天气预报，就是气象学家们的工作了。可以说，这是全球最具难度的工作之一，因为一旦天气预报出了问题，全世界的人们都会向气象站发出声讨和抗议！

做好准备

把相符的天气描述和正确的图片进行匹配。

A．预计有雨　　D．暴风　　G．炎热
B．低云　　E．冰点　　H．大风
C．阵风　　F．温和　　I．雾

答案在第32页

齿轮与合作

顾名思义，齿轮就是“长着牙齿的轮子”。它是现代工业机械中最常见的零件，一般都是由小齿轮带动大齿轮，通过力矩的改变来带动机器转动。在齿轮机械中，每一个齿轮都非常重要，缺一不可。齿轮们只有紧密合作才能创造力大无比的奇迹。在下列图中，所有的齿轮都可以根据力的作用顺时针转动或逆时针转动。请分别推断出齿轮2、齿轮4、齿轮C、齿轮E和齿轮F的转动方向。

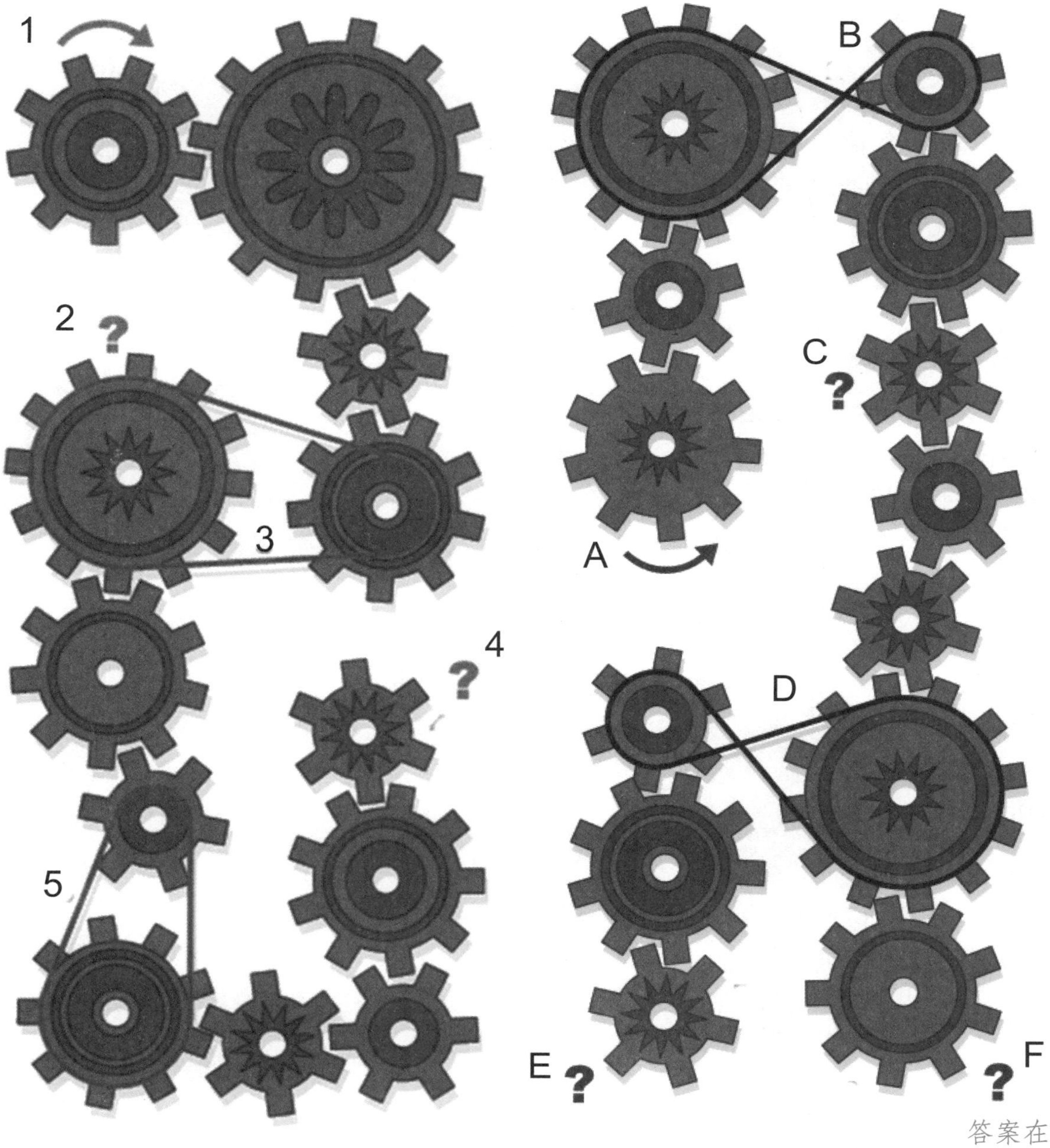

答案在第32页

正确的顺序

在外出旅行或探险的过程中，我们通常要按照计划好的正确顺序进行，你不可能在飞机起飞的时候结束飞行旅程，也不可能在飞机要降落的时候开始航行。按照正确的顺序做事情是非常重要的！

山洞遇险记

四位科学家正在地道洞穴中勘探。洞穴中的景观十分奇特，科学家们在里面流连忘返，以至于忘记了时间。现在，他们只剩下一个手电筒，而且没有其他的过夜物资。

问题是，他们的船只仅在涨潮时才可以靠岸，所以必须在潮水落下之前返回海滩。不然就有可能被困在这里过夜。

返回海滩的地道崎岖难走，路面的承重能力有限，每次只容两个人通行，而他们又只剩下一个照明电筒。所以，每次只能有两个人返回海滩，其中的一个人必须带着手电筒返回来接应后面的人。

现在我们知道，每个人走路的速度不一样，桑德拉可以在2分钟内走完这段路，艾伦需要3分钟，帕米需要4分钟，威尔需要6分钟。每组完成这段路程的时间必须按照速度较慢的人的时间来计算。

他们应该如何分组才能在17分钟内全部返回海滩呢？他们会被滞留在这里吗？

答案在第32页

关键路径

关键路径是运筹学中的重要概念。一般一个项目里面包含了一系列的核心任务，这条核心任务链的耗时会从项目开始延续到项目结束，它的运行线路也被称为关键路径。关键路径图可以展示关键路径中各个任务的顺序，并帮助我们找出缩短关键路径的办法。

下面两幅关键路径图中，如果有两个箭头指向同一个任务，就意味着这两个任务在下一个任务开始之前都要完成。

任务1的关键路径图

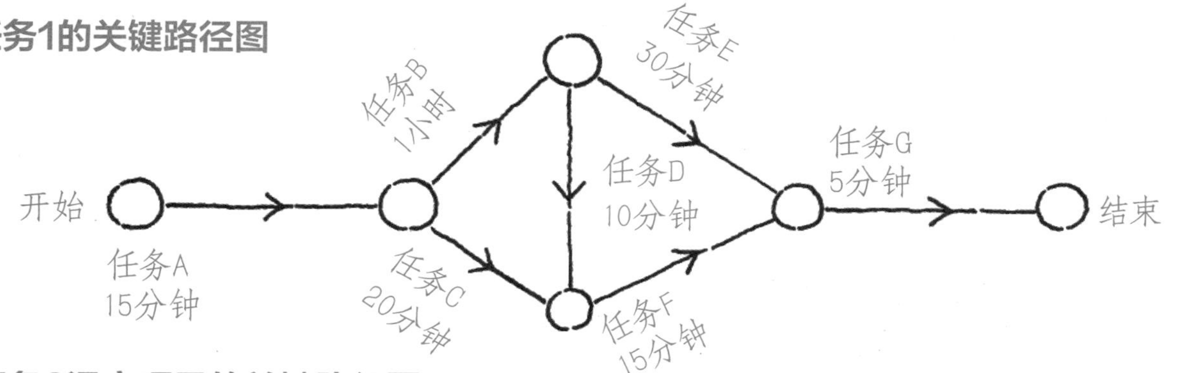

任务2温室项目的关键路径图

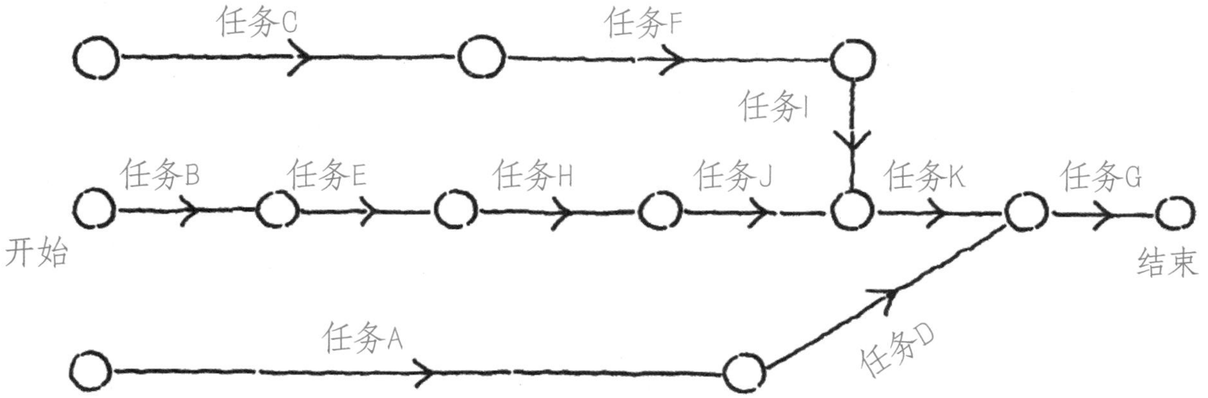

任务A：订购屋顶装修材料（1周）
任务B：订购墙壁和基础材料（2周）
任务C：订购窗子装修材料（1周）
任务D：屋顶装饰制作（2周）
任务E：挖地基（2周）
任务F：做窗框（1周）
任务G：将屋顶装饰放进温室（1周）
任务H：修建地基（2周）
任务 I：安装窗子（1周）
任务J：制作墙体（2周）
任务K：把窗子镶嵌在墙上（2周）

那么这两个任务关键路径的最短用时分别是多少呢？

答案在第32页

美味还是剧毒？

菌类几乎无处不在！有些菌类是美味的食材，但也有大量的菌类颜色鲜艳、外形美丽，却具有致命的毒性。因此，根据名字和特性来识别菌类是十分关键的事情。

请根据下文给出的线索对图中的蘑菇进行分类，找出毒蘑菇。

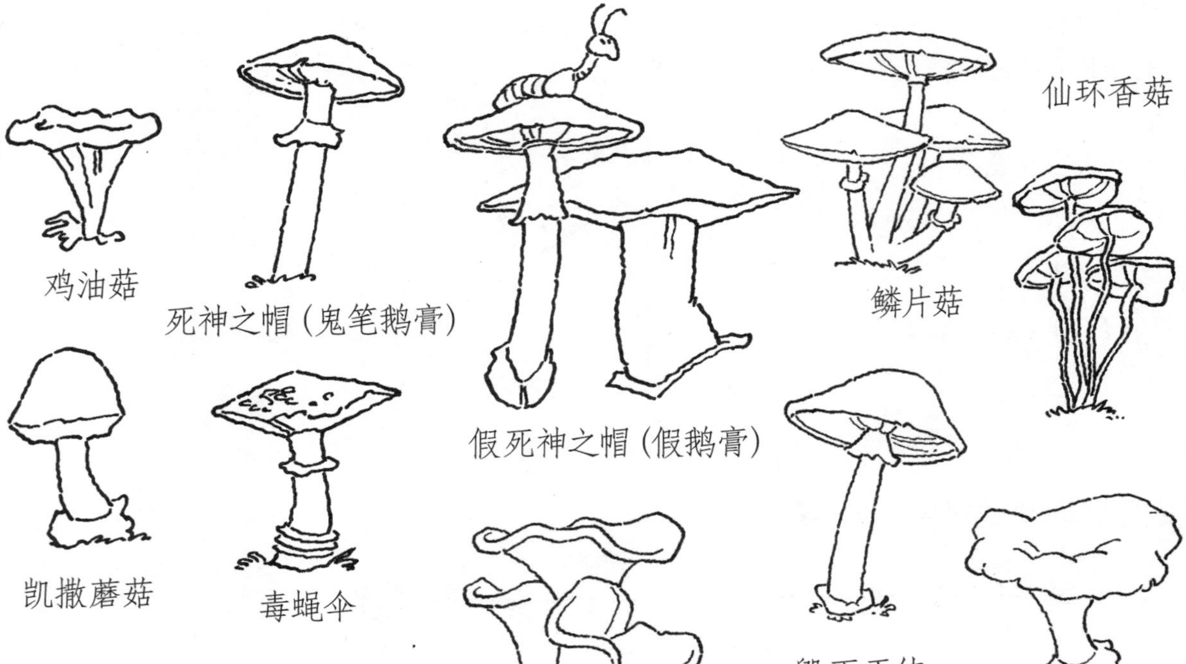

警告：

永远不要在无人指导的情况下食用野外的蘑菇！

提示：

在中世纪的欧洲，人们就发现了毒蝇伞可以用来杀虫，他们会把这种蘑菇混进牛奶中来杀死苍蝇。

仙环香菇有很多种烹饪方法，味道十分鲜美。但千万要小心象牙杯！它的样子与仙环香菇很相似，而且通常生长在同样的地方。可是象牙杯是毒蘑菇哟！

鸡油菇是最受人们喜爱的蘑菇之一，它的味道鲜美，营养丰富！

假鹅膏又被称为假死神之帽，虽然可以食用，可是味道不怎么样。但被称作鬼笔鹅膏的蘑菇可是真正的死神之帽，它是最具毒性的蘑菇之一，只需要很少的剂量就可以置人于死地！其中比较危险的还有鳞片菇，这种蘑菇里的有毒化学成分与死神之帽完全相同。

凯撒蘑菇早在古罗马的时候就是人们的盘中餐了，而另外两个名字与天使有关的蘑菇中有一种是有毒的。

你能挑出上面所有的毒蘑菇吗？

答案在第32页

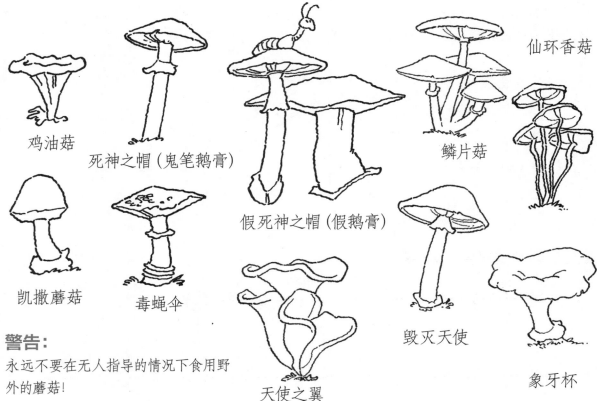

警告：致命危险！

下列图中的植物和动物都可能会伤害你，其中有两种具有十分致命的危险性，请把这两个危险的家伙找出来。

杀人蜂

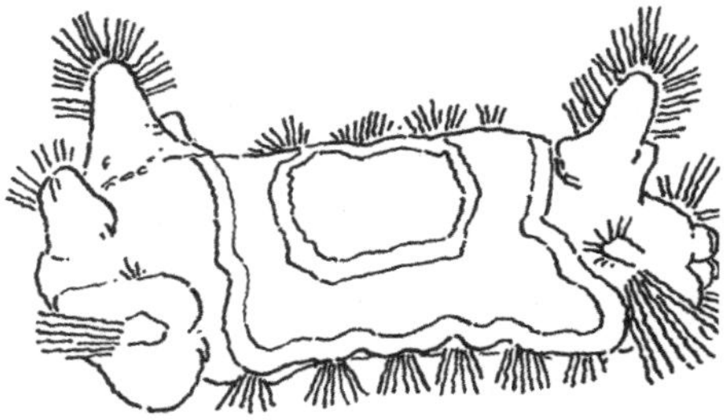

鞍背刺蛾毛虫

甘蔗蟾蜍

漏斗网蜘蛛

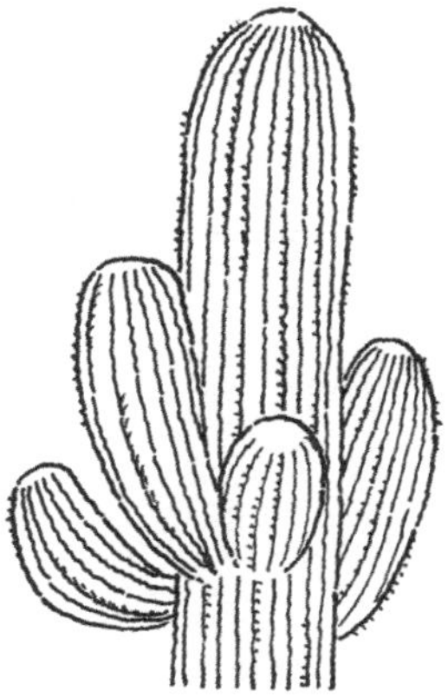

巨人柱仙人掌

棘蜥

捕蝇草

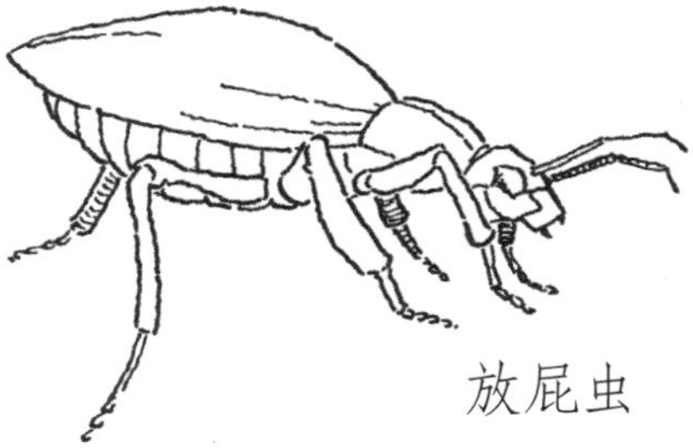

放屁虫

请指出下面的动植物中，哪两个是有毒的，哪两个是无毒的？

死神之帽

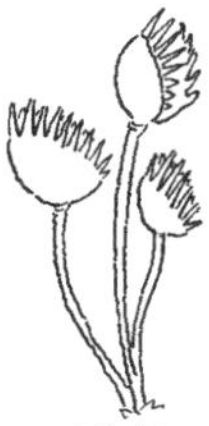

捕蝇草

毒蝇伞

巨人柱仙人掌

答案在第32页

荒野求生——你会活下来吗?

你独自一人在荒野中迷路了，现在急需找到一个可以过夜的容身之所！在荒野中这可不是件容易的事情，所以我们需要制订一个周密的计划。首先，你要快速判断周围的环境和危险指数，然后作出正确的决定。

生存指南

你现在要寻找一个可以搭建帐篷的安全地点：

1. 不宜在通往河流、溪流和池塘的路上过夜，这些通常是野生动物在夜间喝水的必经之路！
2. 不宜在谷底或凹陷处过夜，因为清晨这里会变得异常潮湿和寒冷。
3. 不宜在山顶过夜，山顶上没有遮掩物，会有大风。避风向阳的山坡是过夜的首选。
4. 更不宜在河边和溪流处过夜，突如其来的涨水和水边的蚊虫十分危险。
5. 一定不要在孤树旁过夜，因为雷电喜欢攻击荒野中孤立的树木。

简易帐篷的搭建

如果你已经携带了帐篷，那是再好不过的事情了。但如果没有现成的帐篷，也不用着急，现在我要告诉你一个搭建简易帐篷的办法。首先，你要找一些结实的并且长度适宜的树枝，把它们绑在一起，支成一个架子，然后把这个架子牢牢地插在地面上。把备用的衣服和毯子围在架子外面，用绳子系紧。也许这个简单的办法可以帮助你度过荒野之中的漫漫长夜。

沉船幸存者

丹尼尔·笛福（1660－1731年）是英国启蒙时期现实主义小说的奠基人，他是著名小说《鲁滨孙漂流记》的作者，被誉为欧洲的“小说之父”。笛福的一生和他书中的英雄们一样充满着戏剧性。他是一个成功的商人，为皇室和英国政府担任过间谍，曾两次锒铛入狱。他在充实的生活之外，还撰写了500多篇纪实性的文章和小说。

《鲁滨孙漂流记》主要讲述了一个海难幸存者的故事。主人公鲁滨孙·克鲁索出生于一个中产阶级家庭，一生志在遨游四海。在一次去非洲航海的途中遇到风暴，只身漂流到一个无人的荒岛上。在小说里，鲁滨孙救了一个被其他部落围攻的野人，然后收留了他，给他起名为“星期五”。鲁滨孙带着星期五凭着强韧的意志与不懈的努力，在岛上顽强地生存了下来，经过28年2个月零19天后得以返回故乡。

如果你像鲁滨孙一样流落到荒岛上，你认为下列选项中哪三项是最必不可少的呢？

制作一根尖尖的棍子

写一首诗

跳舞

搭建一个容身之处

搜集食物

找到饮用水

生火

踢足球

探索这座岛屿

爬到一棵很高的树上

留意过往的船只

观察动物

请你从中选择出最重要的三件事，并按照重要程度从高到低排列起来。

答案在第32页

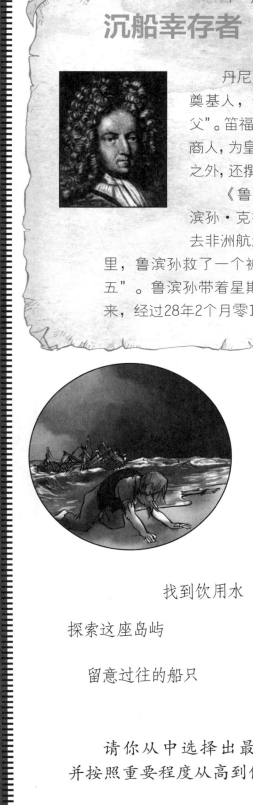

是敌是友？

这一天，鲁滨孙在岛上巡视的时候，发现了一些奇怪的脚印。为了安全起见，他悄悄地躲了起来。荒岛求生者必须判断出下列脚印的来源，究竟是来自食人族和危险野兽，还是来自和善的小动物或仆人星期五呢？请你帮助鲁滨孙作出判断。

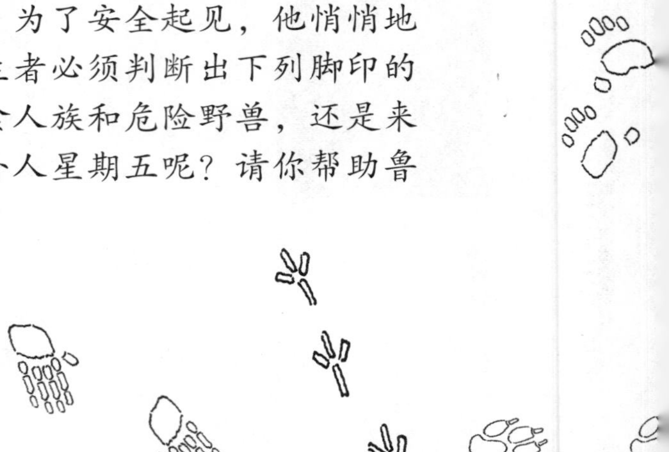

知识小趣闻：

狒狒是用指关节走路的。

线索：

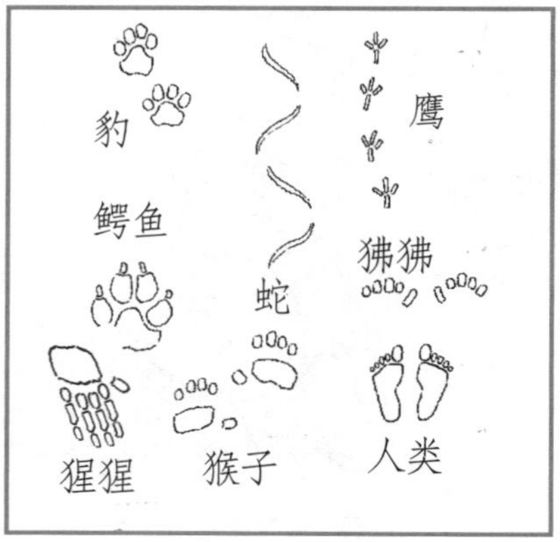

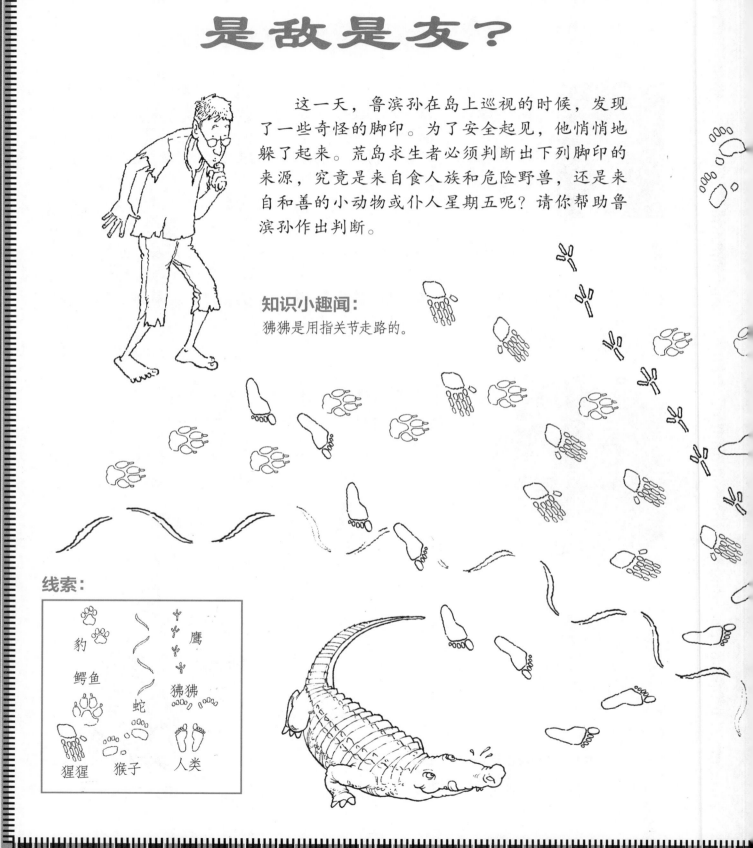

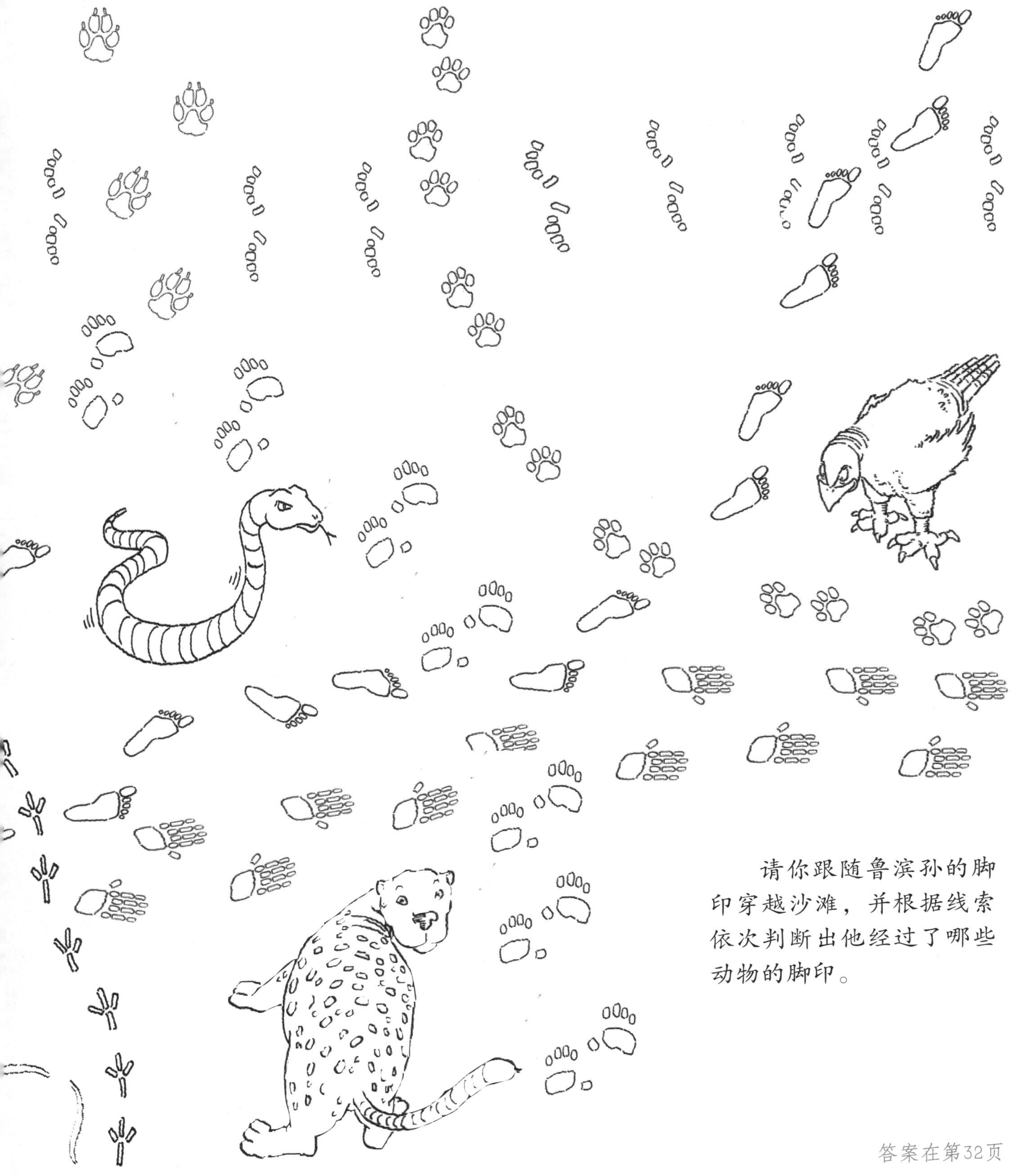

请你跟随鲁滨孙的脚印穿越沙滩，并根据线索依次判断出他经过了哪些动物的脚印。

答案在第32页

图形变换

图形的变换有多种多样的方式，下面是最基本的三种。

1. 平移

在平面内，将一个图形上所有的点按照某个方向——上下左右都可以——作相同距离的移动，这就是图形的平移变换。平移不改变物体的形状、大小和方向，只是位置发生了变化。

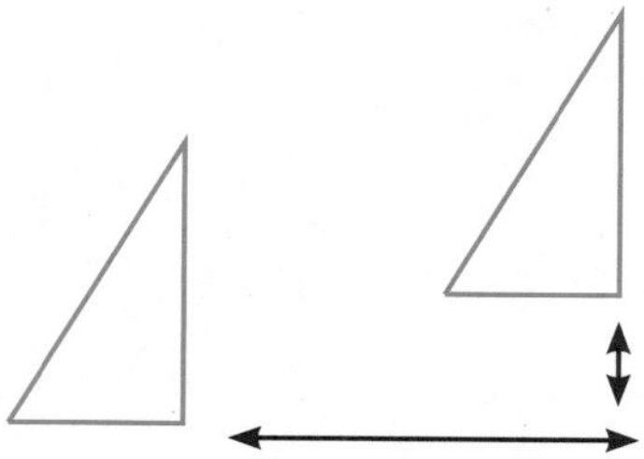

3. 旋转

在平面内将一个图形绕着某一点旋转一个角度的变换称为旋转变换，这个点叫作旋转中心，旋转的角度大小叫作旋转角。图形的形状没有改变，但是图形的方向发生了变换。

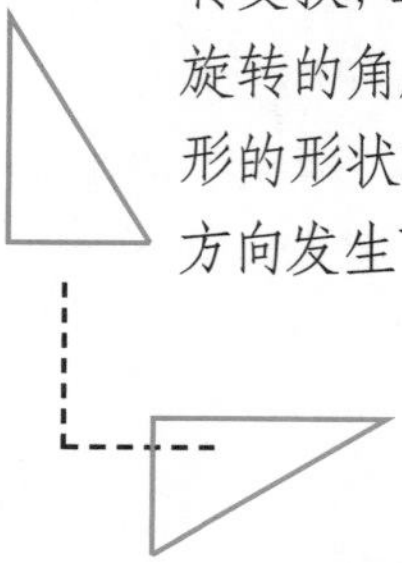

2. 轴对称

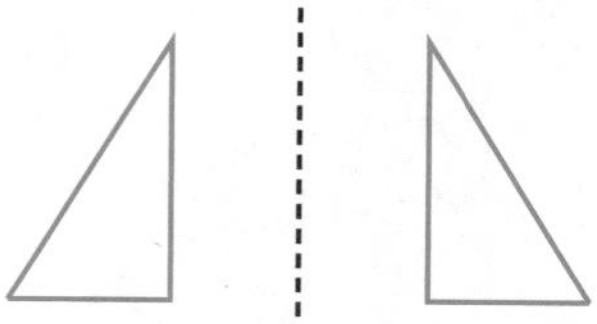

作出一个图形关于平面内某条对称轴的对称图形，这就是轴对称变换。此时图形的方向发生了改变，就像是一个镜像翻转。

下图中的红色图形是原始图形，请判断出其他图形属于上述三种情况中的哪一种情况。分别指出属于平移变换、轴对称变换和旋转变换的图形字母。

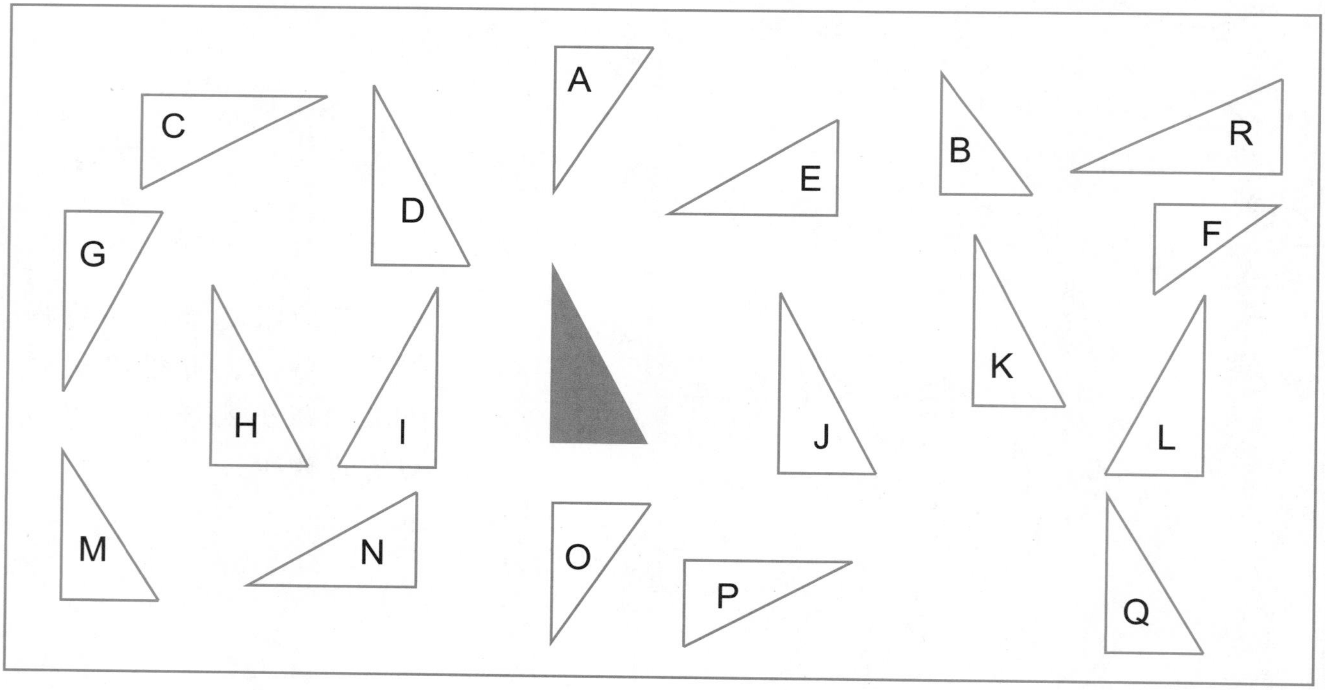

答案在第32页

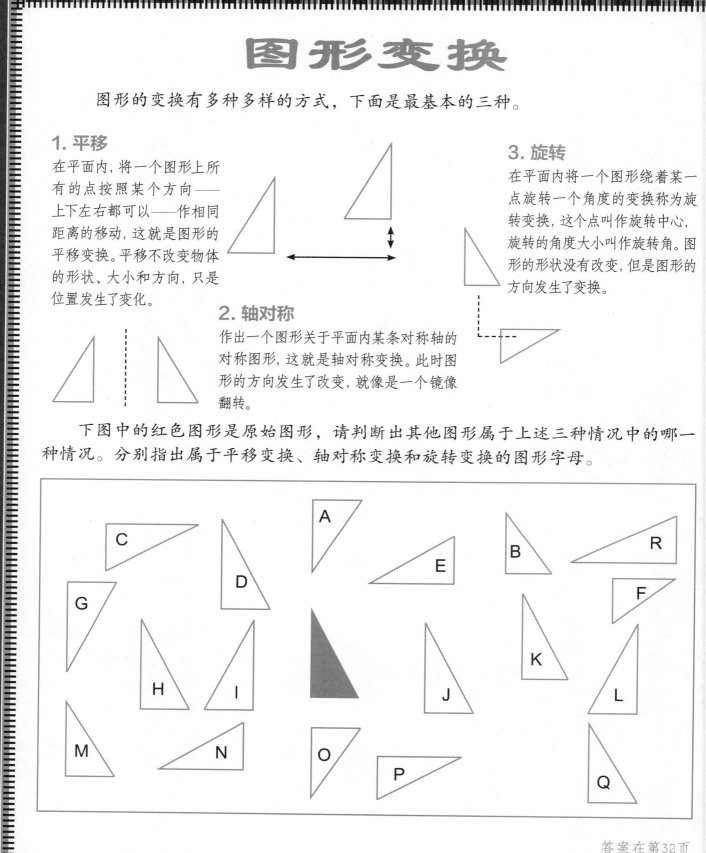

迷宫挑战

在下面这个迷宫任务中，你只有从A门顺利到达B门才可以完成挑战。在挑战迷宫的过程中，你可以通过上下攀爬梯子和进出开着的门来选择路径。

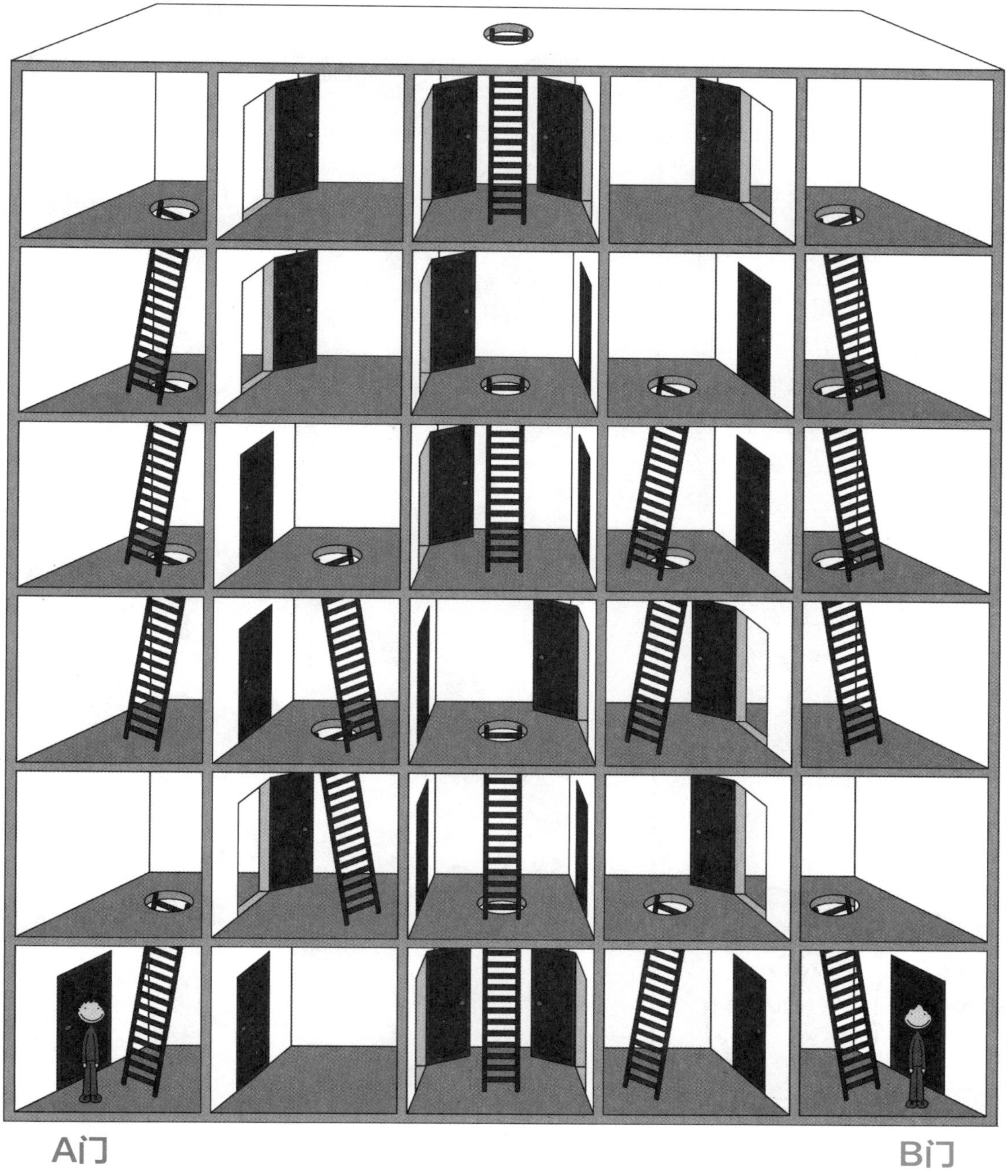

答案在第32页

孪生双箭

考眼力的时候到了，你能在下列图中找出一对一模一样的箭头来吗？

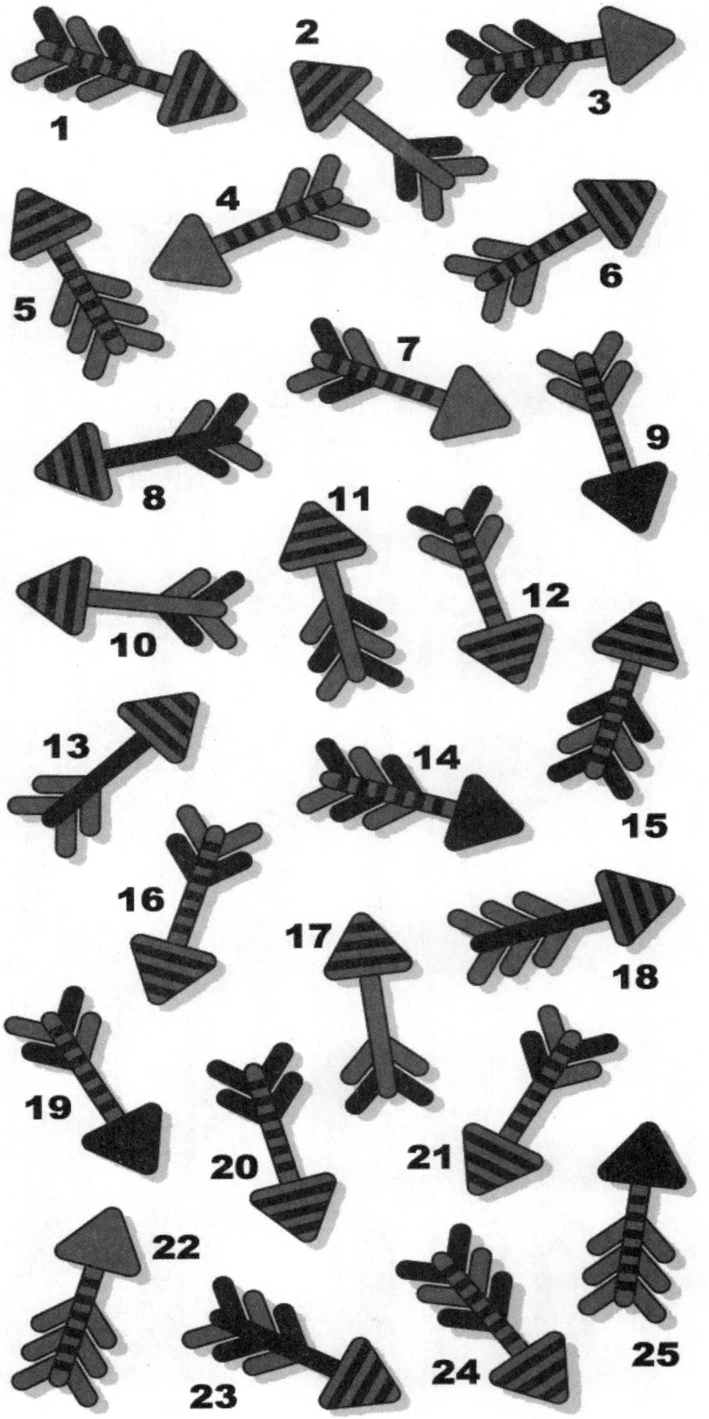

双胞胎

双胞胎指的是妈妈怀孕后一次生下两个胎儿的情况。有的双胞胎长得很像，但也有长相差异较大的情况。无论如何，他们都是同时由妈妈子宫中的受精卵发育而成的。

大部分同卵双胞胎的长相几乎完全一样，也有一些会有微小的差别，但总的来说这些差别是微乎其微的。这是因为他们是由同一个受精卵分裂后发育而成的。

有时候，母体的两颗卵子分别通过不同的精子同时受精，就产生了两个不同的受精卵，两个胎儿自然就会有较大差异，这样的双胞胎被称为异卵双胞胎。

答案在第32页

大风吹

目前世界上通用的风级划分标准是“蒲福风力等级表”。这个表于1806年由英国海军少将弗朗西斯·蒲福编制，根据风对地面（或海面）物体影响程度拟定了12个等级，被称为“蒲氏风级”。

你可以把图中的景象与下面的风力表进行匹配吗？

1级：　软风，空气微微流动
2级：　轻风，烟轻轻飘动
3级：　微风，风向标转动
4级：　和风，树叶和小树枝摇摆
5级：　清风，风可吹起沙尘，风筝可以起飞
6级：　强风，树枝摇动，电线有声，举伞困难
7级：　疾风，步行困难，大树摇动
8级：　大风，折毁树枝，前行感觉阻力很大
9级：　烈风，屋顶受损，瓦片吹飞
10级：　狂风，拔起树木，摧毁房屋
11级：　暴风，损毁普遍
12级：　飓风，陆上极少，造成巨大灾害，房屋吹走

答案在第32页

统计图

图表是统计学中最常见的工具，它的优点是形象、直观。我们可以利用扇形统计图来制作一天的日程表，把整个圆分为相等的24份，每份代表一天中的1个小时。

比如，我们可以在下面这个扇形统计图中选取不同的图形和颜色来进行标记，这样就可以记录一整天的活动了。

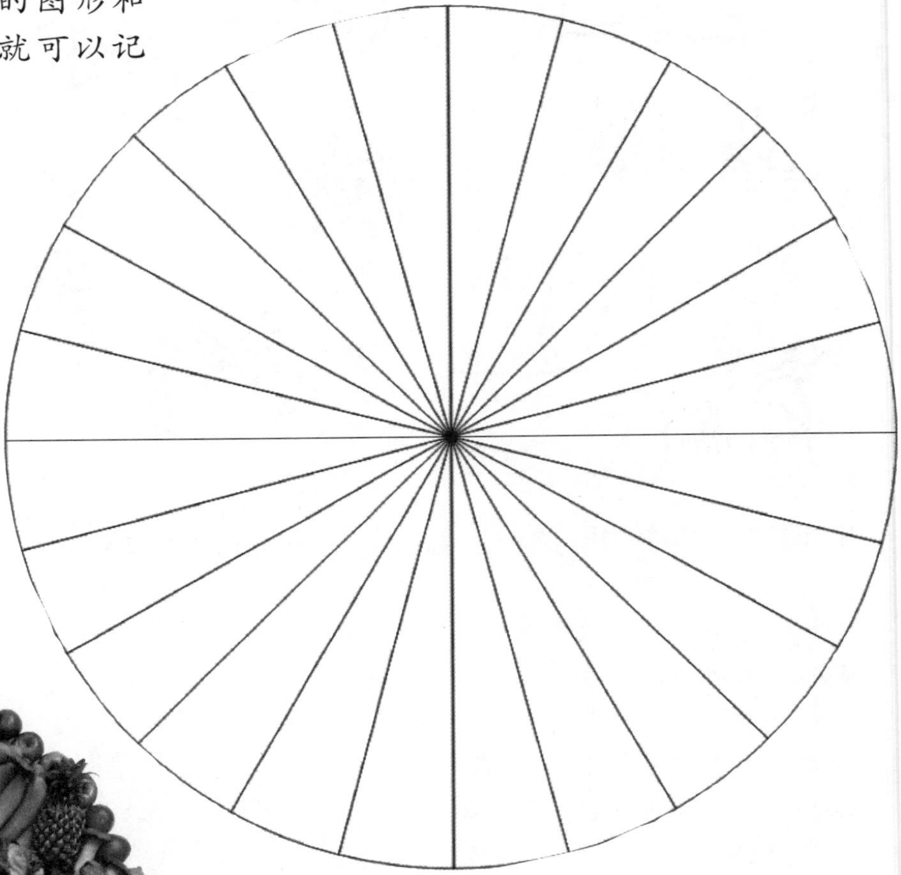

- 兴趣爱好，游戏娱乐
- 和朋友在一起
- 睡觉
- 吃饭
- 旅行
- 上学
- 运动

扇形统计图在很多领域都有应用，比如我们可以用它来制作营养膳食表，这个扇形统计图记录了人类每天需要的健康饮食的成分：蛋白质、豆类、脂肪、水果蔬菜以及碳水化合物。

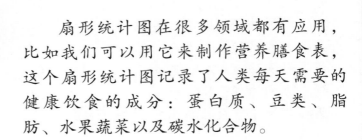

拍摄日程表

你是一名导演，正在拍摄一部喜剧，因为预算问题，你的班底只有三名演员——查理扮演大哥杰克，史蒂文扮演二弟汤姆，玛奇扮演安娜。你只有一天的拍摄时间，但是演员们都很忙碌，没有一个人可以全天跟拍。所以现在需要你来给他们安排任务，保证你的电影顺利拍摄完成。

电影中的六个场景如下：

场景1：（需要30分钟的拍摄时间）汤姆乘坐公交车去给安娜送花，但是下车的时候把花落在了公交车上，所以他必须追赶公交车把花拿回来。

场景2：（需要2.5小时的拍摄时间）汤姆驾驶安娜的车穿越整个镇子追赶公交车。

场景3：（需要1.5个小时的拍摄时间）杰克从一家商店里买了一盒巧克力，但是他滑倒了并且压扁了盒子。

场景4：（需要1小时的拍摄时间）汤姆和安娜终于追上了公交车，汤姆拿着花跟随安娜回家，杰克跑来给安娜送了一盒巧克力。汤姆吃醋了，把花踩扁之后跑掉了。

场景5：（需要45分钟的拍摄时间）杰克把巧克力送给安娜，但是没拿稳又掉在了地上，安娜不小心滑倒了，又把这盒巧克力给压扁了。

场景6：（需要30分钟的拍摄时间）现在好了，巧克力跟鲜花都变得稀巴烂，安娜伤心地哭了起来。

查理要在下午参加一个洗车店的开业典礼，所以他只在9:00—13:00的时间段里有档期。

安娜的妆容比较耗费时间，因为需要把美丽的女演员化妆成丑陋的安娜。化妆团队需要在开始之前花费2个小时给玛奇化好妆，然后在结束的时候再花费2个小时的时间帮玛奇卸妆，所以玛奇的工作时间为10:30—15:30。

史蒂文正在接受超级明星的电视采访，一直从早饭时间持续到午饭时间，所以他12:00才可以赶到摄影棚工作，好在他可以一直待到16:30。

现在需要你来制订一个拍摄计划，根据演员们的档期来安排场景的拍摄顺序。

答案在第32页

真假证词

当发生交通事故的时候，警察必须对每一个当事人的证词作出判断。有些人可能没有完全记住当时的场景，而有些人却为了逃避责任蓄意撒谎。现在，你作为一名警官，需要对刚刚发生的交通事故进行审讯。虽然没有人受伤，但是你需要判断出谁才是事故的责任人。

目前这场事故的原因有三种可能：

1. 迈克开得太快没看到保罗的车子，所以撞上了保罗的面包车。
2. 保罗在行驶过程中超速了，而路口停放的车辆挡住了迈克的视线，所以保罗在迈克发现他之前就撞上了迈克的车子。
3. 他们都有责任。

下面需要你从所有人的证词中判断出事故发生的原因。

艾伯特：我当时正要去我的车库，听见一声巨响。等我抬头看的时候，发现保罗的车子撞上了那辆小轿车。我跟你说，他一向开得很快，我早知道他会出事。

保罗：虽然我当时很着急，但是当我开进学校区域的时候，就开始减速了。每次过路口的时候，我总是习惯性地放慢速度检查一下。开始我并没有看到有车辆驶过来，那辆小汽车是突然出现的，并且没有减速，直接冲了过来。

艾琳（教师）：实际上我并没有真正看到事故发生的过程，当时我正在看着我的学生们。我看到面包车在经过路边停放的汽车时就开始减速了，在事故发生前我只是觉得有什么东西飞快地经过我的眼前，然后事故便发生了，所以我觉得应该是小汽车的责任。

卡琳娜：我当时正走向我停放在路口附近的车，我走到车门的时候，那辆面包车刚好从我旁边开过，我感觉当时他的速度并不快，不足以引发一次交通事故。

乔治：当时我正走到公交车站，看见一对夫妇开着一辆灰色的小汽车飞驰而去。感觉他们的车开得太快了，肯定是要出事的。果然，我一回头他们就撞到了面包车上，真的，你简直不知道当时他们开得有多快。当时我不能观察到事故发生前面包车的速度。

迈克：我看到路口的减速标志的时候就已经开始减速了，而且并没有看到路口有车辆行驶。保罗先生的车速实在太快了。开始我没有看到他开过来，随后他就冲了出来。

答案在第32页

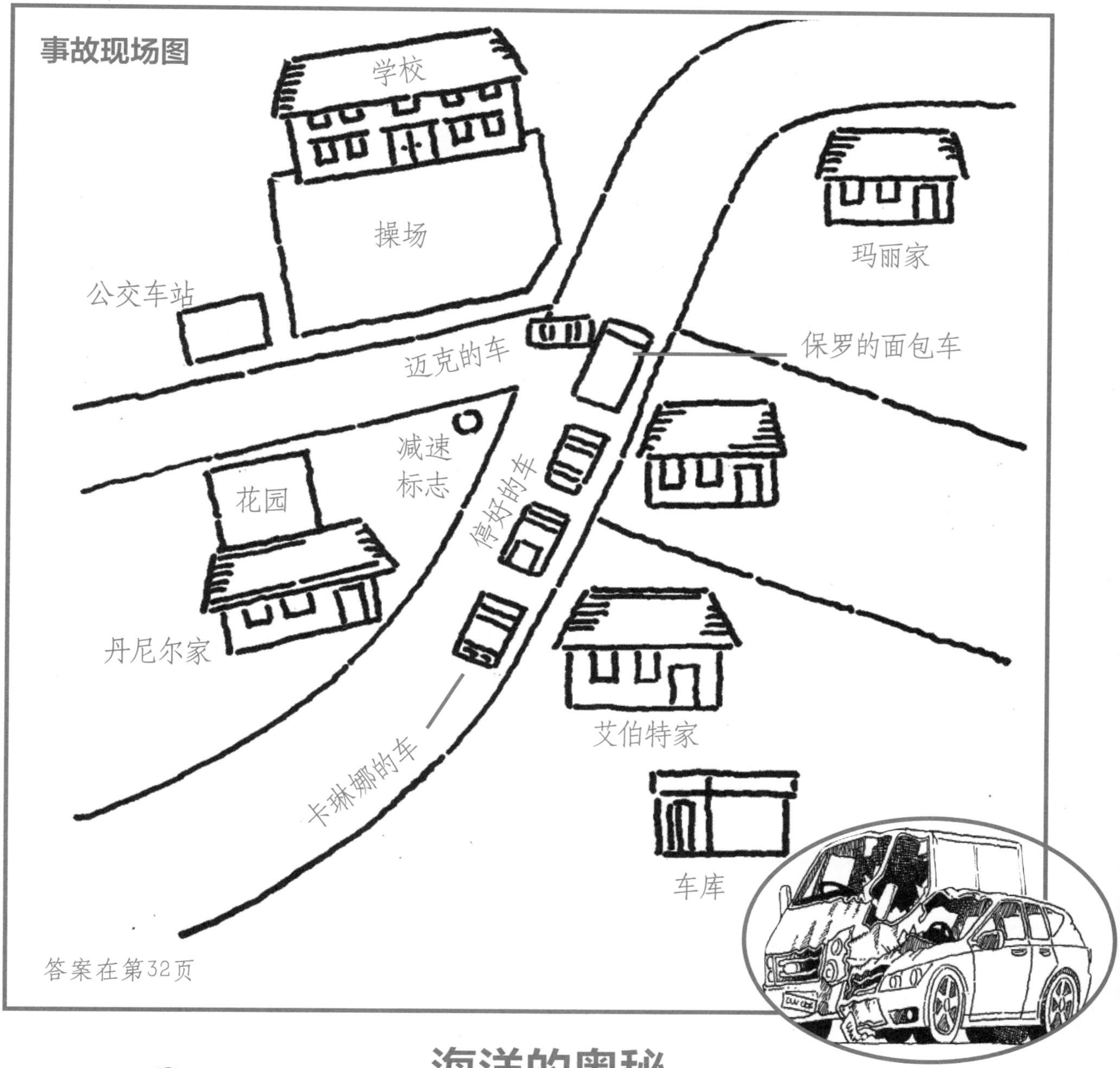

答案在第32页

海洋的奥秘

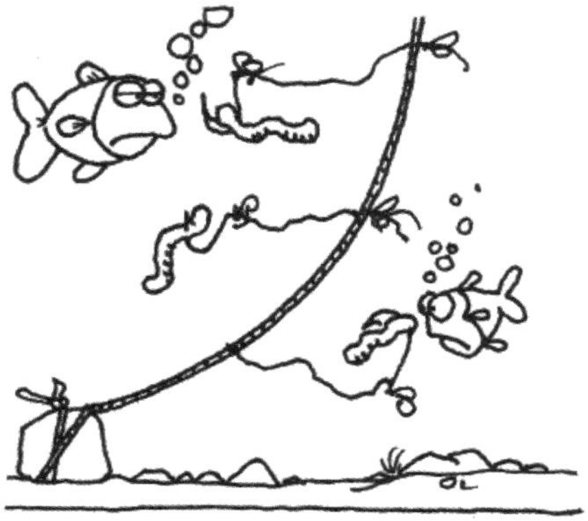

目前已知世界上大概有32000种不同种类的鱼，这个数据远远超过其他所有物种的总和。但实际上更令人惊叹的是，人类对海洋的了解还非常少，和人类对宇宙的了解程度差不多。人们相信神秘的大海里还有数不胜数的奥秘等待着人们去发现。

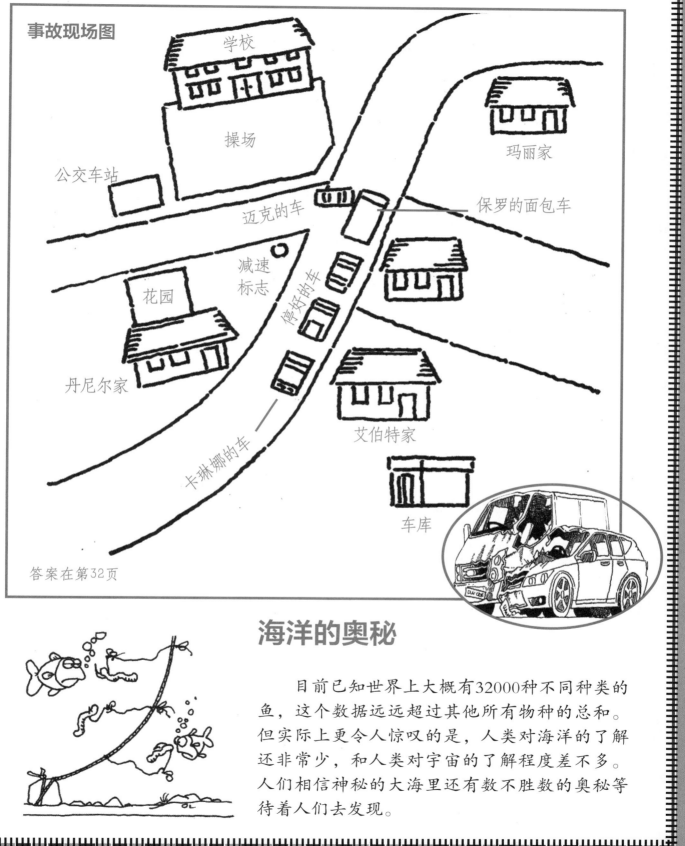

截稿日期

故事大赛开始啦！

比赛规则：每个作品必须超过2000字；截稿日期是5周以后。

作者们都在摩拳擦掌，准备参赛，但是因为他们还有许多其他的事情要完成，所以必须要制订一个严密的写作计划。

麦克每周可以工作4天，每天可以完成100字。

詹姆斯每周可以工作5天，每天可以完成80字。

苏每周可以工作3天，每天可以完成120字。

安吉拉每周可以工作2天，每天可以完成180字。

威尔每周可以工作6天，每天可以完成70字。

乔每周可以工作7天，每天可以完成55字。

你觉得哪位作者可以在规定的时间内完成作品呢？

太阳系的座次表

太阳位于太阳系的中心，它周围环绕着八颗行星，分别是地球、木星、天王星、水星、金星、火星、海王星、土星，但是上面的顺序杂乱无章。请你按照距离太阳的远近，把它们由近及远地排列起来。

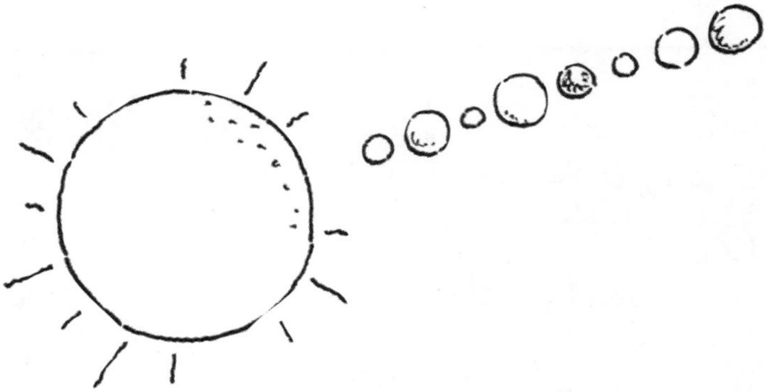

答案在第32页

索引

答案

第2页　万物之名

1. 海马；2. 乌贼；3. 鹦鹉；4. 袋鼠；5. 海星；
6. 孔雀；7. 骆驼；8. 狗；9. 鱼；10. 牛；
11. 水母；12. 企鹅；13. 章鱼。

第4页　找朋友

滑翔机—热气球；船—锚；箱子—筐子；七弦琴—小提琴；普通自行车—前轮大后轮小的自行车；星球—天文望远镜；书—羽毛笔；指南针—星盘；王冠与以上事物都没有关系。

第4页　怪兽的脑袋

A5，B2，C3，D1，E4。

第5页　格格不入

茶壶；屋顶；河流；乌龟；绳子；杏仁。

第5页　不同的场景

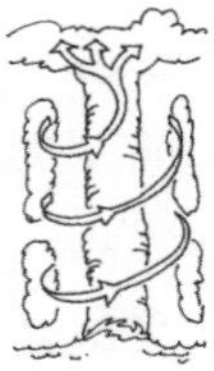

最后一幅图与其他的不一样，这是因为其他的图都与地质活动有关，而这幅图表现的是龙卷风的成因。

第6页　灵长王国

1. 懒猴；2. 长臂猿；3. 吼猴，环尾狐猴，夜猴，狝猴。

第7页　灵长王国

夜行性动物：夜猴，懒猴。
猿类：长臂猿，黑猩猩。
喜欢鸟蛋：懒猴，夜猴。
直立行走：环尾狐猴，南非大狒狒，长臂猿。
三种原猴：环尾狐猴，夜猴，懒猴。

第8页　分组游戏

A. 吼猴，环尾狐猴，黑猩猩，狝猴，长臂猿。
B. 南非大狒狒。
C. 夜猴，懒猴。
D. 没有。

第9页　猴以食为天

C. 长臂猿；F. 黑猩猩；G. 吼猴、环尾狐猴，狝猴。
H. 夜猴；I. 南非大狒狒；J. 懒猴。

第10页　公园里的一天

体育项目图标：8、13、14、16、17、19、20、21、22、23、24、25、26、27、29、33、42 。
医务护理图标：39、40 。
问讯处图标：10。
救援电话图标：12。
餐饮图标：7、11。

第11页　度假计划

四个人会有15种不同的出行方式。

第12页　做好准备

A. 8；B. 5；C. 2；D. 9；E. 3；F. 6；G. 1；H. 4；I. 7。

第13页　齿轮与合作

齿轮2、齿轮4逆时针转动；齿轮C、齿轮E和齿轮F顺时针转动。

第14页　山洞遇险记（答案不止这一种）

第一步：桑德拉和威尔返回海滩（6分钟）。
第二步：桑德拉返回营救（2分钟，到目前为止8分钟）。
第三步：桑德拉和帕米返回海滩（4分钟，到目前为止12分钟）。
第四步：桑德拉返回营救（2分钟，到目前为止14分钟）。
第五步：桑德拉和艾伦返回海滩（3分钟，17分钟），成功！

第15页　关键路径

第一个任务的完成时间为1小时50分钟。
第二个任务的完成时间为11周。

第16页　美味还是剧毒？

剧毒蘑菇：死神之帽，鳞片菇，毁灭天使，象牙杯，毒蝇伞。

第17页　警告：致命危险！

最危险的两种昆虫：杀人蜂和漏斗网蜘蛛。
有毒：死神之帽；毒蝇伞。
无毒：捕蝇草；巨人柱仙人掌。

第19页　当你流落荒岛，选出最重要的三件事

最重要的：搭建一个容身之处。
第二重要的：找到饮用水。
第三重要的：搜集食物。

第20–21页　是敌是友？

脚印依次为：鳄鱼、蛇、猩猩、鹰、猴、豹、狒狒。

第22页　图形变换

平移变换：D、H、J、K、Q。
轴对称变换：I、L。
旋转变换：C、G、N。

第23页　迷宫挑战

第24页　孪生双箭

15和24。

第25页　大风吹

1G；2I；3B；4F；5C；6L；7J；8E；9H；10A；11D；12K。

第27页　拍摄日程表

按照下列顺序拍摄：场景3；场景5；场景6；场景4；场景2；场景1。

第28页　真假证词

肇事者是迈克。

第30页　截稿日期

可以完成作品的作者为麦克、詹姆斯和威尔。

第30页　太阳系的座次表

离太阳由近及远分别是：水星、金星、地球、火星、木星、土星、天王星、海王星。

北京市科学技术协会科普创作出版资金资助

魔力数学

Magical Maths

度量与统计

准确丈量多彩的世界

MEASURES: HOW TO USE THEM

[英] 史蒂夫·韦 [英] 费利西娅·劳 / 著
[英] 戴维·莫斯廷 / 绘
郭园园 / 译

一起学习度量的方法，尝试进行简单的统计，
一同丈量多彩的世界吧！

知识产权出版社
全国百佳图书出版单位
—北京—

度量的由来

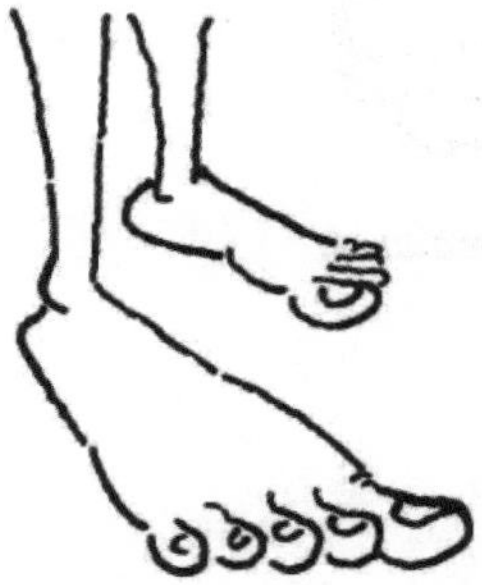

1足

在很早很早以前，人们在日常的生产生活中就逐渐意识到物体的许多属性需要度量，例如它们的重量、长短和数量等。以重量为例，如果要量出某物的重量，就需要重量的度量单位，有时根据人体的重量进行度量，而对于重量较轻的物体又可以根据种子的重量进行度量。随着需要度量的物体种类越来越多，各种度量体系也随之建立起来了。

古罗马人身上的长度单位

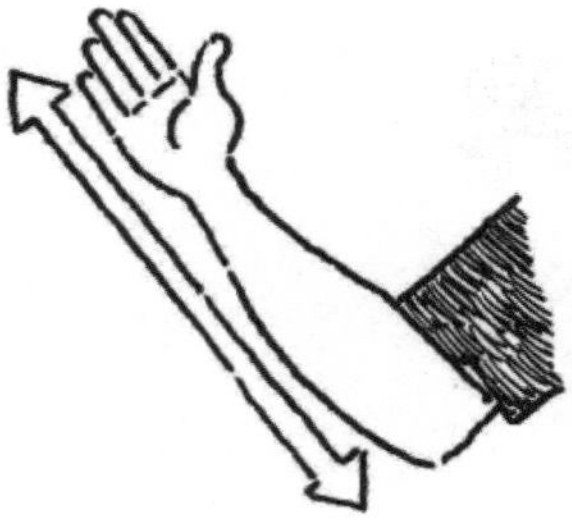

1肘

和古埃及人一样，古罗马人的测量大多是以人体不同部位的长度为准的。下面就是一张古罗马人的度量单位表：

1掌

一足 (a pes, 一只脚从脚后跟到脚尖的距离, 今天的英尺源于此, 大约为30厘米)
一掌 (a palmus, 一个手掌的宽度, 注意是宽度, 不是长度, 4掌=1足)
一千步 (a mille passus, 军队行进一千步的距离, 今天的英里源于此, 大约为1500米)
一体育场 (a stadium, 一个古罗马运动场的跑道长, 大约为200米)
一安色尔 (an uncial, 也就是今天的英寸, 源于一节拇指的长度, 大约为2.54厘米)
一节 (a passus, 某人连续迈出两步的距离, 1节=5足, 大约为1.5米)
一肘 (a cubitum, 从指尖到肘弯的长度, 大约为50厘米)
一指 (a digitus, 手指的宽度, 注意仍然是宽度, 而不是长度, 4指=1掌)

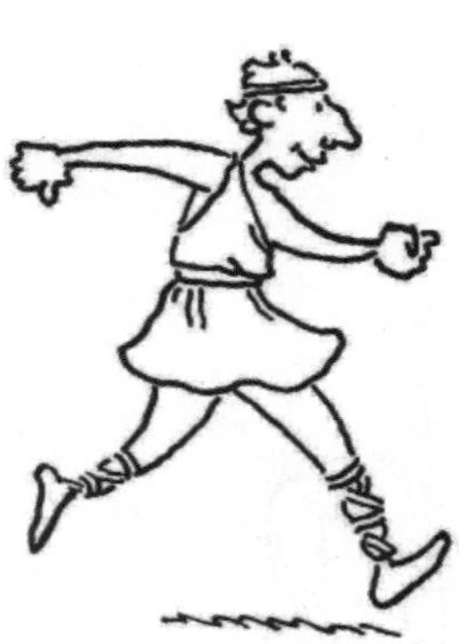

你能将上述罗马长度单位按照从小到大的顺序排列出来吗？

1.
2.
3.
4.
5.
6.
7.
8.

答案在第32页

通过运用腕尺的标准度量单位，埃及人分毫不差地建立起了伟大的胡夫金字塔，胡夫金字塔的正方形底面精确到440腕尺×440腕尺。

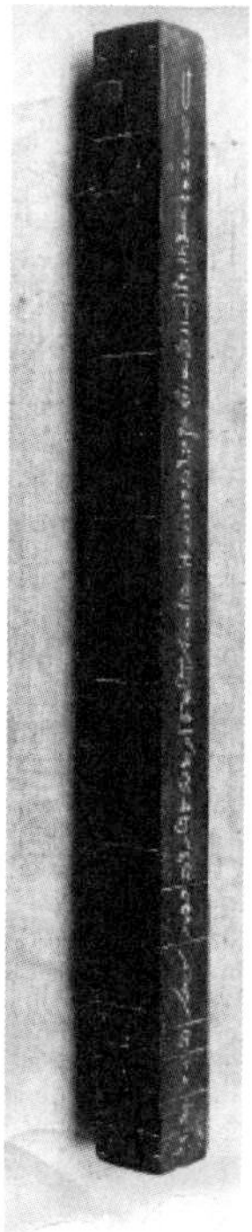

一个古老的
标准腕尺原件

古埃及腕尺

腕尺是古埃及长度度量中应用最为广泛的标准之一。第一个腕尺的度量标准起源于指尖到肘弯的距离。右图中是一个用黑色花岗岩做成的标准腕尺原件，官方利用它来校准其他的尺子，以确保度量标准的统一。

古巴比伦天鹅

古巴比伦人使用一种称为迈纳（mina）的重量单位——是最早为人所知的重量单位之一。一个5迈纳的砝码被铸成了一只鸭子的形状，而一个30迈纳的砝码则是一只天鹅的形状。

古代以色列人的度量

在古代以色列，有一种距离被称为1“安息日的旅程”，大概是10帕勒桑（parasang）的距离，1帕勒桑大概不到4千米。同样，1轭是指一对黄牛一天所耕种的土地的总量。

向标准度量进军

1670年，一位名叫加百利·穆顿（Gabriel Mouton）的法国牧师、天文学家，建议简化度量的应用方法，并提出了三个构想。

构想1:

同一体系的度量单位之间采用十进制换算。这将取代原有的十四进制与三进制换算，这样不同单位之间都是十倍百倍地换算。

也就是说，我们可以利用地球的经线距离来确定米的单位长度。

大小单位之间的换算就会更容易了。

构想2:

度量单位统一命名标准，并使用有实际意义的可以区分的前缀。每一种类型的度量单位都遵循同样的命名法则，但是可以利用不同的前缀来区分它们的大小。

以长度度量单位为例，“米”（meter，简写为m）、“毫米”（millimeter，简写为mm）、“厘米”（centimeter，简写为cm）、“千米”（kilometer，简写为km）中的“米”字显示了它们之间的“关系”。

构想3:

利用地球的大小来规范度量标准。例如，规定一米大约为赤道到北极距离的一千万分之一（穆顿的这个构想没有完全得以实现）。

1米的长度

穆顿起初计划利用地球表面圆周长的一个分数值来确定1米的单位长度，今天长度单位的确定方法被另一种方案取代了，即1米的长度是光在真空中1/299792458秒的时间内所通过的距离！这就复杂多啦！

度量系统的另一个高明之处就是度量单位之间的联系。1克大约相当于1立方厘米纯净的水在4摄氏度时的重量。这意味着1升水的重量为1千克，并占据了1000立方厘米的空间。

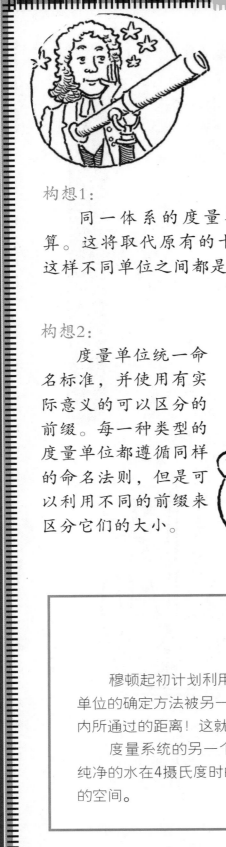

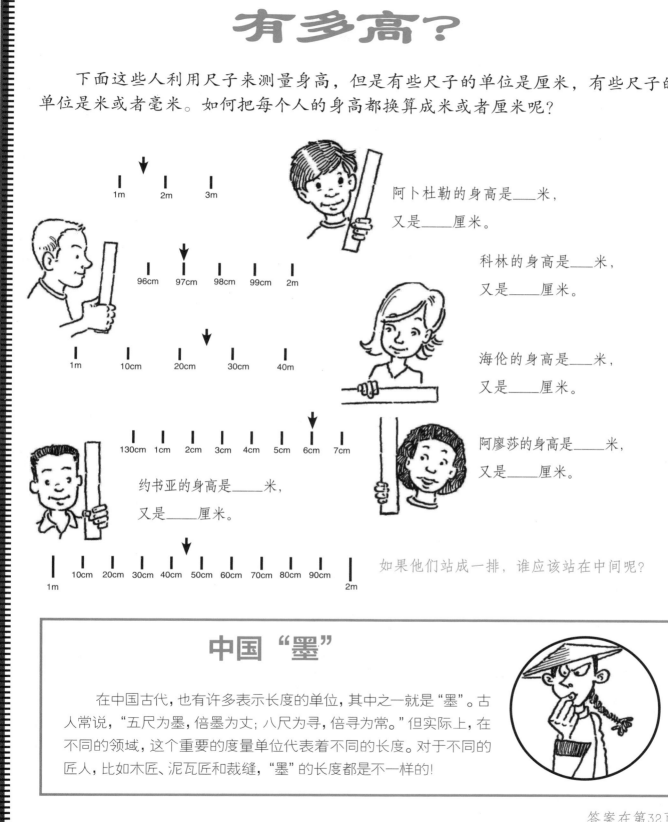

有多高？

下面这些人利用尺子来测量身高，但是有些尺子的单位是厘米，有些尺子的单位是米或者毫米。如何把每个人的身高都换算成米或者厘米呢？

1m 2m 3m

阿卜杜勒的身高是___米，

又是____厘米。

96cm 97cm 98cm 99cm 2m

科林的身高是___米，

又是____厘米。

1m 10cm 20cm 30cm 40m

海伦的身高是___米，

又是____厘米。

130cm 1cm 2cm 3cm 4cm 5cm 6cm 7cm

阿廖莎的身高是____米，

又是____厘米。

约书亚的身高是____米，

又是____厘米。

1m 10cm 20cm 30cm 40cm 50cm 60cm 70cm 80cm 90cm 2m

如果他们站成一排，谁应该站在中间呢？

中国“墨”

在中国古代，也有许多表示长度的单位，其中之一就是“墨”。古人常说，“五尺为墨，倍墨为丈；八尺为寻，倍寻为常。”但实际上，在不同的领域，这个重要的度量单位代表着不同的长度。对于不同的匠人，比如木匠、泥瓦匠和裁缝，“墨”的长度都是不一样的！

答案在第32页

身高挑战

下面这些马戏团的杂技演员们都有不同的身高。你能将他们按从高到矮的顺序排列起来吗？

最高：1. ________________　　5. ________________

2. ________________　　6. ________________

3. ________________　　7. ________________

4. ________________　　最矮：8. ________________

1. 如果尼克站在马特的头顶，那么他将比萨利高多少呢？

2. 如果尼克站在约翰的头顶，那么他将高出比尔多少呢？

3. 如果尼克站在萨利的头顶，那么他将高出约翰多少呢？

4. 如果马特站在比尔头顶，乔站在艾尔头顶，这两个组合谁更高一些呢？

答案在第32页

瞭望点

瞭望点是指任何具有开阔视野的制高点。

船桅上的瞭望点被称为“乌鸦巢”（crow's nest）。水手们需要轮流爬上危险的瞭望点，眺望大海，寻找陆地或者观察其他船只发送的信号。

如今，在许多森林公园中都设置了眺望塔，护林员们可以在上面及时发现森林大火的迹象。

在古老的航船上，“乌鸦巢”被安置在最高的桅杆之上

高无止境！

高耸于迪拜的哈利法塔

世界第一高楼的纪录在不断地被刷新！目前世界上最高的建筑物是位于阿联酋经济中心迪拜的高达693米的哈利法塔（Burj Khalifa Tower）。事实上，如果加上塔尖，哈利法塔的高度可达到828米，总长度超过8000千米的钢梁支撑着这座162层的庞然大物。塔内设有56部升降机，另外还有双层观光升降机，最快可以达到每小时64千米的惊人速度，每次最多可运送42人。

目前世界最高的八大建筑

1. 哈利法塔，迪拜，阿联酋（828米）
2. 上海中心大厦，上海，中国（632米）
3. 麦加皇家钟塔饭店，麦加，沙特阿拉伯（601米）
4. 平安国际金融中心，深圳，中国（599米）
5. 乐天世界塔，首尔，韩国（556米）
6. 自由塔，纽约，美国（541米）
7. 周大福金融中心，广州，中国（530米）
8. 台北101，台北，中国（509米）

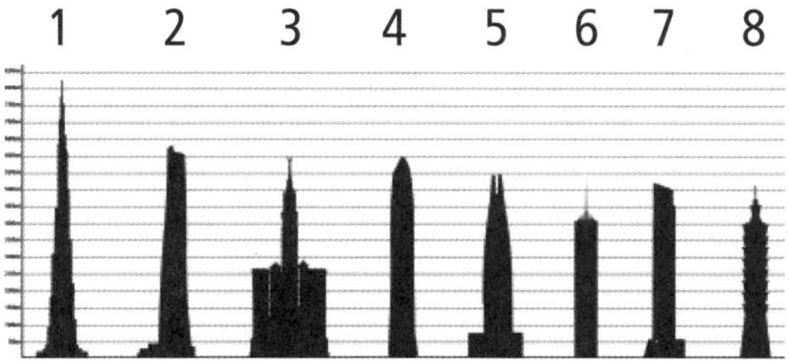

排队！

这个队伍中的人都是谁呀？
谁最高？谁最矮？
你能通过身高猜出他们的名字吗？

大卫：173厘米
保罗：1713毫米
克里斯：1米72.5厘米
常：159厘米
穆巴拉克：1.72米
艾伦：1660毫米
伊姆兰：1米53厘米
卡恩：1.68米

你能根据这些女孩的身高来找到她们的名字吗？

艾玛：94.5厘米
阿比盖尔：89厘米
帕尔文：915毫米
帕敏德：0.92米
朱迪：100厘米
佩奇：1035毫米
贝丝：1.01米
哈蒂：1米4厘米

答案在第32页

找出平均数

平均数，指的是一组数据中所有数据之和除以这组数据的个数。

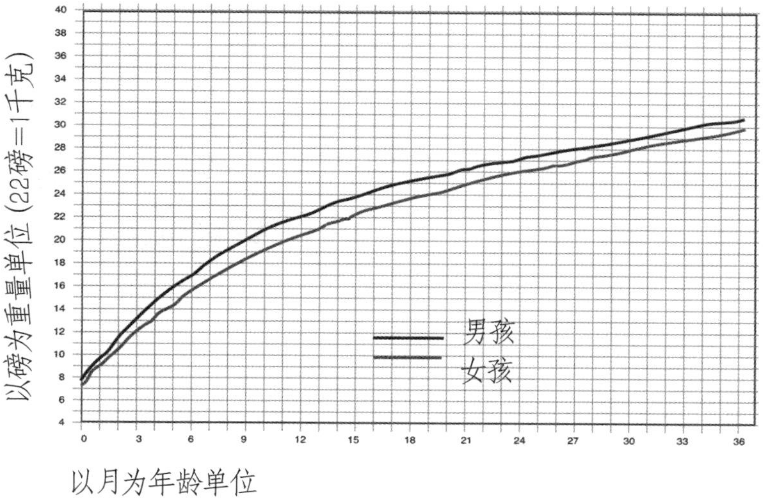

谁是平均数？

上面的曲线反映了婴幼儿在成长过程中平均体重的变化趋势，曲线中的这些数据可以帮助医生对孩子进行体检，帮助科学家进行研究。由于我们的身高和体重随着年龄和饮食的变化而变化，并与性别有关，为了得到上面曲线中的平均数值，需要事先采集大量的数据作为样本。

平均值显示，世界上许多国家的人在成长过程中，在同一年龄段相对于过去正在变得越来越高，同时体重也越来越重——当然这是就平均而言！

你集中注意力了吗？

科学家通过实验得出，人类可以保持全神贯注的平均时间为20分钟，然后就需要放松一下。

下面有3个骰子，每次同时投出就会得到一个总点数。如果多次重复这一过程，你知道这些总点数的平均数会是多少吗？试试看！

答案在第32页

数字满满的一天

琼斯先生的一天充满着各种数字，你也可以打造一个完全属于你自己的数字日记。

1. 闹钟在早上7：00响起，琼斯先生准时起床。
2. 他在邮局收到一封信，地址是数学小区32号，信的正面是一则广告“你将赢得100英镑。”
3. 琼斯先生吃早餐。他的麦片盒子上贴着免费的小广告贴纸，上面写着“收集10个贴纸，每箱6个。”
4. 他搭乘67路巴士上班，路程12千米。
5. 他搭乘8点的火车，信号牌上说“晚点45分钟”。
6. 他在车站买了25便士的报纸和18便士的巧克力。
7. 在火车上，琼斯先生读着报纸。他读到体育新闻和足球比赛报道，比赛结果是红联4 ：蓝城3。还有一场橄榄球的比赛，碾压机队16 ：沼泽捕食者27。
8. 他早上9点上班。琼斯先生为公路绘制速度标志牌，一种是“20KPH”（每小时20千米），另一种是“30KPH”。目前有一个需要绘制42个公路速度标志牌的订单，所以他很忙。

9. 他和朋友在咖啡店一起吃午饭。琼斯先生在自己的薯片上倒了一种叫作“57种成分”的酱汁。他身后的一块板子上写着琼斯先生午餐的价格：薯片80便士，茶15便士，小圆面包22便士。
10. 这一天结束的时候，琼斯先生拿到了自己工资的支票，他挣到了95英镑。
11. 我们看到琼斯先生在家度过自己的休闲时光。他一边看电视一边玩一个200片的拼图。电视机里播放的是电影——101只斑点狗。
12. 琼斯先生上床后，很快就进入了梦乡。他梦见了今天遇到的所有数字。

琼斯先生今天遇到了哪些数字呢？请将这些数字由小到大排列出来。

答案在第32页

公制单位拼字游戏

在英语中，许多表示公制度量单位的单词都带着自己特定的前缀，这样就可以帮助我们描述比基本公制度量单位更大或更小的单位。比如前缀“kilo（一千倍）”加上“meter（米）”就可以用kilometer来描述1000米。

在下面的表格里找出下列常用公制度量单位的前缀：

mega：一百万倍；
kilo：一千倍；
deca或dec：十倍；
deci：十分之一；
centi或cent：百分之一；
milli：千分之一。

G	D	I	K	A	C	I	N	K	C
L	M	O	N	T	A	L	I	K	M
E	I	I	D	E	C	A	D	I	C
C	C	D	L	I	D	E	L	L	I
M	T	C	A	L	L	I	K	O	N
M	E	G	A	T	I	E	I	E	I
E	E	D	N	K	D	T	C	A	D
I	L	E	I	G	N	I	M	E	O
T	C	C	N	E	L	D	E	C	C
T	E	I	C	E	C	E	M	D	I

答案在第32页

什么是时间？

跟着太阳

为什么一天有24小时呢？为什么不是20小时或者16小时呢？在4000多年前，古埃及人在利用太阳来计量时间的时候，他们将太阳在一昼夜运行一周的时间视为一天，然后把这段时间分成24个相等的小时——12个小时的白天和12个小时的夜晚。

漏刻与沙漏

漏刻是中国古代最重要的计时工具，在很长的历史时期内，一直是世界上最精准的计时器。漏刻由漏壶水面的高低，通过箭刻的标度来指示时间。后因冬天水易结冰，有改用流沙驱动的。

现在沙漏的构造是由一个窄管连接起来的上下相通的两个玻璃球。人们在上面的玻璃球里装满了沙子，然后将沙漏静置，沙子就会慢慢地流到下面的玻璃球里。如果这样的过程会花上一个小时，那么这个沙漏就可以用来计量一个小时的时间。

沙漏只能用来记录给定的一段时间，但是不能告诉我们现在到底几点了。

这是一座古老的落地式大摆钟。

日晷

当太阳在天空中移动的时候，日晷的影子会随着太阳的移动而改变。人们在日晷影子移动的轨迹上放置一些标记，把影子的移动范围划分成若干相等的部分，这样就可以将一天分成相等的几段或者几个小时。

但是这样也会有一个麻烦，当天气不好或者夜晚来临的时候，日晷就起不到作用了，所以人们必须找出不依赖太阳来计量时间的办法。

绅士们会把这种怀表放在自己衣服的口袋里。

100多年前的人们大都使用壁钟。

影子测量

测量影长可以作为精确计时的一种手段，可以知道确切的时间。同一个物体的影子，在早上的时候很长，随着太阳的升高，它会不断缩短。正午时分，当太阳升到头顶时，影子就很短了。而下午的时候，影子又会逐渐变长，但是这回是朝着与早上相反的方向。

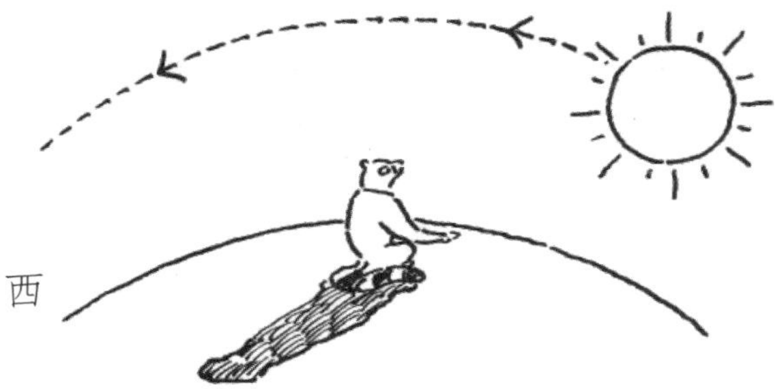
早晨太阳位于很低的位置
正午太阳在很高的位置
东

皮影戏

在皮影戏中，影子常用来制造戏剧效果，甚至营造恐怖氛围。在中国，皮影戏有着悠久的历史。据史书记载，皮影戏始于西汉，兴于唐朝，盛于清代。随着海陆交往和军事远征，相继传入亚欧各国。皮影戏也叫“影子戏”或“灯影戏”，在印度尼西亚的爪哇岛称为哇扬戏。直到今天，人们还可以在舞台上见到皮影戏表演。人们通过摇杆来操控皮偶，把它们的影子投射在白色的幕布上。

有的时候，邪恶的角色从屏幕的左侧登场，而正义的角色则从屏幕的右侧登场。皮影戏在土耳其也很受欢迎，经常有一个叫作卡拉格兹的喜剧人物登台，表演他各种失败受挫的滑稽戏。

随着太阳下山，你的影子会逐渐变长

皮影戏表演

抓获走私者

假如你是海岸巡防队的队长，接到线报说有一伙走私犯计划近期在夜色笼罩的海面上进行走私活动，他们要把非法物资运到岸边，再用马车秘密运走。

现在掌握的线报信息如下：

- 他们需要在涨潮的时候出海并在涨潮的时候返航，不然就会被困在海上。
- 他们只能在夜晚行动，且需要在6小时内完成航行到会面地点、装运货物并且返航这三件事。
- 满月的时候他们不能行动，因为满月的时候月光较强，他们容易被发现；弦月的时候他们也不能行动，因为弦月的时候月光太暗，他们很难进行操作。

你计划在海岸上埋伏起来，这样你和你的手下就可以将走私犯当场抓获。现在你的手下将走私犯们见面的日期锁定在8个夜晚。

你必须决定你和你的手下在哪一个夜晚行动，因为你不可能让全体队员苦守8天。

你选择哪一天呢？

可能的夜晚如下：

6月11日，周一晚上／周二早上，满月

涨潮：22:30　涨潮：4:30

日落：21:00　日出：5:00

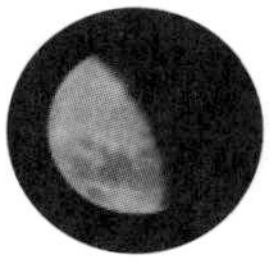

6月16日，周六晚上／周日早上，凸月

涨潮：23:00　涨潮：5:15

日落：21:30　日出：4:30

6月21日，周四晚上／周五早上，弦月

涨潮：23:30　涨潮：6:00

日落：22:00　日出：4:00

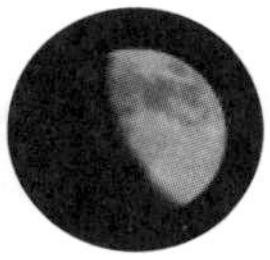

7月6日，周五晚上／周六早上，凸月

涨潮：22:45　涨潮：5:30

日落：22:30　日出：3:30

7月10日，周二晚上／周三早上，满月

涨潮：22:30　涨潮：5:00

日落：22:00　日出：4:00

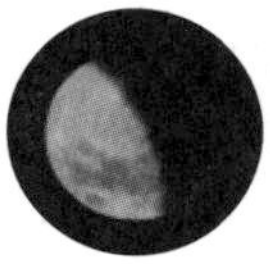

7月16日，周一晚上／周二早上，凸月

涨潮：22:00　涨潮：4:15

日落：21:30　日出：4:30

7月19日，周四晚上／周五早上，弦月

涨潮：21:45　涨潮：4:30

日落：21:00　日出：5:00

8月6日，周一晚上／周二早上，凸月

涨潮：21:30　涨潮：3:00

日落：20:30　日出：5:30

答案在第32页

时钟大作战

康普顿警察局的警察们正在调查一个走私团伙。现在是9点整，他们已经接到了关于走私者将在走私之城活动的线报，但是他们必须快点行动起来。下面哪一种抓捕路线是速度最快的呢？

汽车：　从康普顿到走私之城驾车行驶需要3个小时。

铁路：　从警察局到火车站步行需要5分钟。

下两班从康普顿到通勤城市的火车时刻表如下：

离开康普顿	到达通勤城市
9:10	9:40
9:30	10:00

从通勤城市到走私之城的高速列车每整点一班，整个行程需要1小时30分钟。

飞机：　乘坐出租车到飞机场的时间是10分钟。

下两班到走私之城国际机场的航班将在9:05和10:30起飞。

整个飞行过程为50分钟。

从走私之城国际机场到走私之城需要15分钟的出租车车程。

轮渡：　乘坐出租车到康普顿轮渡码头需要15分钟。

轮渡时刻表为9:20、9:40、10:00。

轮渡行程约2小时。

从走私之城轮渡码头到走私之城需要5分钟的出租车车程。

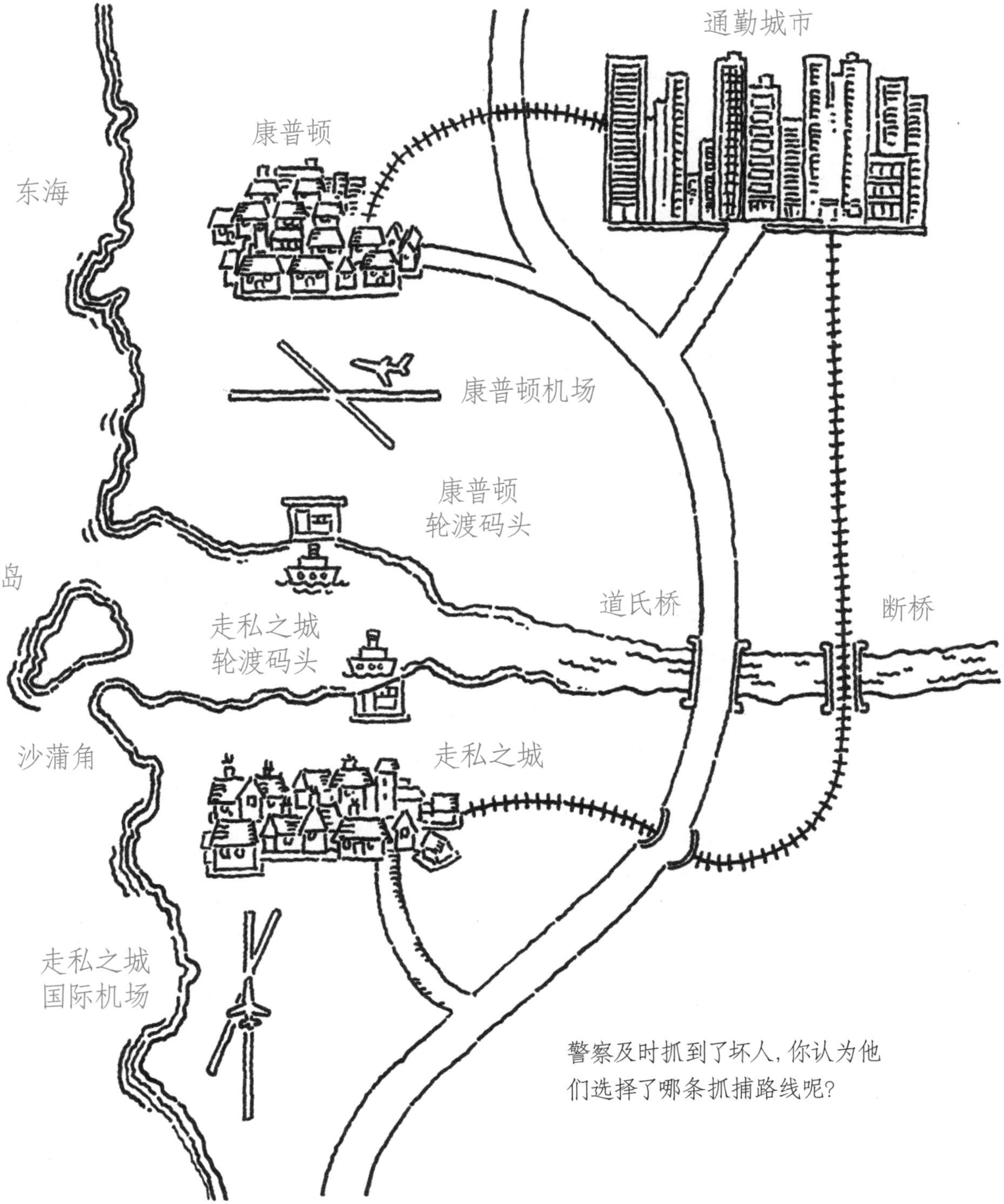

警察及时抓到了坏人，你认为他们选择了哪条抓捕路线呢？

答案在第32页

世界纪录

最高

世界上有许多人都长得很高，但是罗伯特·潘兴·瓦德罗是世界上身高最高纪录的保持者。1918年，罗伯特生于美国伊利诺伊州奥尔顿市，当他22岁的时候，身高就惊人地达到了2.72米。

因为他的身高很高，罗伯特的体重也很惊人，21岁的时候就已经达到了222.71千克。他在很小的时候就身强体壮，9岁的时候就可以把身材正常的父亲抱上楼。

最快

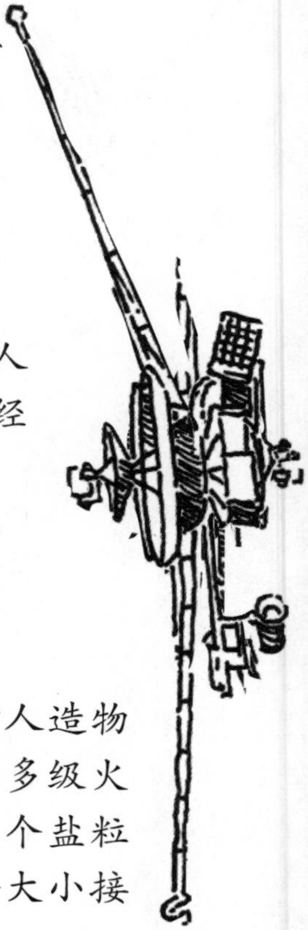

没有什么物体的运动速度比光速更快。光的速度达到惊人的每秒299792千米，如果以光速行驶的话，你可以在1秒内绕地球飞行7.5圈。

最远

1977年发射的“旅行者1号”空间探测器还在深空飞行，这是人类从地球上发射出的距地球最远的人造飞行器。截至2016年，它已经飞行了201.31亿千米，如今还在以约每秒17千米的速度飞行。

最疯狂

太空垃圾是指在绕地球轨道上运行但不具备任何用途的各种人造物体。这些物体小到固态火箭的燃烧残渣，大到在发射后被遗弃的多级火箭。据美国国家航空航天局(NASA)估计，目前地球轨道上有1亿个盐粒大小的太空垃圾，另外还有50万个弹珠大小的太空垃圾、2.3万个大小接近或超过垒球的太空垃圾。

最长的头发

世界最长头发纪录的保持者是一位名叫谢秋萍的中国女人。从13岁开始，她30年没剪过头发。2004年，她的头发总长已经达到5.627米。

最高的山峰

珠穆朗玛峰是地球上最高的山峰，海拔约8844米！除此之外，地球上的10座高峰都在亚洲。

但即使是地球上最高的山峰，与太阳系的一些山峰相比也是微不足道的。目前为止所发现的第一高山峰是火星的奥林匹斯山，足足有25千米高。在木星卫星上，波阿索利峰有珠穆朗玛峰的2倍高。

事实上，无论是月球上还是金星上，都有比珠穆朗玛峰更高的山峰。

珠穆朗玛峰是喜马拉雅山脉的最高峰

最大的螃蟹

最大的螃蟹是巨型蜘蛛蟹，它伸出蟹钳后大小超过了4米——足以拥抱河马！

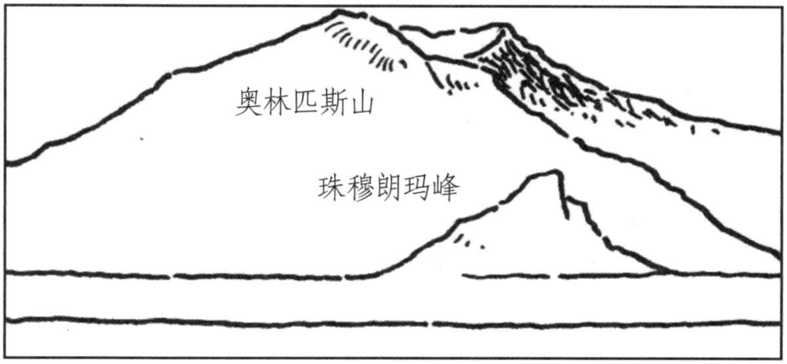

将火星上的奥林匹斯山与地球上的珠穆朗玛峰放在同一个背景下做比较。

认识角度

当两条直线相交于一点时，它们可以构成一个角，并可根据角度大小进行分类。

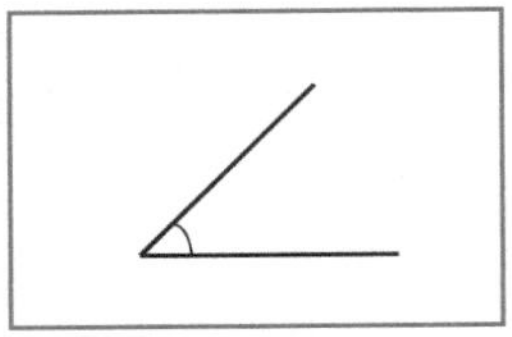

锐角大于0°而小于90°

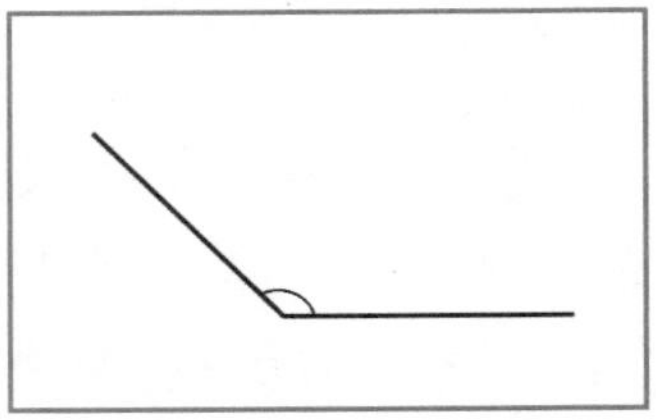

钝角大于90°而小于180°

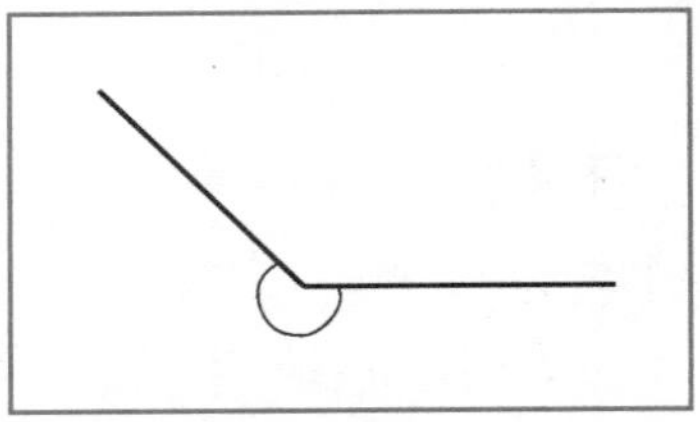

优角大于180°而小于360°

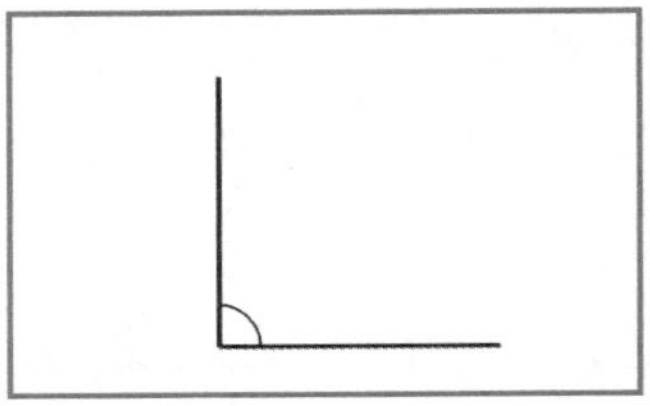

恰好等于90°的角是直角

你可以用量角器来测量角度的大小

整个圆周有360°

在右面的图中，你可以找到多少个锐角、直角、钝角、优角？

提示：在计数的过程中，可以用不同的颜色标注不同类型的角。

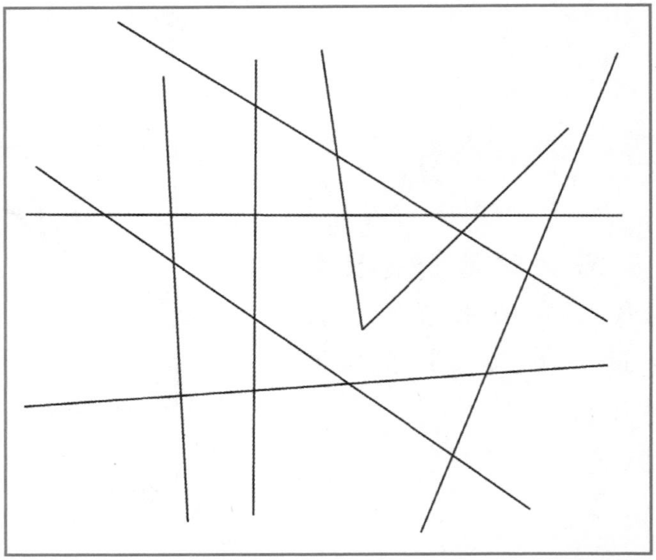

答案在第32页

永不相遇

下面图中的若干直线包含一种特殊的关系——平行。它们看起来像是并排画的，并且保持着相同的距离，永远不会相交，这样的两条直线就是一组平行线。

下图中有几组平行线呢?

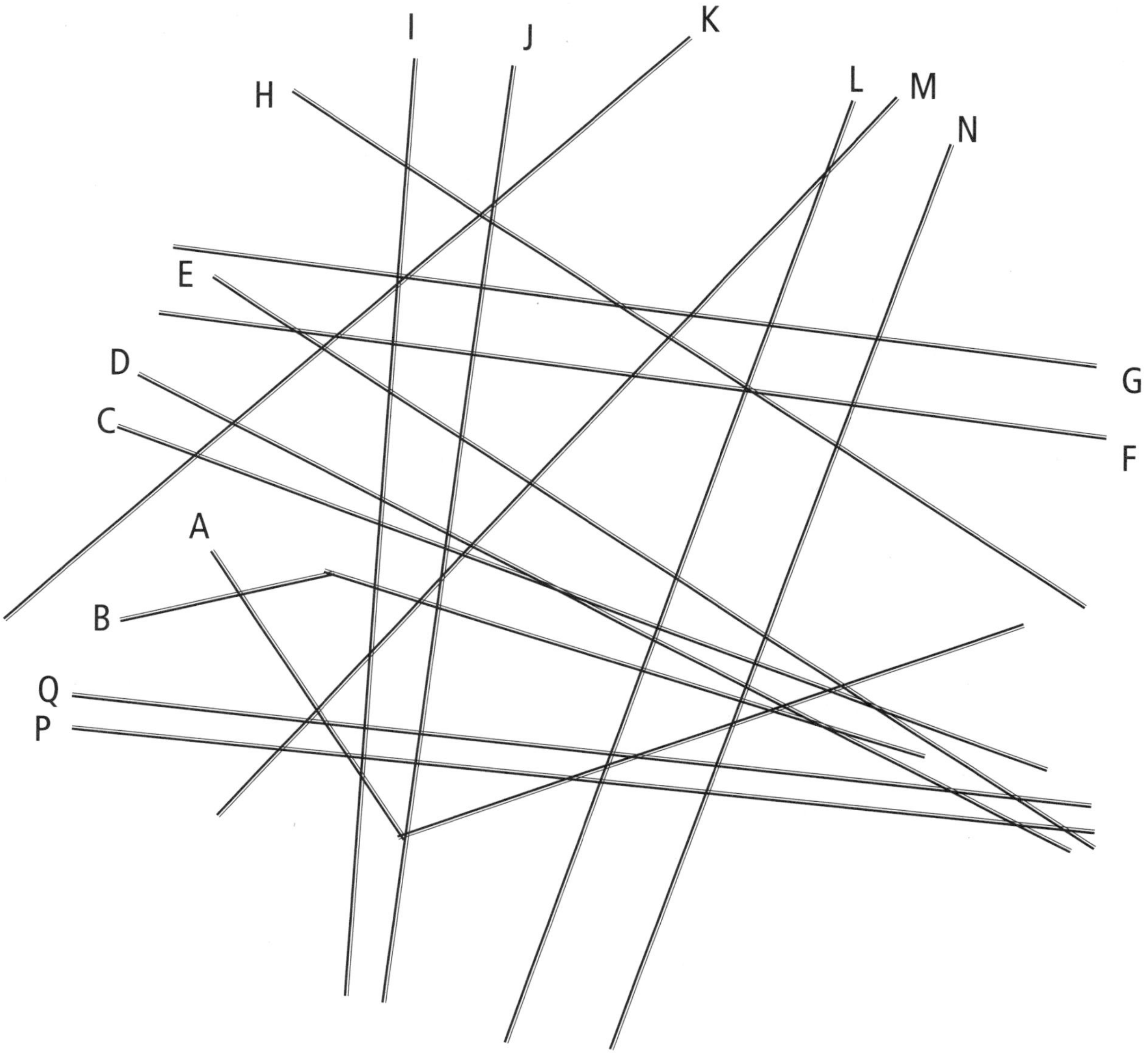

答案在第32页

水桶挑战赛

下面有一个挑战！你需要运送尽可能多的水桶上山，现在你的团队一共有6个人，挑战的时间是4个小时。目前共有3种上山路径。

路径1：你可以用绳子将桶直接吊到山顶。每吊动一个桶同时需要3个人，每移动10米需要花费大约3分钟的时间（山分为7层，每一层都是20米高）。

路径3：你可以利用较缓、倾斜的山路。每个人都可以在这个斜坡上滚动一个桶，花1分钟移动10米。路径3同样分7段，第一段长290米，从一段到另一段依次缩短40米。

路径2：使用陡峭的“之”字形路径。每滚动一个桶需要2个人，且每个桶前进10米只需要大约2分钟。路径2同样分7段，第一段的路线长达65米，随着山峰向山顶每段的路线长度依次缩短5米。

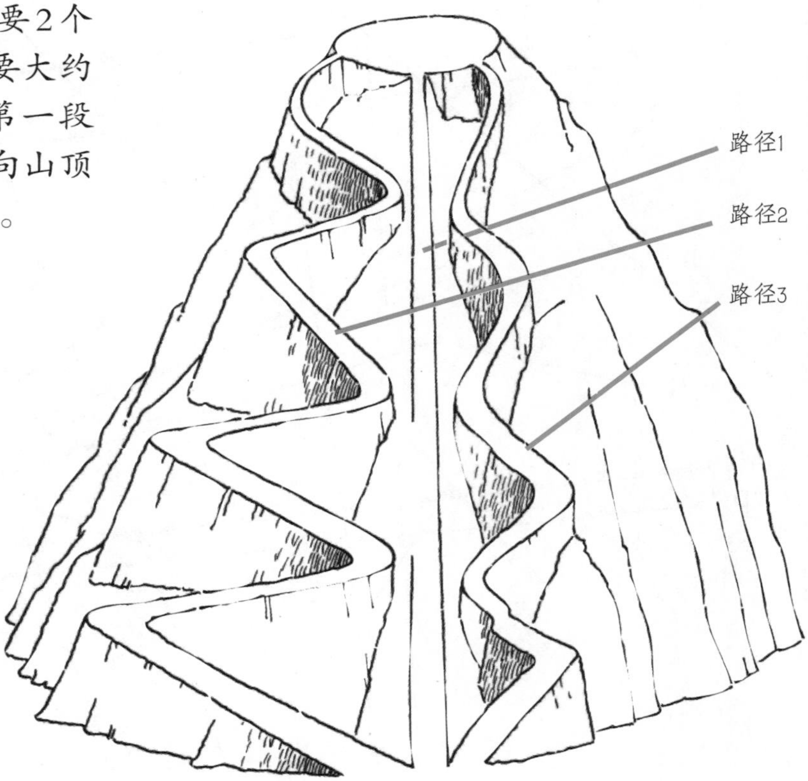

在4个小时之内你选择哪一条路径才能运送数量最多的水桶呢？最多可以运多少个水桶上山呢？

答案在第32页

准备聚会

萨迪亚想要举办一个聚会，她把所有需要准备的事情都列在一个长长的单子上。但是现在萨迪亚有点手忙脚乱，因为在客人们到来之前，她只有4个小时来完成这一切。

幸运的是，她最好的两个朋友自愿来帮助她。他们分开准备，所以每一件事情都变得井井有条起来。

出去买食物	2小时
打扫房间	3小时
洗澡、做发型	40分钟
准备食物	1小时
化妆	50分钟
决定聚会的菜单	15分钟
在桌子上摆放食物	10分钟
盛装打扮	45分钟

如何给每个人分配工作呢？每个人需要忙多长时间呢？

答案在第32页

你能举多重呢？

普通人通常可以举起与自己体重相等的物体。如果你体重约40千克，那么这就是你举重的极限。训练有素的运动员，如举重运动员，可以举起2倍于自身体重的重物。但就举起的绝对体重而言，这些举重运动员与日本的相扑选手相比，就算不了什么了。他们试图在相扑比赛中把对方举起来。由于不断补充蛋白质，相扑运动员的体重一般都超过200千克，能把对方举起来是很有成就感的！

有多快？

速度可以用不同的单位来表示，例如，每小时多少千米，或者每秒多少米。它是根据物体在单位时间内移动的距离来衡量的。

“节”与船速

水手们用“节”来表示船的速度。在很久以前，现代测速设备还没有发明出来，水手们会利用结绳来测速。他们在船航行时向海面抛出一条系有浮标的绳索，在绳索上用打结的方式将其分成若干节，根据一定时间内——可以用沙漏来测量，例如30秒内——船尾脱出的绳索节数来计算船的航速，于是“节”就成了海上船舶航行速度的计量单位。

速度最快的动物！

猎豹是公认的速度最快的陆地动物，它能以每秒30米以上的速度冲刺，即每小时约110千米。但猎豹的耐力很差，它的爆发式速度只能持续很短的距离，一般不超过300米。通常情况下，猎豹与猎物黑斑羚之间的抓捕可谓生死时速。黑斑羚的弹跳力非常好，它可以跳跃9米远、3米高。幸运的话，黑斑羚利用弹跳可以在千钧一发之际躲过猎豹的爆发式扑咬。

极速挑战1

饥饿的猎豹正在追逐50米外的黑斑羚。猎豹以每秒25米的速度可冲刺150米，然后停下来。黑斑羚以每秒10米的速度跳跃逃跑，猎豹有抓住它的机会吗？

极速挑战2

罗密欧与朱丽叶刚刚在维罗纳火车站发生争吵。朱丽叶以每秒2米的速度大步走向火车，她离火车门口只有4米远。罗密欧在离火车门口40米的位置以每秒8米的速度追赶朱丽叶，他有机会追上朱丽叶吗？

极速挑战3

最新的赛车锦标赛正在进行扣人心弦的角逐。艾伦·赛纳波德处于领先位置，他离终点只有最后一圈4千米的赛程了，但他的赛车突然出了故障，只能以每小时200千米的速度行驶。山姆·杰克斯落后了艾伦半圈的距离，但是他正在以每小时360千米的速度全力追赶！谁会是最后的冠军呢？

极速挑战4

小镇银行被抢劫了！抢银行的劫匪们以每小时150千米的速度向东行驶，5分钟后，警方以每小时200千米的速度进行抓捕。在距离银行50千米开外的地方有一个便于劫匪们藏匿的森林，警察们会在劫匪们逃入森林之前抓获他们吗？

答案在第32页

度量单位大配对

不同的事物有不同的度量单位，你能将下面的名词与各自的度量单位匹配起来吗？

衣服尺寸

240伏特

2012 A.D.

计算机内存

4000转/分钟

用线把相应的名词和单位连在一起。

2:05:09

智商

SIZE 16

跑完马拉松的时间

16千字节

年份

每分钟转数

无线电波频率

IQ150

40赫兹

100摄氏度

摄氏温度

电压

答案在第32页

是大还是小？

我们需要通过度量来了解事物的形状、重量和体积。我们需要把物体放在一起比较，来知道它们是高是矮、是大是小，或者能否适应该物体所处的空间。

使天平平衡

你能完成下面的3个测重挑战吗？在每个测重挑战中包含若干重量的物体，将它们分别分成总重量相等的两组以使天平平衡。

挑战1：重量级

1辆房车2吨
1头河马3吨
1头长颈鹿1.5吨
1头大象7吨
1头虎鲸4吨
1辆厢式货车8吨
1辆大型摩托车0.5吨

提示：
1吨=1000千克
1千克=1000克=1公斤

挑战2：10麻袋土豆

5千克
30千克
5千克
1.5千克
3.8千克
20千克
3.3千克
15千克
4千克

挑战3：轻量级

1罐咖啡100克
1袋大米550克
1束花900克
1只刺猬600克
1把剪刀120克
1只老鼠23克
1个大面包880克
2个苹果170克
1封信20克
1只鼹鼠123克

答案在第32页

度量单位总动员

当我们用度量的结果进行计算时，必须首先选择最合适的度量单位。

重量度量单位

1吨=1000千克
1千克=1000克=1公斤
1克=1000毫克

容积度量单位

1升=100厘升=1000毫升
1000升=1千升
1000立方厘米的水重1千克
1000立方厘米的水与1升水相同

长度和高度度量单位

1千米=1000米=1公里
1米=100厘米
1厘米=10毫米
1毫米=1000微米

地球已经有45.5亿岁了

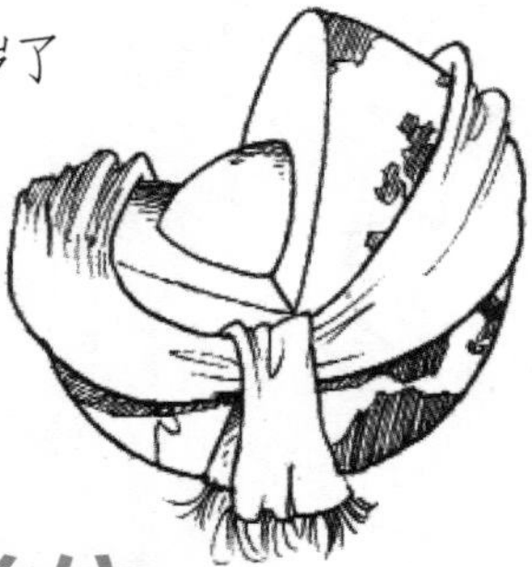

时间度量单位

1世纪=100年
1年=365天=12个月
1个月大多数都是30天或31天
1周=7天
1天=24小时
1小时=60分钟
1分钟=60秒

声音度量单位

声音通常以分贝为单位进行度量，它反映的是声波到达耳朵或其他测量设备时的压力变化，下面是一些我们日常生活中接触到的声音的分贝值：

20分贝：叶子飘动
30分贝：耳边耳语
60分贝：正常说话交流
60～100分贝：机动车辆
105分贝：音乐噪声超标啦！
120分贝：飞机起飞

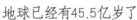

你个人的专属信息库

你拥有属于自己的个人信息库吗?

例如，你知道自己有多高、体重是多少、需要哪种号码的鞋子吗?

你知道你的腰围或胸围大小吗?

你能用正确的尺寸购买你自己的衣服吗?

你可能知道你的年龄和生日，但你是否知道家人的生日或者朋友的生日?

你是赛跑运动员或是跳远、跳高运动员吗?还是其他哪种项目的运动员?如果是，那么你一定知道当你训练时或是参加比赛时，时间和距离的测量有多么重要。

通过测量认识自己

我们可以通过测量知道自己的很多事情，测量是一件很有趣的事情。

你的大脑有1300～1500克重。

当你进入成年期时，你的心脏约300克重。

一个成年人的身体含有4~5升血液(小朋友的血液含量少一点)。

当你深呼吸的时候，你的肺部可以容纳6升空气。

人的体温：大约37摄氏度。

你的身体里有约18升的水。

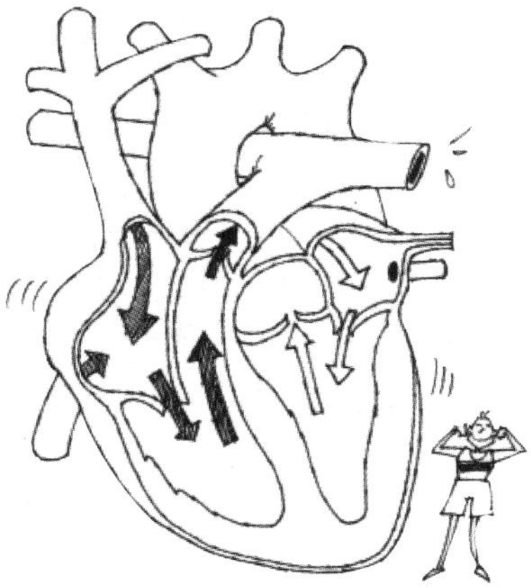

你7～8岁时，身高有100～130厘米。

8岁男孩和女孩的平均体重为26～32千克。

你的脉搏实际上就是你的心率，也就是你1分钟内心跳的次数。

你锻炼身体的时候心率会增加，你甚至会听到自己心跳的声音!

如果你的鼻子够灵敏，你可以分辨出4000～10000种不同的气味!

蛇！

6条蛇缠绕在草地上，你知道哪一条最长吗？
提示：你可以利用绳子来完成这个挑战。

答案在第32页

索引

答案

第2页 古罗马人身上的长度单位

1. 1指；2. 1安色尔；3. 1掌；4. 1足；
5. 1肘；6. 1节；7. 1体育场；8. 1千步。

第5页 有多高？

阿卜杜勒的身高是1.5米，又是150厘米；
科林的身高是1.97米，又是197厘米；
海伦的身高是1.25米，又是125厘米；
阿廖莎的身高是1.36米，又是136厘米；
约书亚的身高是1.45米，又是145厘米；
如果他们站成一排，约书亚应该站在中间。

第6页 身高挑战

1. 艾尔；2. 约翰；3. 比尔；4. 罗伊；
5. 萨利；6. 乔；7. 马特；8. 尼克。

第6页 身高挑战

1. 高出97厘米。
2. 高出119厘米。
3. 高出101厘米。
4. 乔和艾尔这一组会高22厘米。

第8页 排队！

男孩从左到右排列：大卫、克里斯、穆巴拉克、保罗、卡恩、艾伦、常、伊姆兰。
女孩从左到右排列：哈蒂、佩奇、贝丝、朱迪、艾玛、帕敏德、帕尔文、阿比盖尔。

第9页 找出平均数

9

第10页 数字满满的一天

3，4，6，7，8，9，10，12，15，16，18，20，22，25，27，30，32，42，45，57，67，80，95，100，101，200

第11页 公制单位拼字游戏

答案见右图。

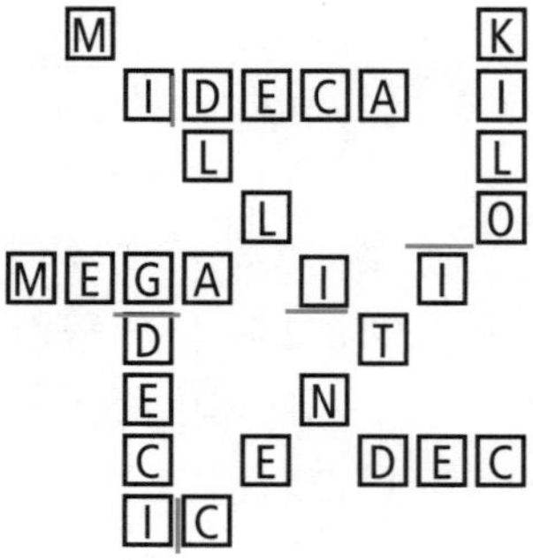

第14–15页 抓获走私者

抓捕走私者的行动安排在7月16日（提示：日出和涨潮的时间）

第16–17页 时钟大作战

轮渡

第20页 认识角度

35个锐角；4个直角；
34个钝角；1个优角

第21页 永不相遇

1. F和G；2. L和N；3. P和Q；4. E和H

第22页 水桶挑战赛

应该选择路径3；最多可以运送12个水桶上山。

第23页 准备聚会（答案不止这一种）

朋友1：决定聚会的菜单15分钟；出去买食物2小时；准备食物1小时；在桌子上摆放食物10分钟，一共需要3小时25分钟。
朋友2：打扫房间3小时。
萨迪亚：洗澡、做发型40分钟；化妆50分钟；盛装打扮45分钟，一共需要2小时15分钟。
如果没有朋友帮忙，萨蒂亚是不可能在4小时内准备好聚会的！

第24–25页 有多快？

1. 猎豹需要4秒追上黑斑羚。
2. 罗密欧跑到火车门口的时候晚了3秒，他没有追上朱丽叶。
3. 山姆会是最后的冠军，比艾伦快了12秒到达终点。
4. 警察恰好赶在劫匪跑进森林之前抓住他们。

第26页 度量单位大配对

衣服尺寸– SIZE16
计算机内存–16千字节
智商– IQ150
跑完马拉松的时间– 2 : 05 : 09
年份–2012 A.D.
每分钟转数–4000转/分钟
无线电波频率–40赫兹
摄氏温度–100摄氏度
电压–240伏特

第27页 是大还是小？

挑战1：
第一组：大象，虎鲸，长颈鹿，摩托车
第二组：厢式货车，房车，河马
挑战2：
第一组：30，5，4，3.3，1.5
第二组：20，15，5，3.8
挑战3：
第一组：鼹鼠，大米，2个苹果，大面包，信件
第二组：咖啡，老鼠，刺猬，剪刀，花

第30页 蛇！

最长的蛇是身上带有十字花纹的蛇。

北京市科学技术协会科普创作出版资金资助

魔力数学

Magical Maths

密码与信息

机智破解隐藏的秘密

CODES: HOW TO SOLVE THEM

[英]史蒂夫·韦 [英]费利西娅·劳/著

[英]戴维·莫斯廷/绘

郭园园/译

一起学习编制密码、解读密码的方法，

尝试破解隐藏的信息吧！

知识产权出版社

全国百佳图书出版单位

—北京—

标志和图片

我们经常能看到马路上或者张贴在建筑物上的各种标志，对它们中的大部分也都比较熟悉，可以立刻知道它们想告诉我们什么信息。这些标志、图画或符号被称为象形图（Pictogram），当今大多数书写语言最开始都源于象形图。

下面是我们常用的一些象形图，你知道它们是什么意思吗？

标志说明一切

将象形图与它们可能的含义配对：

1. 雷声和闪电
2. 不利于园丁
3. 让我们来解释一下这个问题
4. 哭泣的婴儿！
5. 雨天的周末
6. 糟糕的一天
7. 我得到消息了
8. 别烦我！
9. 停在那里！
10. 你在想什么？
11. 交给我来办吧！

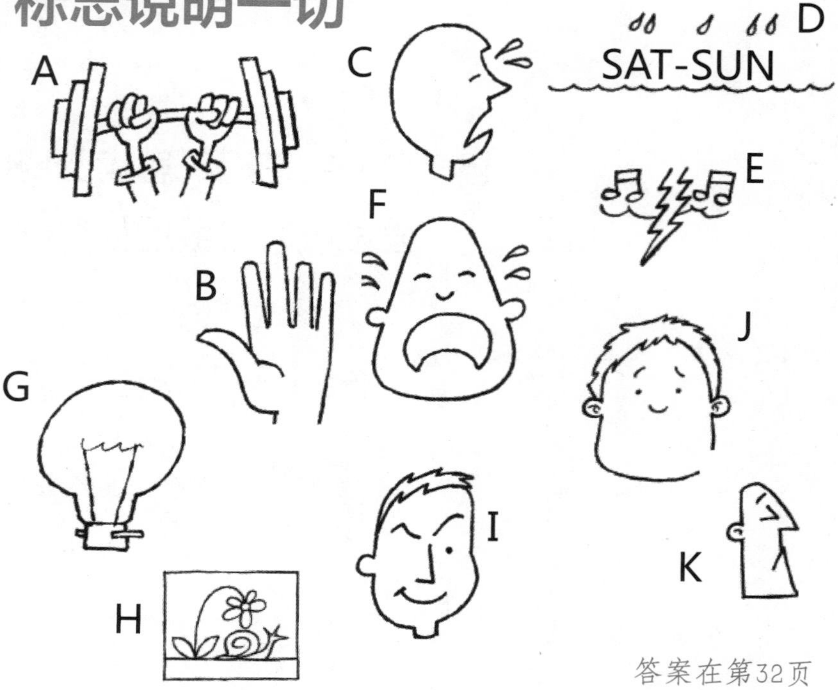

答案在第32页

烟雾信号

烟雾信号作为一种可视的传递信息的方式已经被使用上千年了。中国人可能是最先在战争中使用烟雾信号的人。在古代的以色列，烟雾也被用来向遥远的城镇发出新的一个月开始的信号。逐渐地，很多人类文明将在高山上的烽火台释放烟雾信号作为传送喜讯或警报信息的迅捷方式。

使用外语传达私密信息

在公开场合，如果你想用一种相对私密的方式来传达信息，可以用外语来表达。例如“meet you at otto”，当然大家对英语比较熟悉，但是“otto”是意大利语中“8”的意思，不懂意大利语的人肯定不知道其中的含义。在南非的科萨语中，使用“sibhozo”来表示8，肯尼亚的斯瓦希里语用“nane”来表示8，不熟悉这些小语种的人对此会感到迷惑。

声音中的信息

我们都知道，声音信息是通过空气传播的。事实上，声音信息也可以通过水传送，许多海洋动物就通过这种方式互相交流。例如，鲸鱼和海豚等海洋生物已经进化出一种能力，它们能够发出超声波，通过回声反射确定周围物体的方位，这个过程被称为回声定位。

海洋底部往往是黑暗的，通过眼睛很难看清周围的环境，成群的（schools）鲸鱼和海豚使用各自的回声定位进行导航和狩猎，或是进行群体间的信息交流。

回声定位是极其精准的。科学家们发现，海豚可以在距离约15.2米远的位置区分直径仅仅为1厘米的物体。

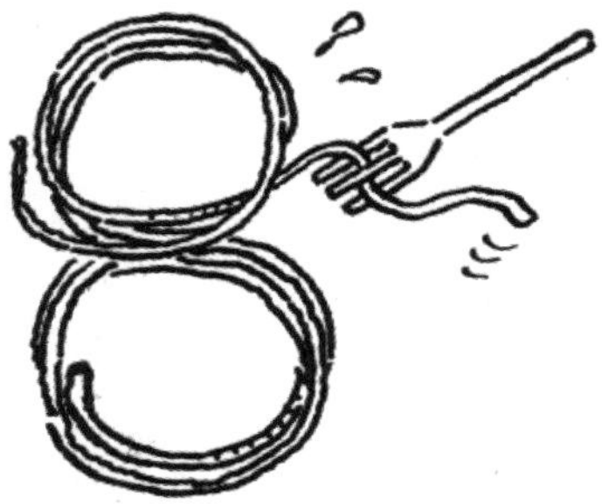

符号字母表

我们将利用象形图来表示语言的方法称为画谜（rebus），早在大约3000年前，在今天巴勒斯坦附近出现的闪米特语就是如此。例如，我们可以将下面的这些象形图视为今天字母表的源头。

ALEPH
公牛的标志

BETH
房子的标志

GIMEL
投掷棒之类的武器的标志

DALETH
表示通过一扇门进入院子

HE
一个幸福的男人形象

WAW
一个钩子

HET
庭院

YOD
手臂的标志

KAPH
后来演化为字母“K”

LAMED
钩或弯钩的标志

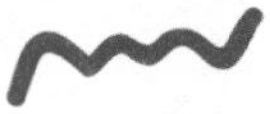
MEM
水的标志

NUN
一条蛇的标志

AYIN
眼睛的标志

RESH
头部的标志

SHIN
后来演化为字母“S”

TAW
标记

为什么不学习这个字母表并用它来交谈或发送信息呢？你也可以发明一个属于自己的字母表。

罗塞塔石碑

在早期人类文明的语言中，有些是由多个图形符号组合在一起构成字母表，进而组成语句，其中最著名的就是古代埃及人使用的象形文字。他们将象形文字铭刻在庙宇、坟墓和宫殿中，用来记录历史上的重大事件。

罗塞塔石碑帮我们了解古代埃及的象形文字

很长一段时间，没有人能读懂这些古代埃及的象形文字，因为它们的意义已经被完全遗忘了一千多年！但是在1799年，当一些法国士兵在埃及挖掘地基用来建造一座堡垒时，他们有了一个惊人的发现——刻有三种文字的罗塞塔（Rosetta）石碑。罗塞塔石碑由上至下共刻有同一段诏书的三种语言版本，最上面是14行古埃及象形文字，代表献给神明的文字；中间32行是当时使用的世俗体埃及纸草书；最下面是54行古希腊文。

考古学家通过当时掌握的古希腊文解读出已经失传千余年的古埃及象形文字的意义与结构，这成为今天研究古代埃及的重要里程碑，自此我们对古埃及有了更多的了解！

动物谜语

有时我们在描述某一样事物的时候，信息隐藏在字里行间，而实际上没有使用关键字。

你能猜出下面的谜语分别描述的是哪一种动物吗？

这是一种不同寻常的水下动物，如果现在要进行三足赛跑，它可以同时代替两个半选手进行比赛。此外，如果它在比赛中表现出色，你要是能给它一张纸的话，它能够写信把比赛结果告诉它的亲戚。

这种动物体形很大，很难进入一个房间，即使是一个大房间也很难进入。尤其是当房间里有老鼠的时候，这种动物绝对不会进去！

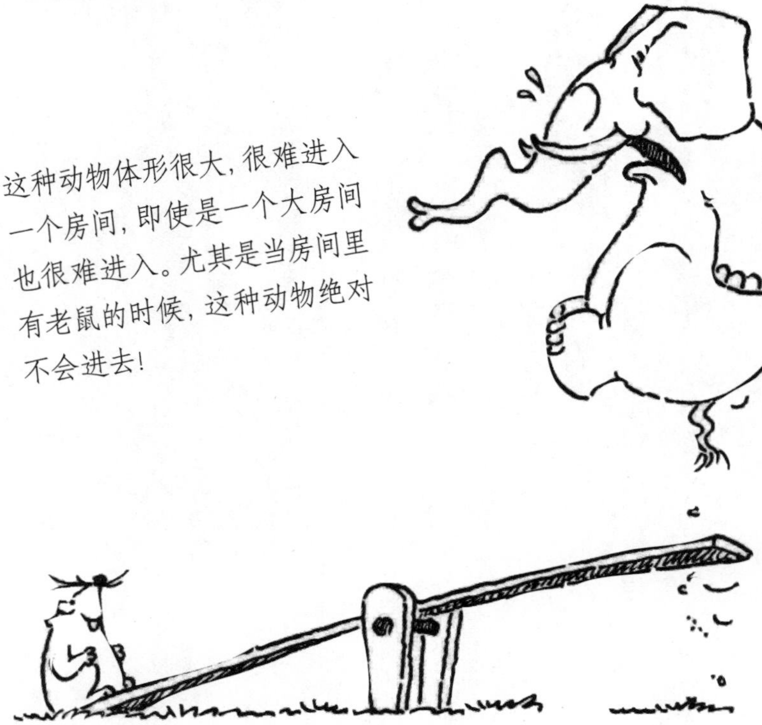

这种动物会在远处的高台上用它那布满血丝的眼睛盯着你，并且希望一些不幸的事情降临到你的头上，然后它会非常高兴地俯冲下来！

如果这只动物在附近，为了安全起见，你必须在房间里面摆满装满水的水桶。不要给穿金属铠甲、手持长矛的男子开门，另外美丽年轻的女孩要远离这种动物！

答案在第32页

报纸中的情报

间谍（spy）经常需要利用秘密的方式传递情报，其中在报纸的字母上用针扎出小孔进而标出信息是一种常用的情报传递方式。为了迷惑想要破解情报的人，你可以和你的朋友事先约定情报所在版面，同时在报纸的其他版面留下错误的情报！

下面是一张普通的新闻报纸吗？

船只残骸被发现了

可怕的暴风雨过后仅仅几天，一艘小船的残骸被发现了。

警方怀疑这艘船可能是一个意大利非法走私团伙使用的。

“我们正要接近这伙人，但看起来大自然的力量先到一步，”警官说，“不幸的是，没有船员或非法货物的痕迹。”

这是一张再普通不过的报纸，但是情报人员在船只残骸照片中用针孔标出了隐藏情报“Meeting at city dock”（在城市码头见面）。这种传递情报的方式是不是很隐蔽！

网格密码

把字母放在一个网格中，进而编成密码，这是千百年来常采用的编码方式。

希腊广场

最古老的一种网格密码大约在2200年前由古希腊历史学家波里比阿（Polybius）发明。这种密码或者说是代码主要用于传递火灾信号，它通过将火把升高和降低来拼出每一个字母。正是由于这个原因，它通常被称为“希腊广场”。

波里比阿将字母排列成行和列（字母表中有26个字母，其中字母 I 和 J 在表格中位置相同，故字母表中的所有字母可以排列成5×5的表格）。为了把消息变成一个密码，每个字母都有一个行号和一个列号。

所以 H 变成23（第2行，第3列），U 变成45（第4行，第5列）。

列

行	1	2	3	4	5
1	A	B	C	D	E
2	F	G	H	I(J)	K
3	L	M	N	O	P
4	Q	R	S	T	U
5	V	W	X	Y	Z

对照上面的字母网格，这些“希腊广场”的密码表示哪些单词？

35 34 31 54 12 24 45 43

44 34 42 13 23 15 43

43 41 45 11 42 15

关键词

如果使用关键词作为网格的前几个字母，这样就会使你的代码更难破解。下面将要介绍的普莱费尔密码的编排原理就是如此。

答案在第32页

普莱费尔密码

下面将要介绍一种使用网格进行加密的普莱费尔密码，大不列颠的特工们曾在第一次世界大战期间使用它发送秘密信息。

这种加密的字母表格首先需要一个关键词，例如下面的字母表格中的关键词是DINOSAUR（恐龙）。

D	I	N	O	S
A	U	R	B	C
E	F	G	H	J
K	L	M	P	Q
T	V	W	X	Y

首先写下关键词，将每一个字母写在如图所示的位置上，然后依次写出字母表中剩下的字母，其中Z和S位置相同，这样就将字母表中的26个字母编成了如图所示5×5字母表格。

接下来把要发送的信息分成成对的字母，然后利用上述表格把它转换成密码。

例如，DINOSAUR可分成DI NO SA UR。如果有两个相同的字母，则添加一个X把它们分开。字母两两分对后只剩一个字母时，使用X与其配对。例如，RIBBON转换成RI BX BO NX。

下面将每对字母更改为密码：

1.如果成对的两个字母在同一列中，则分别使用下面的字母代替，最下面的字母使用顶部的字母代替。这样AK就变成了ET，MW变成了WN。

2.如果成对的两个字母在同一行中，则分别使用右边的字母代替，最右侧的字母使用最左侧的字母代替。这样KL变成LM，GH变成HJ。

3.其他不在同一行或同一列的一对字母沿着中间字母构成的对称线寻找各自的对称字母，中间一列的字母不变。这样FA变成了HC，UG变成了BG。

下面有两个问题，你来试一试。

1. 将这条消息转换为密码：PL AY FA IR CY PH ER
2. 看看你能不能解码这个消息：AK AI AK SU TY TI BV

答案在第32页

成为一名程序员

发送电子邮件、上网冲浪、在计算机游戏里冲杀、编辑文档、通过社交软件联系朋友——今天大多数人都知道如何使用计算机。除此之外，我们每天都在大量使用内置计算机操控的设备，如汽车、冰箱、微波炉等。所有这些计算机设备都是通过专门的程序为我们服务的。

计算机程序是从一系列的指令开始的，这些指令被称为算法，每一个算法可以帮助计算机完成一项任务。许多算法可能是相当简单的，如果你能编制一个算法，那么你可能成为一名小小计算机程序员！

寻找宝藏

按照下一页的算法程序寻找图中的宝藏。

Sea	Sea	Sea	Sea			Sea	Sea	Sea	Sea
Sea						SILVER	Sea	Sea	Sea
					Swamp	Swamp		Sea	Sea
JEWELS	Snakes				Swamp	Swamp	Swamp		Sea
	Snakes		Jungle			Swamp			
		Jungle	Jungle	Jungle					
	Jungle	Jungle	Jungle	Jungle	START		GOLD		
Sea	Jungle	Jungle	Jungle				Jungle	Jungle	
Sea			Jungle			Jungle	Jungle	Jungle	
Sea							Jungle		
Sea	Swamp	Swamp	Swamp						Sea
Sea	Swamp	Swamp	Swamp	Swamp					Sea
Sea		Swamp	Swamp	Swamp				Sea	
Sea	Sea						Sea		
Sea	Sea	Sea	Sea	Sea		Sea			

数对

一些密码的加密方法是将字母和数字配对，如下所示，这次的关键词是CHIMP（黑猩猩）。将26个字母按照一定的顺序写入下面的表格，首先写入关键词CHIMP，然后将字母表中剩余的字母依次写出，不同的字母对应1～13中不同的数字，这样26个字母就被分为两组。

C	H	I	M	P	A	B	D	E	F	G	J	K
Z	Y	X	W	V	U	T	S	R	Q	O	N	L

1	2	3	4	5	6	7	8	9	10	11	12	13
13	12	11	10	9	8	7	6	5	4	3	2	1

例如，字母C对应数字1，字母L也对应数字1，那么字母C和L就配成一对。下面是一行密文，你能用上面的字母表将其解密吗？

LSH JID UVLIUV BNOA?

在寻找宝藏的游戏中我们首先要熟悉算法语言：

前进（F1前进一格，F2前进两格，F3前进三格等）；右转（TR）；左转（TL）。

从藏宝图中间的“START（开始）”位置出发，你不能穿过“Jungle（丛林）”或“Swamp（沼泽）”，绝对不能掉进“Snakes（蛇）”洞里，你也绝不能淹死在“Sea（海）”里，换句话说，你只能沿着空白处前进！

例如，你现在要去寻找GOLD（黄金），

可以利用下面的算法：

F1，TR，F2，TR，F1

下面哪个算法可以让你找到SILVER（银）：

A：TR，F1，TL，F4，TL，F1，TR，F2，TL，F3，TR，F1

B：F1，TR，F2，TL，F2，TR，F2，TL，F2，TL，F1

C：F2，TL，F1，TR，F3，TR，F2

找到JEWELS（宝石）的算法是什么呢？

答案在第32页

秘密逃脱

下面讲述的是一个著名的囚犯利用密码越狱的故事。

约翰·特里凡尼爵士是被关在科尔切斯特城堡的一名囚犯，他的一位朋友知道一条隐藏在城堡教堂中的秘密逃生通道，并给约翰寄了一封信，逃生通道的信息就隐藏在信中。这封信表面看起来没有任何异样，所以卫兵让约翰看了这封信。当约翰请求允许他在教堂里单独祈祷的时候，卫兵允许了。但一小时后卫兵回来的时候，约翰已经逃走了！

事实上，约翰和他的朋友事先就有了约定，关键的信息隐藏在信中每一个标点符号（冒号、逗号或句号）后的第三个字母，把所有的字母连起来就会得到逃生通道的位置。

秘密通道究竟在哪呢？下面是他收到的信。（记住英语单词的拼写自18世纪起发生了一些改变）

Worthie Sir John:

Hope, that is ye beste comfort of ye afflicted, cannot much, I fear me, help you now. That I would say to you, is this only: if ever I may be able to requite that I do owe you, stand not upon asking me. 'Tis not much that I can do: but what I can do, bee ye verie sure I wille. I knowe that, if dethe comes, if ordinary men fear it, it frights not you, accounting it for a high honour, to have such a rewarde of your loyalty. Pray yet that you may be spared this soe bitter, cup. I fear not that you will grudge any sufferings; only if bie submissions you can turn them away, 'tis the part of a wise man. Tell me, an if you can, to do for you anythinge that you wolde have done. The general goes back on Wednesday. Restinge your servant to command. R.T.

答案在第32页

身体里的密码

每个人身体中都有独特的密码，它们构成了独一无二的个体。我们身体中有数万亿个细胞，这些细胞中（除了成熟的血红细胞外）都含有一种叫作DNA的化学物质。它们被分成46条染色体，携带大约2万个基因——所有这些基因共同决定了我们的身体特征，当然也包括我们的模样。

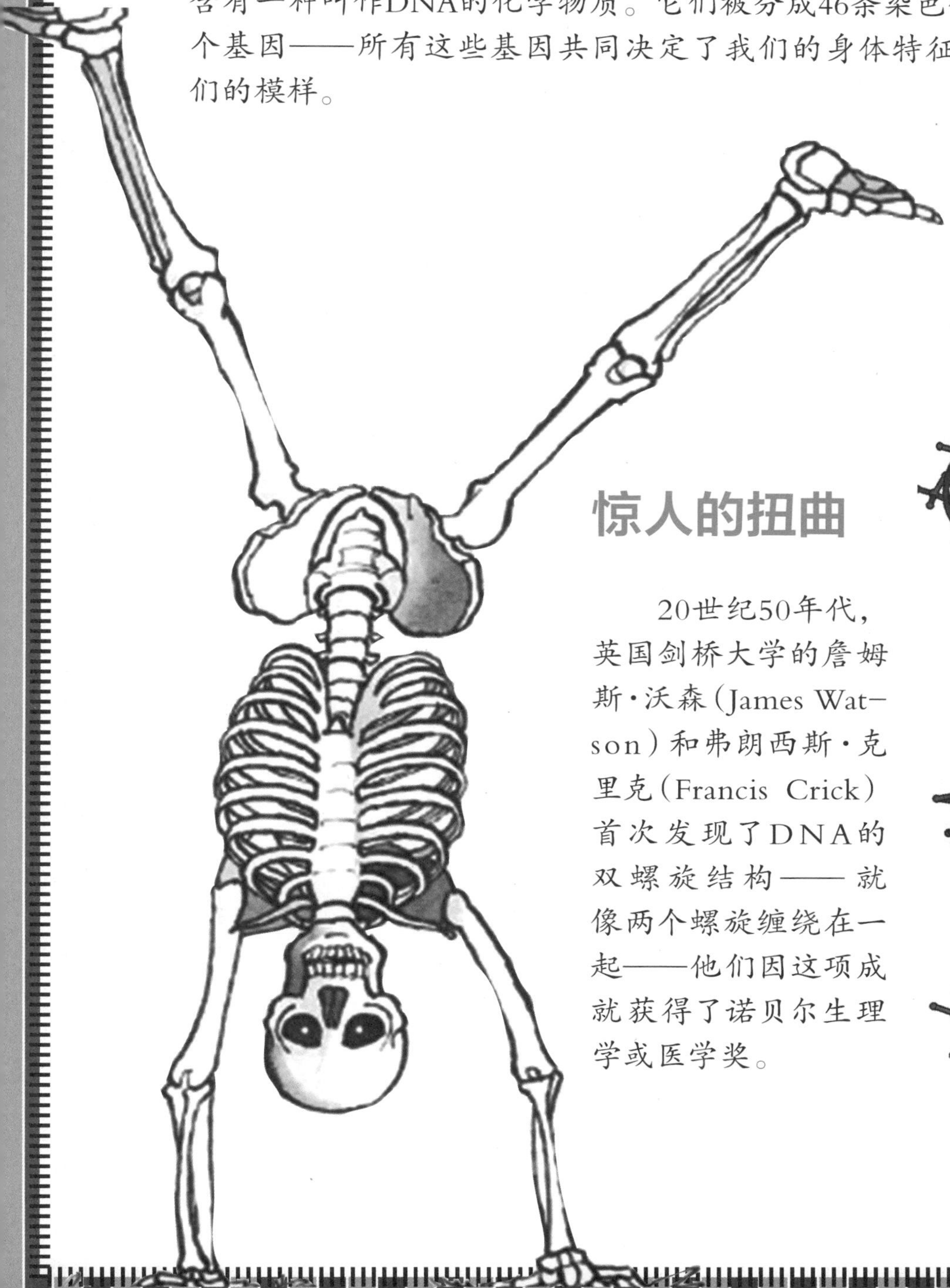

惊人的扭曲

20世纪50年代，英国剑桥大学的詹姆斯·沃森(James Watson)和弗朗西斯·克里克(Francis Crick)首次发现了DNA的双螺旋结构——就像两个螺旋缠绕在一起——他们因这项成就获得了诺贝尔生理学或医学奖。

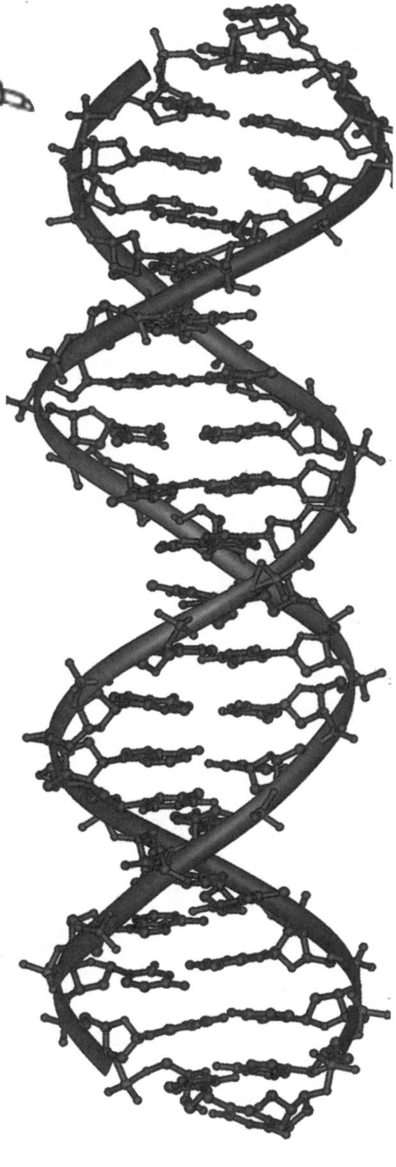

字母互换

将一个字母替换为另一个字母是一种常用的加密方法。其中比较简单的方法是将字母表中的字母与相同的字母序列配对，但是要错开几个字母。下面是几个不同的字母互换加密的例子。

字母表转换1

你可以将正常顺序字母表中所有的字母依次向左移动6个字母，当然原来最左的6个字母要依次移动到现在字母表的起始位置。此时代码字母表中的A就会与正常顺序字母表中的字母G配对。

正常顺序字母表

A B C D E F G H I J K L M N O P Q
R S T U V W X Y Z

代码字母表（正常顺序字母表中的字母G与代码字母表中的字母A配对）

U V W X Y Z A B C D E F G H I J K
L M N O P Q R S T

下面这些密码信息的原文是什么呢？

NBY LIGUHM OMYX NBCM CXYU.

QYFF XIHY SIO!

字母表转换2

这里有另一种字母转换方法。将正常顺序字母表中的字母按照你所规定的顺序排列。

正常顺序字母表

A B C D E F G H I J K L M N O P Q
R S T U V W X Y Z

你规定顺序的字母表

K T Z B Y H N U P E Q D J A V L M
S X R C W O F G I

下面这些密码信息的原文是什么呢？

RUPX PX UKSBYS RV BYZVBY!

RYXR GVCS HSPYABX!

字母表转换3

第三种方法是首先在正常顺序字母表前面添加一个关键词，然后把字母表中剩下的字母依次写出，这样两个字母表中的字母就可以配对了。注意关键词不能含有重复的字母！

正常顺序字母表

A B C D E F G H I J K L M N O
P Q R S T U V W X Y Z

加入关键词的字母表

Z E B R A C D F G H I J K L M
N O P Q S T U V W X Y

[提示：关键词中最好含有字母Z或者在真正的字母表结尾附近的另一个字母。]

下面这些密码信息的原文是什么呢？

BFMMQA Z QABPAS IAX VMPR VGSF Z CPGALR.

字母表转换4

除了将两个字母表配对外，我们还可以用符号来代替字母，如下所示：

正常顺序字母表

A B C D E F G H I J K L M N O P Q R S T
U V W X Y Z

符号替换

! ” £ $ % ^ & * ( ) - _ + = { } [ ] : ;
@ ~ # \ / ?

下面这些密码信息的原文是什么呢？

@ * (; £ ! = “ % ^ ~ = !

答案在第32页

图表密码

图表在统计学中是非常重要的，事实上图表也可以作为传递秘密情报的密码！

以下面的条形统计图为例，竖直方向从下到上是数字1～26，它们代表你在学校的成绩，包括你的作业分数和良好表现情况。在水平方向是月份。当然，在竖直方向的点数也可以表示另外一些信息，例如字母表中的字母（该条形统计图的最左侧与26个数字对应有26个字母）。

在统计图每一条的上方写出与数字相对应的字母，把它们连起来就得到了最终的隐藏信息——MATHS IS FUN!（数学真有趣！）

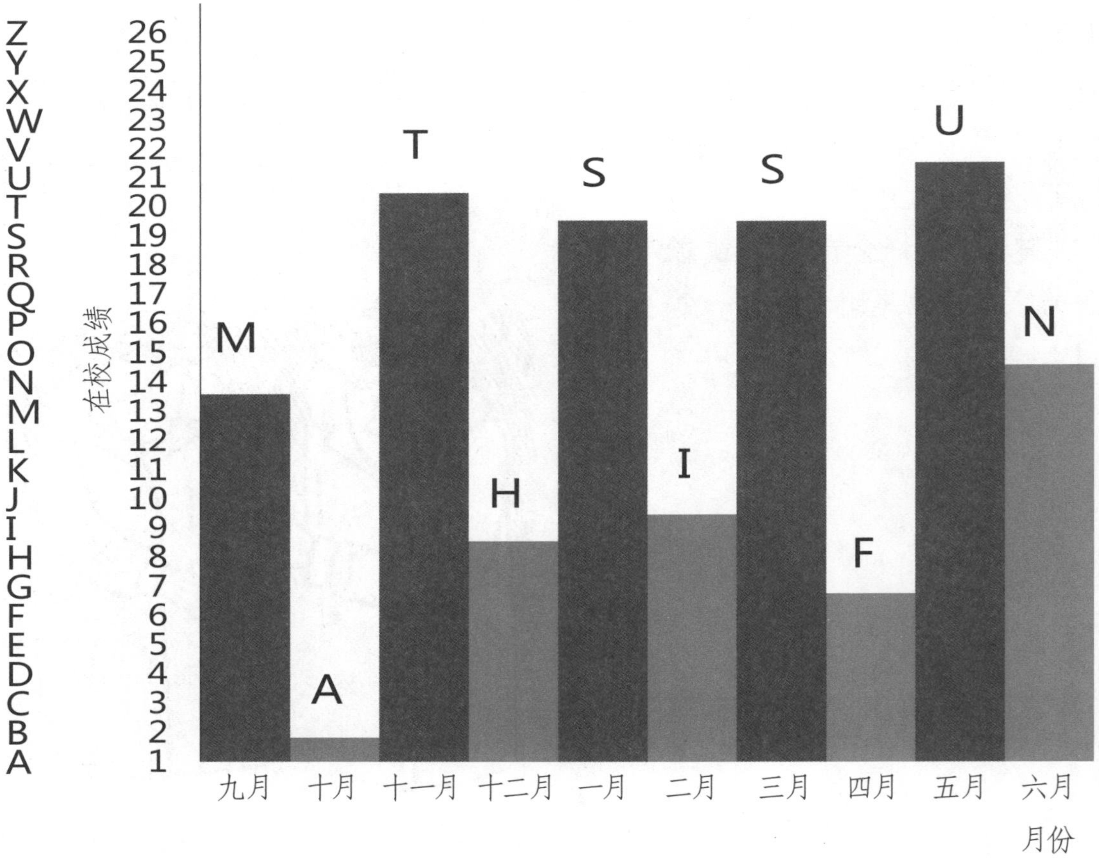

在校成绩统计图

为了使这些密码更难，你可以改变字母表的对应顺序，例如下面的条形图左侧从上到下分别对应26个字母，这样就与前面的情况恰恰相反。

当然，你也可以使用折线图来代替条形图。

在下面的条形统计图中隐藏着什么信息呢？

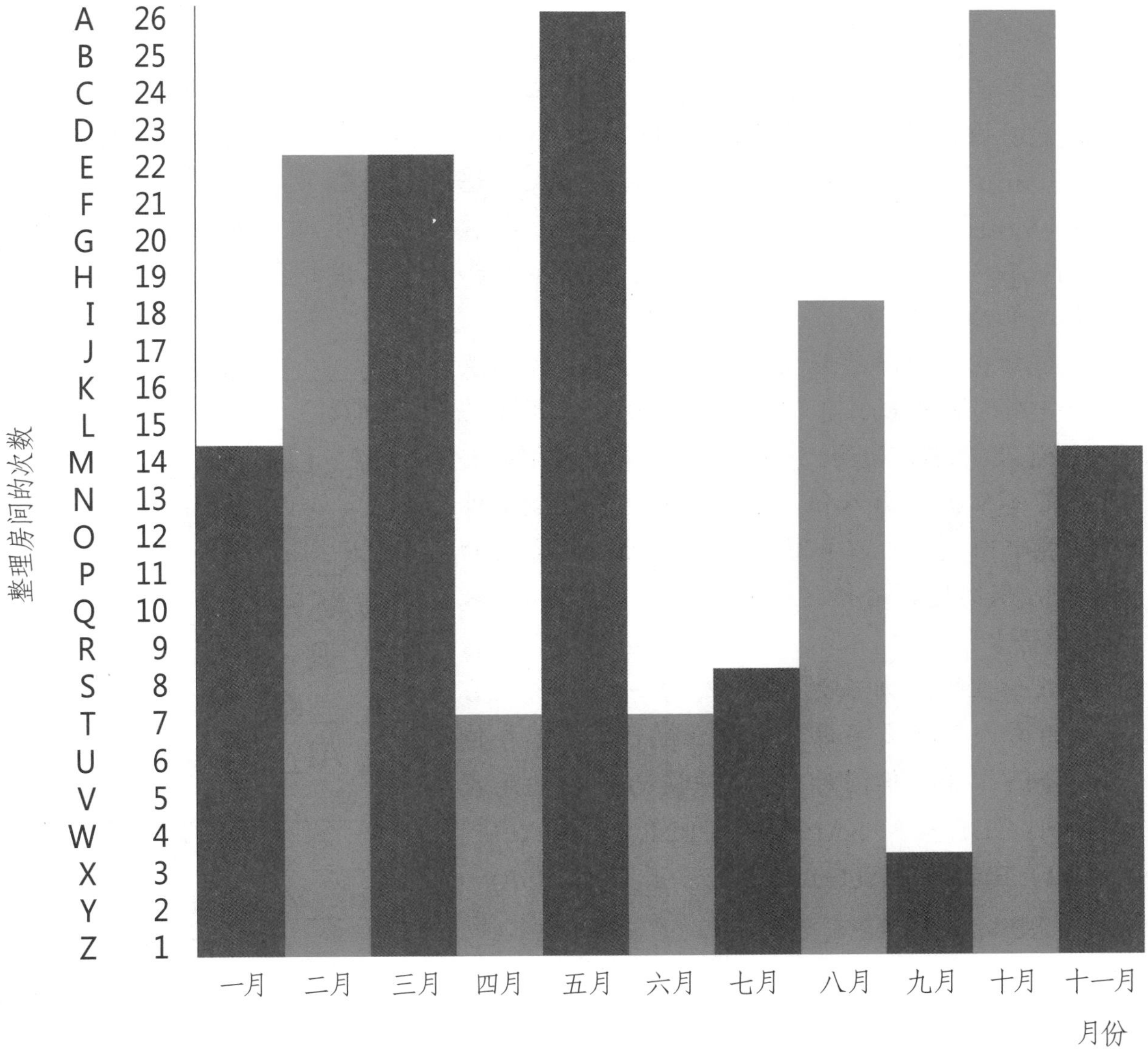

整理房间次数的统计图

答案在第32页

破解密码

密码学是研究编制密码和破译（crack）密码的技术科学。研究密码变化的客观规律，用于编制密码以保守通信秘密的科学，称为编码学；用于破译密码以获取通信情报的科学，称为破译学。编码学和破译学总称密码学。从事这一工作的人称为密码学家。

印第安“风语者”

在第二次世界大战期间，美国政府征召了一批美国原住民，包括乔克托族（Choctaw）、苏族（Sioux）、齐佩瓦族（Chippewa）、塞米诺尔族（Seminole）、霍皮族（Hopi）和纳瓦霍族（Navajo），利用他们各自民族的语言加密和解密战争情报。

起初在太平洋战场上，日军总能用各种方法破译美军的密电码，这令美军在战场上吃尽了苦头。为了改变这种局面，1942年，大约400名印第安纳瓦霍族人被征召入伍。因为他们的语言没有外族人能够听懂，所以美军将他们训练成了专门的译电员，用纳瓦霍语传递情报，再翻译成英语，人称“风语者”。

假如在情报加密的过程中，每一个加密语言单词的第一个英文字母才是真正的情报，如在传递“ANY”这个单词时，它要转换为三个纳瓦霍语单词：“BE–LA–SANA”(APPLE)，“TSAH”(NEEDLE)和“TSAH–AH–DZOH”(YUCCA)。

下面这条密文表示什么意思呢？

“TSAH” (NEEDLE), “TSE—NILL” (AXE),

“AH—KEH—DI—GLINI” (VICTOR),

“TSAH—AH—DZOH” (YUKKA)

城市密码

有时，知道单词的字母个数和有限的几个已知字母同样是破解密码的关键。根据下面的提示你知道这些来自世界各地的城市名字吗？

B__ __ __K__K

MAD__ __ __

W__LL__ __ __TON

__ __ __SILI__

CA__ __O

WASH__ __ __ __ __ __

P__R__S

__ __KY__

__ AI__EI

A__ __ __ __ A__A__A

__ __ __TIAG__

__ __Y__DH

__ __ __ __DAD

__ __ __ U__ __ __ EM

答案在第32页

数字密码

今天，间谍和士兵们不再是少有的使用加密信息的人。当普通人在使用信用卡（credit）时，个人信息就会被加密发送到银行。

每个信用卡用户都有各自的PIN码（Personal Identification Number，个人识别密码），利用这个密码可以进入个人的在线账户。许多PIN码虽然只有4位数字，但可能的排列会从0000到9999，有10000种组合！因此，如果一个小偷试图破解一个PIN码，假如只需要20秒来尝试每一个可能的密码，他仍然需要一个星期才能破解密码！但事实上，一般连续输入三次错误的密码后，信用卡就会被锁死。

为什么不使用3个数字组成的密码呢？想一想3位数字密码总共有多少种可能，如果只需要20秒来尝试每一个可能的密码，你的朋友需要多久能破解你的密码？

检验号码

所有的银行卡都有一个特殊号码，通常是一个6位的数字，通过它就可以看出这是一张真正的银行卡还是伪造的卡。

想象一下这张信用卡，假如有一个6位数字的号码，通常检验真伪的方法是将它们进行一系列的运算：

5	9	1	2	7	3	
10	9	2	2	14	3	每隔一个数增加一倍
1+0=1	9	2	2	1+4=5	3	把两位数的每位数字相加

1+ 9 + 2 + 2 + 5 + 3 = 22　　将所有数字相加，总和必须以0结尾

现在得到的和尾数不是0，那么这张卡片不可能是真的。

下列哪一个可能是一张真正的银行卡的序列号？

A:　8 1 3 7 0 9

B:　3 0 6 8 3 4

C:　4 4 7 1 6 1

答案在第32页

纵横字谜密码

将右图中缺失的单词补全，你需要的单词全部隐藏在本书中。

纵横字谜的线索

横

1. 一个在第二次世界大战中帮助美军编码的部落名称。（第18页）
3. 经常使用密码的职业。（第7页）
4. 人类文明中以图画或符号为代表的一种语言。（第2页）
6. 第二次世界大战中德国人发明的一种密码。（第26页）
7. 摩尔斯电码发明者的名。（第22页）
9. 闪米特语中表示头部的字母。（第4页）
10. 国际求救信号SOS全拼的第一个单词。（第22页）
11. 闪米特语中表示房子的字母。（第4页）
14. 鱼群。（第3页）
16. 使用拼写字母表的国际组织。（第30页）
17. 我们用来支付的一种银行卡。（第19页）
18. 密码学家们需要对密码进行什么呢？（第18页）

纵

1. 利用动物的毛皮来进行情报传递的一种工具。（第27页）
2. 意大利语中表示8的单词。（第3页）
5. 闪米特语中YOD表示什么？（第4页）
7. 在语音字母表中的S。（第30页）
8. 闪米特语中表示弯钩的标志。（第4页）
9. 利用象形图来表示语言的方法我们称为什么？（第4页）
12. 一块著名的刻有古埃及象形文字的石碑。（第5页）
13. 这本书是关于什么的？
15. 发现DNA双螺旋结构的一位科学家的名字。（第13页）

答案在第32页

格栅密码

格栅密码由意大利医生和数学家吉罗拉莫·卡尔达诺（Girolama Cardano）在1556年发明，它们一经发明就立即被用作发送加密信息的方式。

1. 首先在一张卡片上的任意位置剪出一些方孔，方孔的数目取决于你需要传递信息的字母个数。

2. 把卡片放在一张纸上，在方孔中按照一定的顺序写出你需要传递的信息。

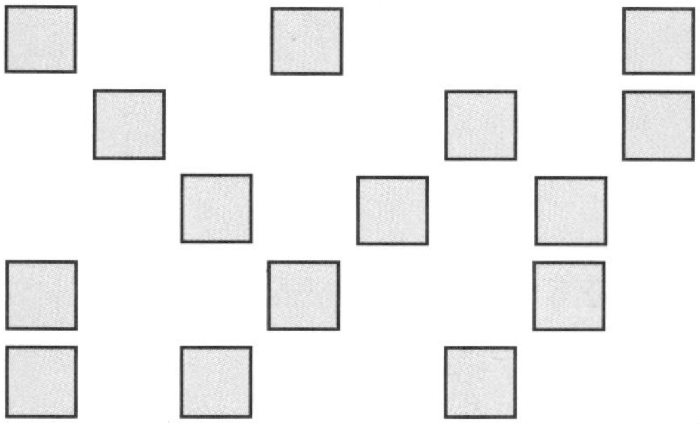

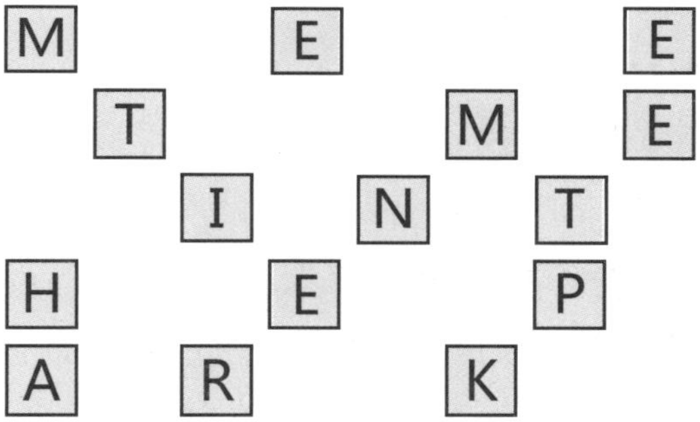

3. 移开卡片，然后在信息字母之间随机填满字母。只有拥有格栅的人才能阅读你的信息！

M	S	A	E	V	P	R	E
W	T	B	L	R	M	T	E
A	L	I	M	N	U	T	V
H	C	G	E	D	N	P	Q
A	F	R	N	X	K	P	F

请你的朋友为你做一条格栅信息吧！

摩尔斯电码

萨缪尔·摩尔斯(Samuel Morse)是一位著名的发明家，他发明了以电脉冲信号的方式来发送电报。他还于1837年开发了一套被称为摩尔斯电码的方法，这种方法可以将由字母、数字和标点组成的文本信息用一系列的开关音调、灯光或点击的形式表现出来。尽管近些年无线电技术突飞猛进，但是由于使用摩尔斯电码的无线电通信设备结构简单，且能够在高噪声、低信号的环境中使用，所以在180多年后的今天，摩尔斯电码仍在被广泛使用！

今天各种残障人士仍可以使用摩尔斯电码进行交流，人们还为符号“@”编制了摩尔斯电码，这就意味着他们可以通过摩尔斯电码发送电子邮件！此外，一些移动电话制造商考虑到某些特殊人士的需求，正准备在移动电话中加入摩尔斯电码系统，以帮助他们更简单、更快捷地输入信息！

求救信号

全世界最著名的摩尔斯电码信息应该是国际求救信号SOS——Save our souls(拯救我们的灵魂)——任何身处险境的人都可以使用它。

下面是3种不同的SOS发送方式：第一种是使用肢体语言；第二种是使用手电筒的长短灯光；第三种是使用摩尔斯电码。

使用肢体语言发送SOS

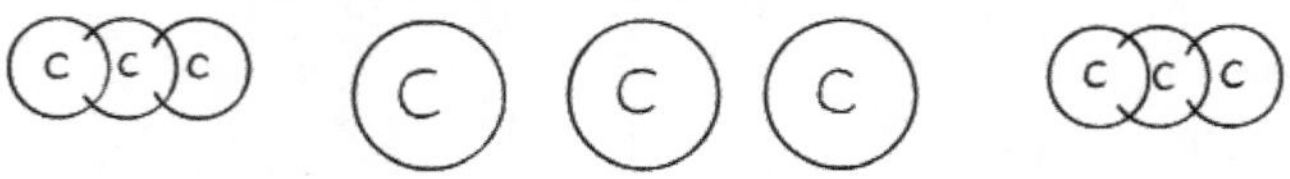

使用手电筒的长短灯光发送SOS

• • • ▬ ▬ ▬ • • • 使用摩尔斯电码发送SOS

利用下一页的摩尔斯电码表，你知道右面的密码信息说的是什么吗？

.../ ./ _./ _..   _ _/ ./ .../ .../ ._/ _ _./ ./ ...
_/ _ _ _   _ . _ _/ _ _ _/ .._/ ._.
.._./ ._./ ../ ./ _./ _..
(../ _.   ._   _.../ _ _ _/ ._./ ../ _./ _ _ .
._../ ./ .../ .../ _ _ _/ _.!)

答案在第32页

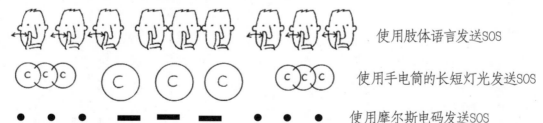

密码的乐趣

摩尔斯电码是由两个数字信号组成的，有时称为“点”和“划”，或“DI”和“DA”，大多数的字母、数字和标点都可以用其表示出来。这是一种早期的数字化通信形式，它的代码总共有五种：点、划（时长等于3倍点）、点和划之间的短停顿（时长等于1倍点）、字符之间的中等停顿（时长等于3倍点）和每两个单词之间的长停顿（时长等于7倍点）。

你通过变换手电筒的长短闪光或通过触摸你的鼻子，甚至以不同速度翻一本书的书页，都可以把一条信息以摩尔斯电码的方式发送给一个朋友！运用你的想象力，发送摩尔斯电码方式的可能性是无穷的。

今天仍在使用这样的摩尔斯电码发报机。

摩尔斯电码表

A • —
B — • • •
C — • — •
D — • •
E •
F • • — •
G — — •
H • • • •
I • •
J • — — —
K — • —
L • — • •
M — —
N — •
O — — —
P • — — •
Q — — • —
R • — •
S • • •
T —
U • • —
V • • • —
W • — —
X — • • —
Y — • — —
Z — — • •

1 • — — — —
2 • • — — —
3 • • • — —
4 • • • • —
5 • • • • •
6 — • • • •
7 — — • • •
8 — — — • •
9 — — — — •
0 — — — — —

? • • — — • •
! — • — • — —
@ • — — • — •
.（句末点号）

• — • — • —

信息结束

• — • —

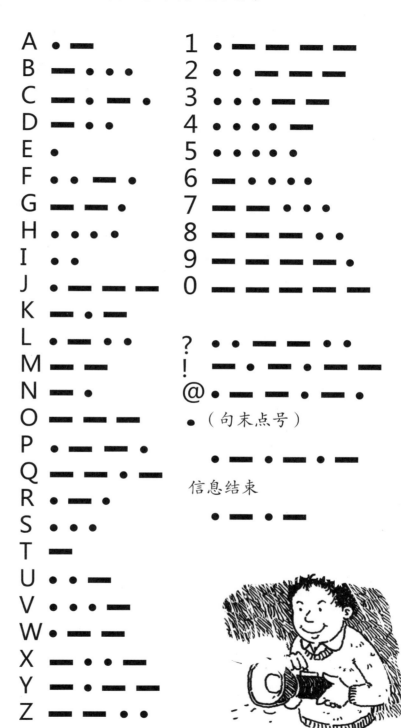

旗语

旗语是一种重要的通信方式，可以用来在较长的可视距离内快速发送紧急消息。

旗语最早是由法国的克劳德·沙普和他的兄弟发明的。他们于1792年在巴黎和里尔之间成功架设了一条“旗语通信线”，它由15个通信塔构成，每两个通信塔间隔10～20英里，全程120英里（约193千米）。每一座通信塔在其顶部都建有两个巨大的机械臂，它们通过呈现不同的角度来表示不同的字母，相邻通信塔之间可以通过望远镜观测并传递信息。不久这种旗语通信线就遍布了法国全境。

拿破仑很快便发现了这种通信方式的巨大优势，随后发明了简化的便携旗语并在其军队中使用。后来这种通信方式在世界各国的海军中广泛使用，目前是世界各国海军通用的语言，只不过信号棒被旗帜所取代。

你可以仿照原始的旗语信号，通过画出成不同角度的两条线段来表示不同的字母，进而组成需要传递的信息。

根据下一页的旗语字母表，你知道下面的旗语信息表示什么意思吗？

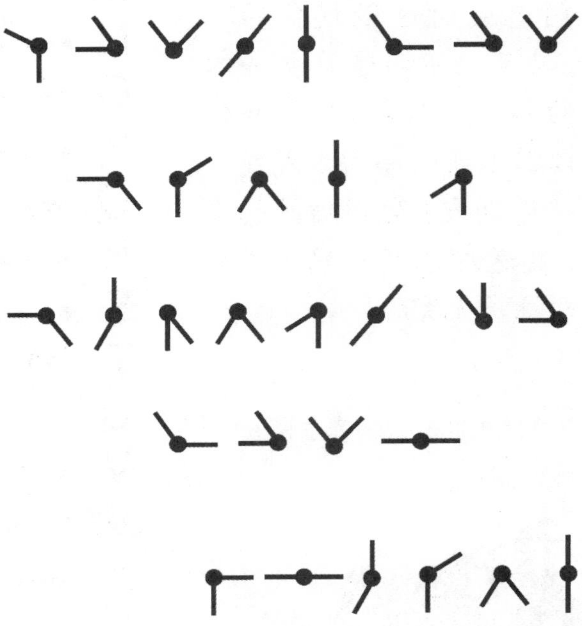

答案在第32页

旗语字母表

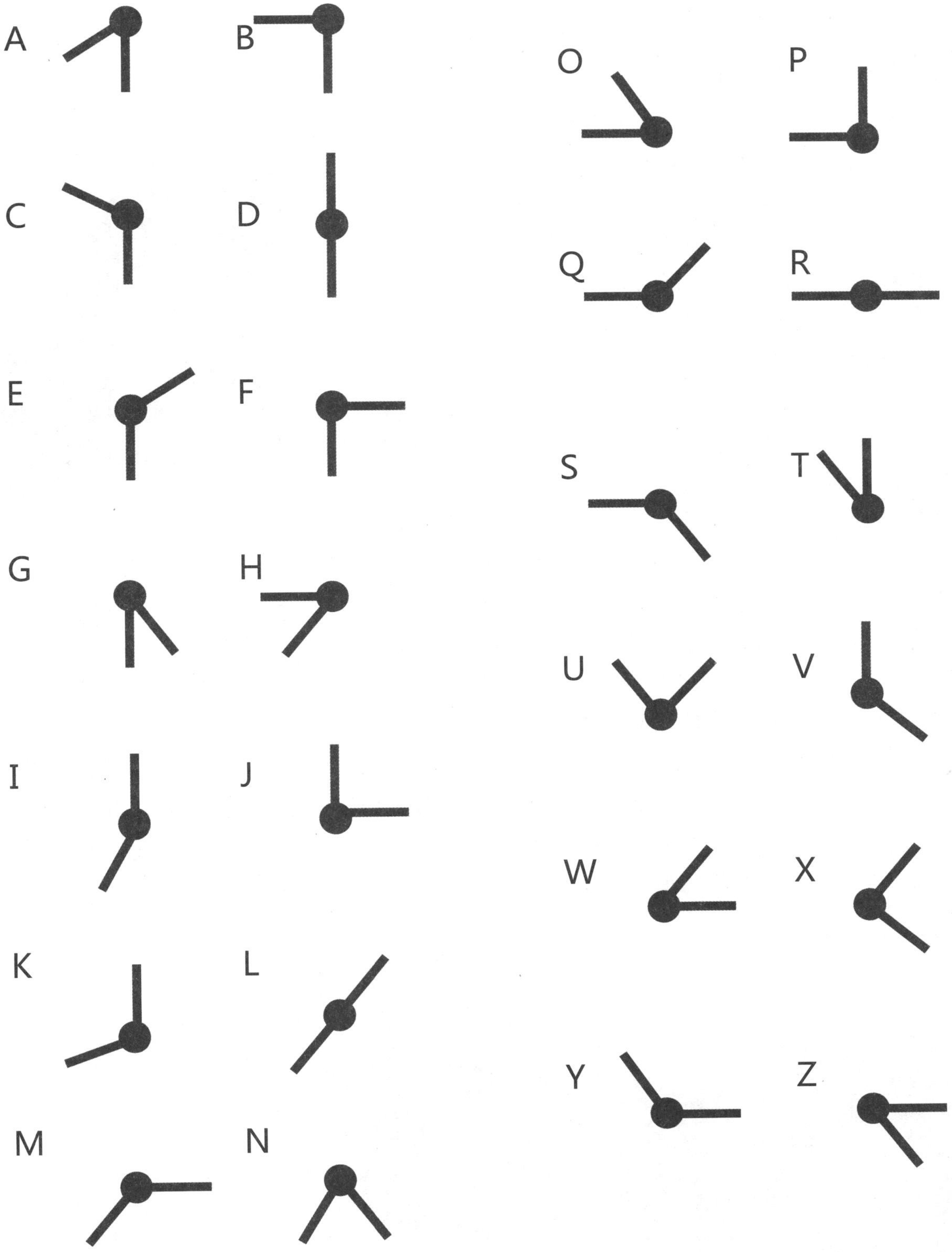

迷惑敌人

恩尼格玛密码

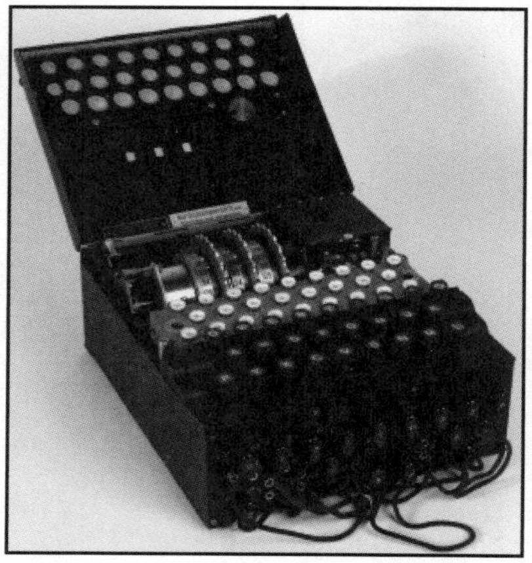

20世纪30年代，在第二次世界大战前夕，德国人发明了一种名为“恩尼格玛”（enigma）的密码制造机。它看起来像当时广泛使用的普通打字机，但是空格、数字和标点符号都被取消了。这种机器可以把一条明文信息变成一条加密的密码，由于其内部有多个转子，这样就能够编制许多不同的复杂密码。

之所以叫作“转子”，就是因为它会转！例如，输入字母A，灯泡B亮，转子转动一格，各字母所对应的密码就变了；第二次输入A，对应的字母可能变成C了；第三次输入A时，可能灯泡D亮起。也就是说，同一个字母在明文的不同位置时可以被不同的字母替换。但如果连续输入26个字母，转子就会转动一周，这时编码就重复了，被破译的可能性就增大了。于是“恩尼格玛”又增加了一个转子，这时每输入一个明文字母，与之对应的加密字母随机改变两次。在“二战”后期，德国海军使用的“恩尼格玛”甚至有四个转子，这就大大增加了破解的难度。

幸亏法国间谍从德国一个秘密的情报部门得到了一些关于“恩尼格玛”的情报，随后波兰密码破译专家制造出了“恩尼格玛”机器的复制品，接下来英国的一个特别小组开始开发破译“恩尼格玛”信息的方法。他们并不是总能破解密码，但当他们成功破解的时候，就能够拯救成百上千的生命。

在“恩尼格玛”密码被破译之后，从德国U型潜艇发出的情报就可以被破解。

密码棒

密码棒（scytales）是公元前400年由希腊的斯巴达将军们发明的。其加密方法是把长带子状羊皮纸缠绕在圆木棒上，然后在上面写字。解下羊皮纸后，上面是杂乱无章的字符，只有再次将羊皮纸以同样的方式缠绕到同样粗细的棒子上，才能看出所写的内容。他们真是聪明！

空中的密码

1870年普法战争期间，普鲁士人围攻法国首都巴黎长达四个月，电报线被切断，城市里面的人不能与外面的世界沟通，获得情报的唯一办法是从敌人的头顶上飞过去。

信鸽可以在任何地方放飞，并且会飞回家。不幸的是，巴黎的信鸽不能用来传送来自巴黎的信息，但它们可以把外界的信息送回去。聪明的巴黎人民秘密地在夜晚把许多鸽子放在热气球里面放飞出去，一旦安全地越过敌人的防线，这些信鸽就会被释放，同时将缩微胶片信息带回巴黎。这些信鸽携带着许多重复的信息，因此敌军会尽可能多地射杀它们。

就这样，信鸽将许多重要的情报带回了被重重围困的巴黎。

猪圈密码

这种密码可能早在公元1100年前后就被使用了，由于一个被称为“共济会”的神秘组织一直在使用这种密码，所以它也被称为共济会密码或猪圈密码。

猪圈密码是一种以格子为基础的简单替代式密码，常见的猪圈密码有以下几种形式。

猪圈密码1

这种密码的关键是将所有不同的字母分别写在相应的网格中，每一个字母都由它周围的“猪圈”部分代替。如果它是第二个网格中的字母，那么它所在的猪圈中有一个点。

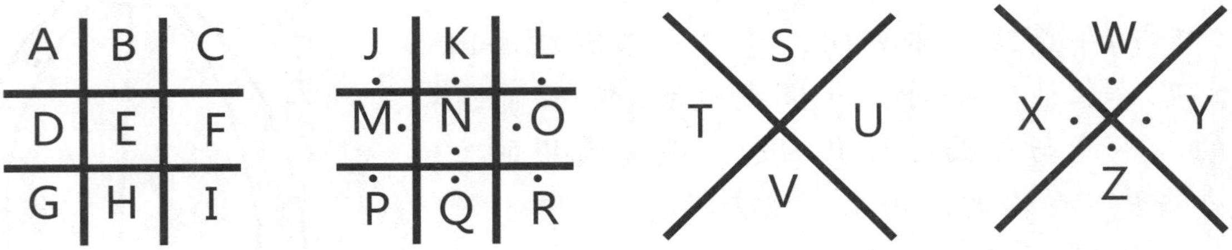

根据上面的字母表

 代表A  代表N  代表S  代表Z

你知道下面这条信息说的是什么吗?

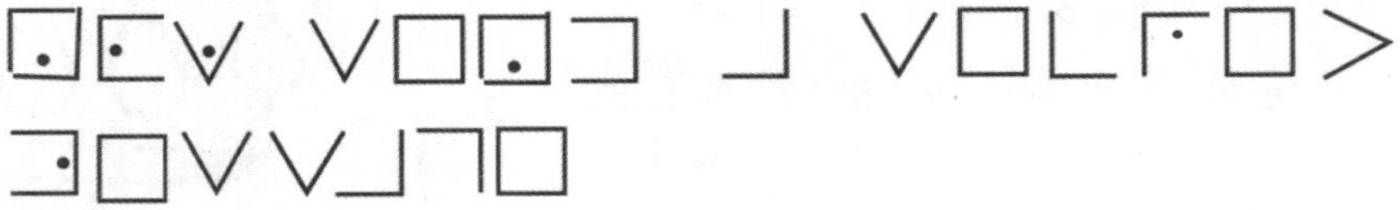

答案在第32页

猪圈密码2

这是另一种猪圈密码：它与第一种猪圈密码有些不同，但是与第一种的原理相同。你也可以试着发明一种属于你自己的猪圈密码。

根据上面的字母表

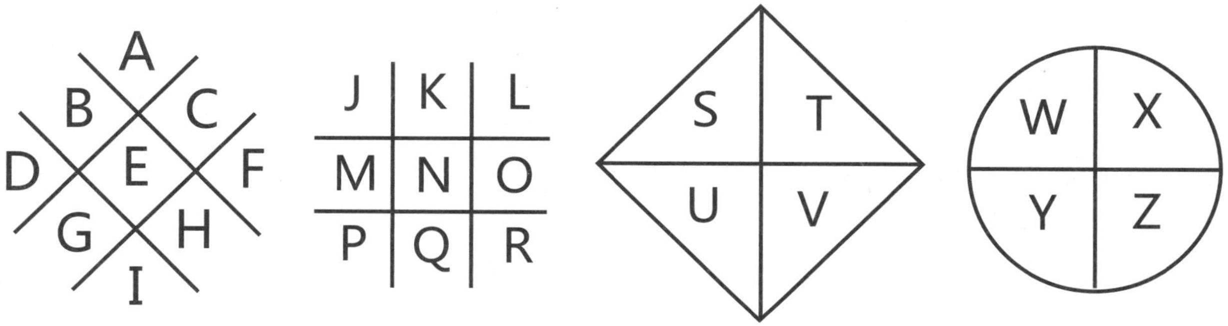

你知道右侧这条信息说的是什么吗?

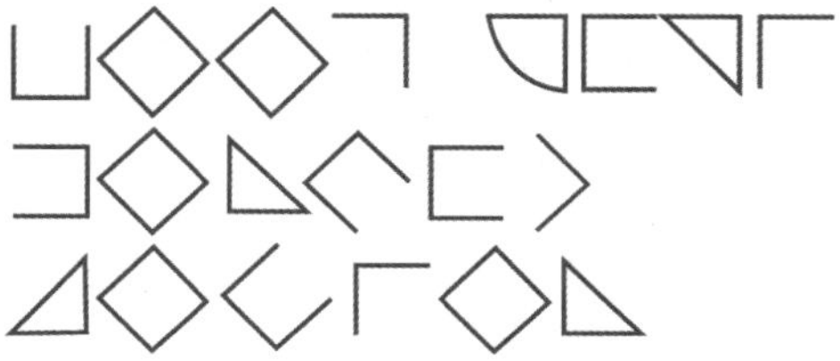

猪圈密码3

下面是一种难度更大的猪圈密码，每第二个配对字母都用额外的一个点来标识。

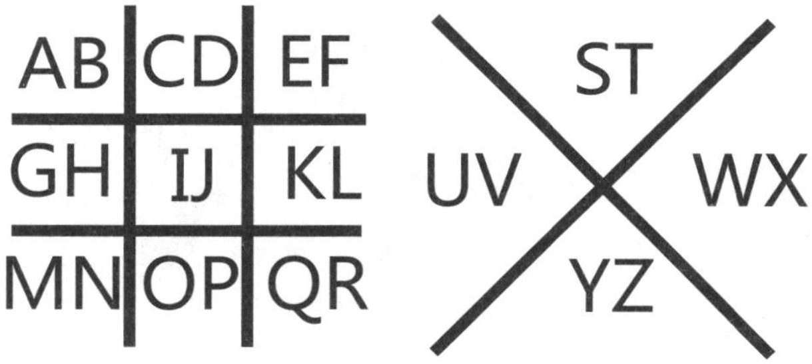

你知道下面这条信息说的是什么吗?

根据右侧的字母表

答案在第32页

世界密码

航空公司的飞行员飞行于世界各地，在飞行的过程中他们需要与机场的地面通信中心保持联系。

英语被公认为是用来交流的通用语言，除此之外还有一种“语音字母表”，有时也称为“拼写字母表”或“北约字母表”。“北约”（NATO，即北大西洋公约组织）是一个军事组织，在世界许多地方都部署有军事力量。“北约字母表”最早起源于20世纪50年代，由美军编制，其目的就是保证这个组织中位于各地的警察、军队和其他武装力量避免战时由于通信不畅、发音不清而造成接收方读音误判。

在英语中，有些字母的读音听起来很接近，如B、P、D、T。由于飞行的噪声和信息的传播距离，通信双方可能会混淆这些字母。通过使用听起来辨识度较高的特殊单词，如B= BRAVO、P = PAPA、D = DELTA、T = TANGO等，就容易分辨这些字母了。

语音字母表

Alpha
Bravo
Charlie
Delta
Echo
Foxtrot
Golf
Hotel
India
Juliett
Kilo
Lima
Mike
November
Oscar
Papa
Quebec
Romeo
Sierra
Tango
Uniform
Victor
Whisky
X-ray
Yankee
Zulu

下面是地面控制中心应用语音字母表发送给飞行员的消息，你知道是什么吗？

CHARLIE OSCAR NOVEMBER FOXTROT OSCAR ROMEO MIKE

TANGO UNIFORM ROMEO BRAVO UNIFORM LIMA ECHO NOVEMBER CHARLIE ECHO

ALPHA HOTEL ECHO ALPHA DELTA

答案在第32页

索引

答案

第2页 标志和图片

电话；机场；交通；行人过路处；小心袋鼠；
手推车存放处；残疾人设施；自行车路线；问询处

第2页 标志说明一切

1. E；2. H；3. G；4. C；5. D；6. F；7. I；8. K；
9. B；10. J；11. A.

第6页 动物谜语

大象；章鱼；龙；秃鹫

第8页 希腊广场

POLYBIUS（波里比阿）、TORCHES（火把）
SQUARE（广场）

第9页 普莱费尔密码

转换密码：QM CT HC OR JS XP JR
解码：DE CO DE DB YX YO UX

第10–11页 寻找宝藏

找到银的算法是C;
找到宝石的算法：F2，TL，F1，TR，F2，TL，F4，TL，F1.

第11页 数对

CAN YOU DECODE THIS?

第12页 秘密逃脱

PANEL AT EAST END OF CHAPEL SLIDES.

第14–15页 字母互换

字母表转换1
THE ROMANS USED THIS IDEA.
WELL DONE YOU!
字母表转换2
THIS IS HARDER TO DECODE!
TEST YOUR FRIENDS!
字母表转换3
CHOOSE A SECRET KEY WORD WITH A FRIEND.
字母表转换4
THIS CAN BE FUN!

第17页 图表密码

MEET AT SIX AM（早晨6点见面）

第18页 印第安“风语者”

NAVY（海军）

第18页 城市密码

BANGKOK曼谷；MADRID马德里；
WELLINGTON惠灵顿；BRASILIA巴西利亚；
CAIRO开罗；WASHINGTON华盛顿；
PARIS巴黎；TOKYO东京；TAIPEI台北；
ADDIS ABABA亚的斯亚贝巴；
SANTIAGO圣地亚哥；RIYADH利雅得；
BAGHDAD巴格达；JERUSALEM耶路撒冷。

第19页 检验号码

A：8 1 3 7 0 9可能是一张银行卡的序列号。

第20页 纵横字谜密码

横：
1. SEMINOLE（塞米诺尔族）；3. SPY（间谍）；
4. PICTOGRAM（象形图）；
6. ENIGMA（恩尼格玛）；7. SAMUEL（萨缪尔）；
9. RESH；10. SAVE（拯救）；
11. BETH；14. SCHOOLS（鱼群）；
16. NATO（北约）；17. CREDIT（信用）；
18. CRACK（破解）。
纵：
1. SCYTALES（密码棒）；2. OTTO；
5. ARM（手臂）；7. SIERRA；8. LAMED；
9. REBUS（画谜）；12. ROSETTA（罗塞塔）；
13. CODES（密码）；15. CRICK（克里克）。

第22页 摩尔斯电码

SEND MESSAGES TO YOUR FRIEND (IN A BORING LESSON!)

第24页 旗语

COULD YOU SEND A SIGNAL TO YOUR FRIEND?

第28–29页 猪圈密码

猪圈密码1：NOW SEND A SECRET MESSAGE.
猪圈密码2：KEEP YOUR METHOD SECRET.
猪圈密码3：WHAT MESSAGE COULD YOU SEND?

第30页 世界密码

CONFORM TURBULENCE AHEAD.
(前方有强气流)

北京市科学技术协会科普创作出版资金资助

魔力数学

Magical Maths

迷宫与排序

勇敢挑战刺激的冒险

MAZES AND OTHER PUZZLES:
HOW TO MASTER THEM

[英]史蒂夫·韦 [英]费利西娅·劳/著
[英]戴维·莫斯廷/绘
郭园园/译

一起挑战刺激的迷宫，

尝试运用横向思维，解决逻辑谜题和问题求解吧！

知识产权出版社
全国百佳图书出版单位
—北京—

穿过洞穴

这是一个洞穴隧道迷宫，你能找到一条从起点到达终点的路吗？

答案在第32页

到达那里

在下面两幅图中，从A到B的路线，哪一条最短？

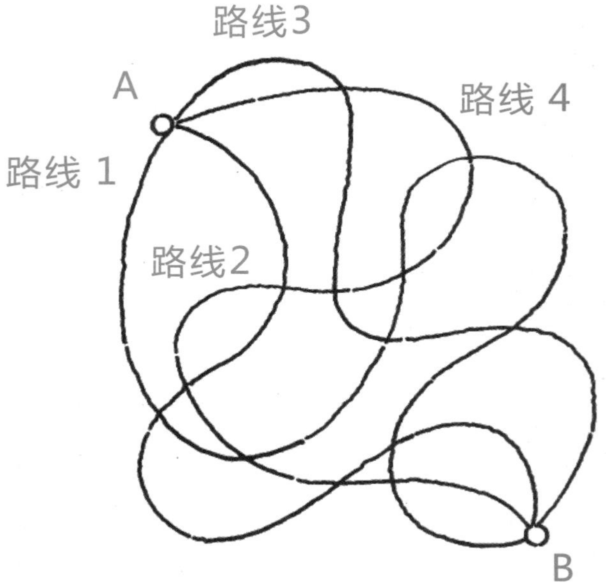

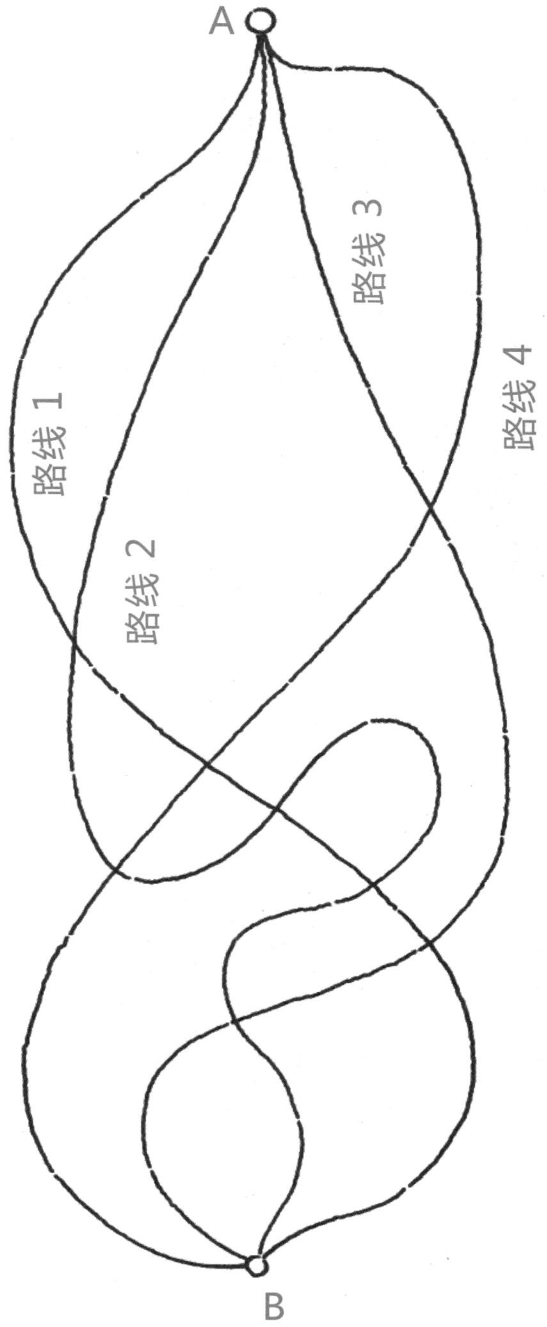

迷宫是益脑活动

即使是要完成最简单的谜题，也意味着你必须去思考、计划，并且制订一个关于如何实现目标的策略。这让你的大脑陷入难题的解决方法、各种推理技巧和可能的解答中。在所有的谜题中，迷宫游戏往往是一个需要多次试验并接受错误的过程。当你试图让手和眼睛一起协调工作的时候，你的大脑往往会因为这些迷宫而嗡嗡作响，但是不要着急，这种游戏可以锻炼你的视神经和大脑的应变能力。

祝你好运！

答案在第32页

不同的迷宫

你知道吗？当你旋转几秒钟后，你会很容易失去方向感。而当你的大脑不能识别出任何熟悉的可以遵循的标志时，这种情况也会发生。

雷尼亚克迷宫(Reignac-sur-Indre Maze)是世界上最大的植物迷宫，占地约4公顷(4万平方米)，位于法国安德尔-卢瓦尔省。迷宫里面种植的通常是玉米或向日葵，每年都会按照不同的设计图案来播种，到第二年呈现在人们面前的就是一个新的迷宫图案。

雷尼亚克迷宫的图案通常是通过由外到内越来越小的多个同心圆构成，在每个圆上留有几个缺口。

皮萨尼别墅（Villa Pisani）花园迷宫靠近意大利威尼斯，号称世界上最复杂的迷宫，也是欧洲现存最著名的和保存最完好的迷宫。据说，这个迷宫非常具有挑战性，拿破仑也曾迷失其中。

几千年来，唯一的神秘小路一直是故事中的主角。现今你仍然可以在古希腊城市的废墟中或古老教堂的地面上看到早期迷宫的样子。500年前，花园迷宫开始流行，一些迷宫种植着高高的树篱，另一些迷宫则由石头或草皮做成的低矮分隔墙构成。

▲ 这是一个在玉米地中创作的向日葵形状的迷宫。

▲ 这是为了纪念美国国家航空航天局（NASA）而建的巨大的玉米地迷宫。美国国家航空航天局又称美国宇航局或美国太空总署，是美国联邦政府的一个行政性科研机构，负责制订、实施美国的太空计划，并开展航空科学的研究。

▲ 游客们正在穿过玉米地迷宫。

▲穿过这个图案的玉米地迷宫一定非常有趣！

◀ 这是美国夏威夷都乐菠萝种植园迷宫，占地约1.2公顷（12000平方米）。这个从水果中获得灵感的迷宫全长近4千米，由包括芙蓉花在内的11400多株夏威夷植物组成，迷宫中间是一个巨大的菠萝图案。

神奇的迷宫

这个迷宫是用树篱设计的。你能找到穿越这个迷宫的路线吗？

起点

答案在第32页

终点

树篱迷宫

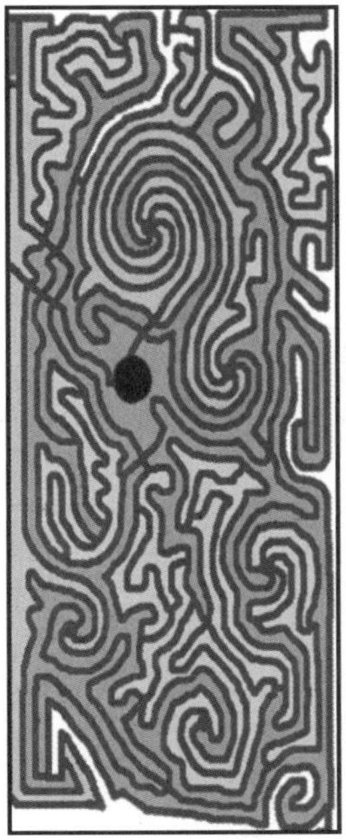

▲这是朗利特树篱迷宫的平面图，你可以看出它是多么复杂。

目前，世界上最长、最壮观的树篱迷宫是朗利特树篱迷宫。它位于英国英格兰西南部的威尔特郡美丽的朗利特庄园（Longleat House）内。它由16000多棵英国紫杉组成，占地约0.6公顷（6000平方米），总路线长2.72千米，1975年首次建成开放。

不同于其他的大多数迷宫，朗利特树篱迷宫最为特殊之处在于它是一个三维迷宫，沿线有六座木桥，站在木桥上你的视线可以穿过树篱眺望到迷宫中心的瞭望塔。迷宫中心的瞭望塔在右图中黑圆点处。

▲如果你真的迷路了，爬到桥上去找一些能够帮助你出去的线索吧！

动物的脚印

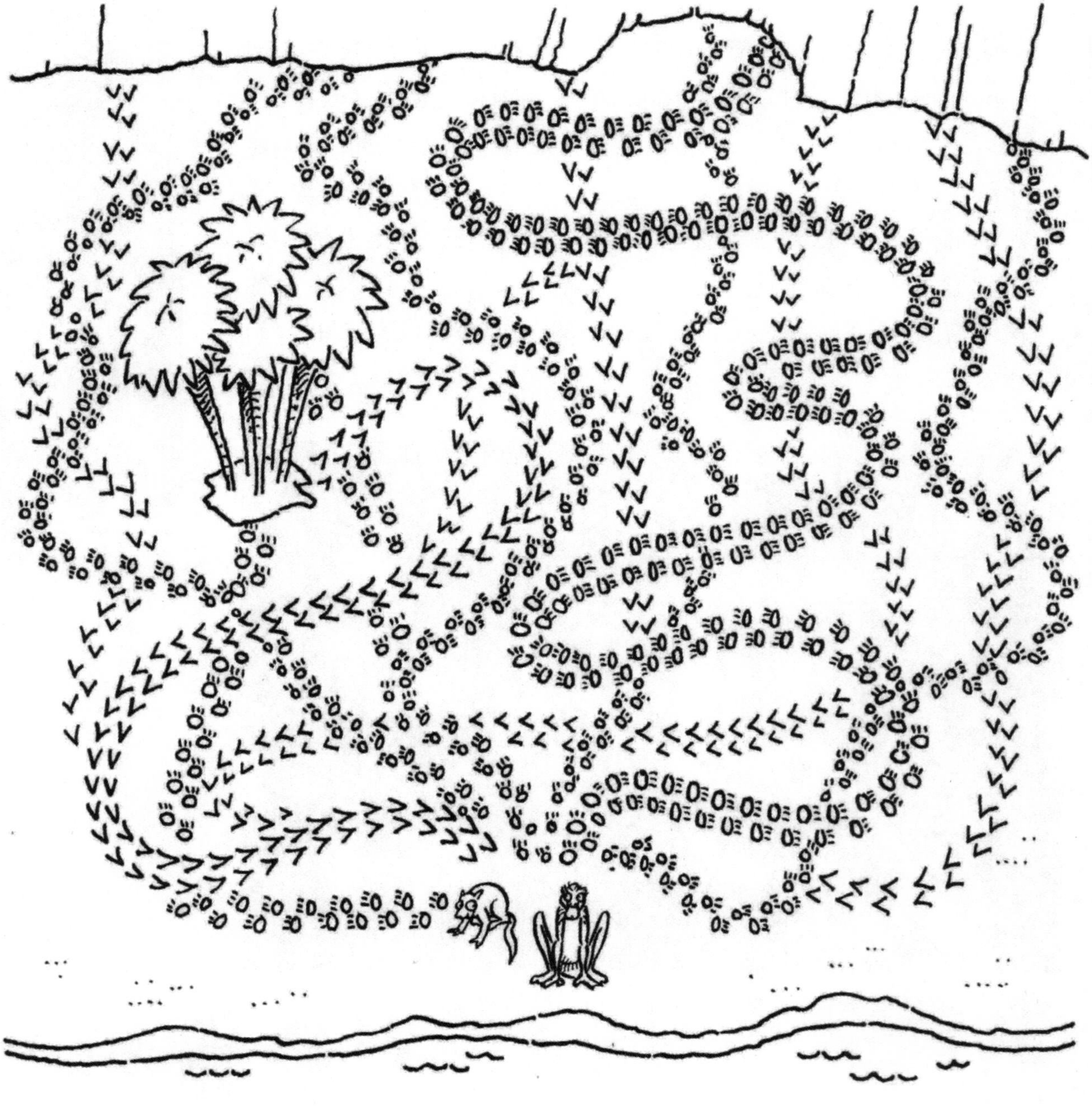

哪种动物的脚印指向悬崖?

答案在第32页

三角迷宫

有些迷宫比它们看起来要难，你能完成下面的三角迷宫吗？

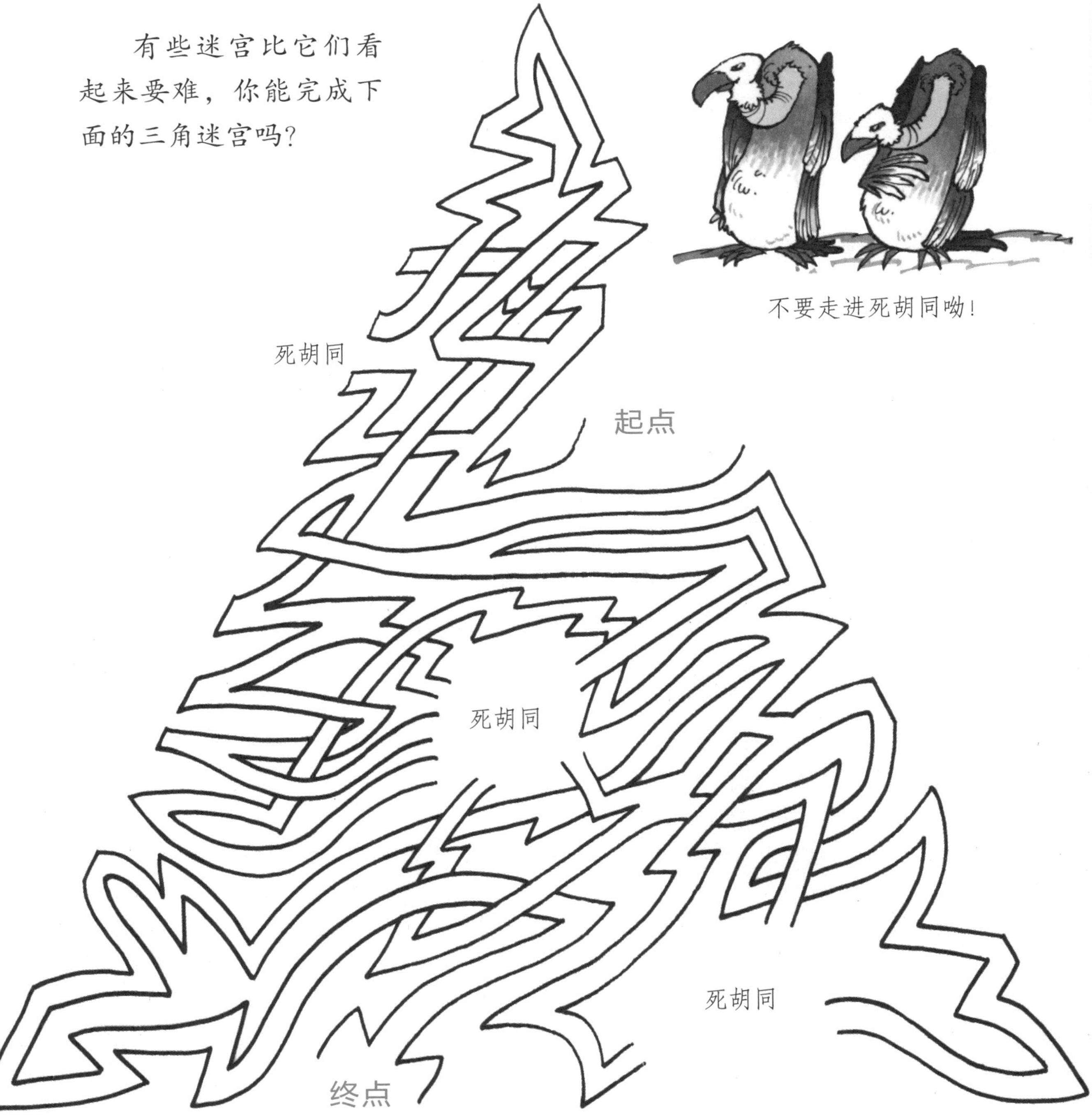

答案在第32页

走近迷宫

英语“labyrinth”（意为“迷宫”）一词源于希腊语，形容错综复杂的结构。最早的迷宫记载于希腊的传说中，由著名工匠代达罗斯（Daedalus）为克诺索斯的国王米诺斯（Minos）设计，用来囚禁牛首人身怪物米诺陶诺斯（Minotaur）。代达罗斯是雅典的一位伟大的艺术家、建筑师和雕刻家。

迷宫揭示了人类精神中表现出来的双重特性——复杂与简单、神秘与可知、感性与理性，迷宫文化渗透到环境艺术中就产生了我们前面介绍过的植物迷宫。

这是一枚印有克诺索斯迷宫图案的古希腊银币。

代达罗斯和伊卡洛斯

代达罗斯为了避难逃到了克里特岛（Crete），并帮助米诺斯国王修建了克诺索斯（Knossos）迷宫。代达罗斯修建的迷宫太复杂了，甚至他自己都会在其中迷路。知道了这一点后，米诺斯国王把代达罗斯和他的儿子伊卡洛斯（Icarus）囚禁在一座孤岛上的高塔里，以防止他们泄露迷宫的秘密。

代达罗斯不愿意在这个孤岛上虚度一生，便设法逃走。他收集整理大大小小的羽毛，把羽毛用麻线在中间捆住并在末端用蜡封牢。最后，把羽毛微微弯曲，看起来完全和鸟翼一样。代达罗斯和伊卡洛斯利用“翅膀”从塔上飞了出去。但是伊卡洛斯飞得离太阳太近了，“翅膀”上的封蜡熔化，失去“翅膀”的他掉进海里淹死了。

金字塔迷宫

另一个著名的古代迷宫是埃及第十二王朝法老阿蒙涅姆赫特三世（Amenemhet Ⅲ，约公元前1842年~前1797年在位）建造的哈瓦拉（Hawara）金字塔。金字塔内部空间通过走廊和隧道连接。纵横交错的小路和用巨石封闭的假门保护着位于中央的法老墓室。

环形迷宫

这个迷宫是以克诺索斯迷宫为基础设计的，请你沿着正确的路径到达迷宫的中心。

答案在第32页

克诺索斯迷宫

由前面的故事我们可以知道，代达罗斯帮助国王米诺斯在克诺索斯修建了囚禁牛首人身怪的迷宫。

当时的米诺斯国王统治着克里特岛和希腊的一部分。他是一个强大的统治者，却对女儿阿里阿德涅（Ariadne）有很强的占有欲，甚至嫉妒她的追求者，并且想办法确保没有年轻的男子能接近她。

但他不知道阿里阿德涅爱上了一位英俊的英雄、勇敢的战士——忒修斯（Theseus）。尽管两人试图保密，但很快米诺斯国王就听说了这个消息。

他邀请忒修斯到克诺索斯的宫殿做客。残忍的米诺斯国王抓住了这个年轻人，并把他扔进了宫殿下面的迷宫，迷宫里囚禁着牛首人身怪米诺陶诺斯。

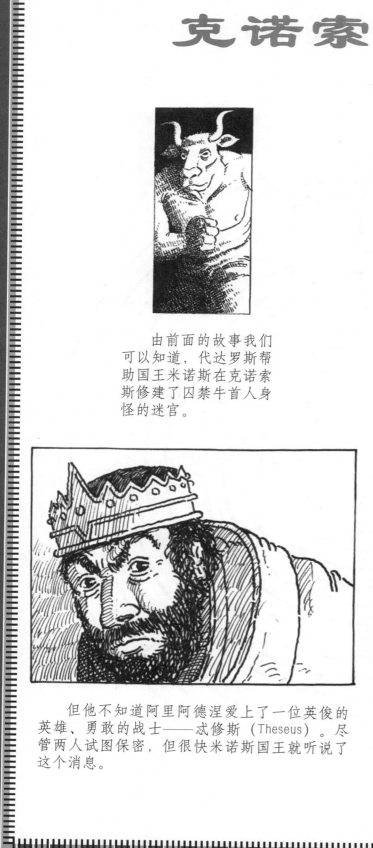

米诺陶诺斯长着人的身体、牛的头，挥舞着双刃斧。任何被扔进迷宫的人都会很快迷路，发现自己面对着怪物却没有武器来对抗。

但阿里阿德涅非常聪明，她悄悄给了忒修斯一把锋利的神剑和一个线团。当忒修斯进入迷宫时，便展开线团标出行进的路线。

忒修斯进入了迷宫的中心，经过一番恶战，他用神剑杀了牛首人身怪米诺陶诺斯。

最后，忒修斯依靠线团的指引顺利走出迷宫，回到了心爱的人身边。

克诺索斯的隆隆声

克诺索斯宫殿下面的迷宫仅仅是一个传说而已。克诺索斯宫殿遗址的最新发掘证据表明，在传说中本应有迷宫的宫殿下面有活动的火山，火山发出的隆隆声听起来像是一头愤怒的公牛的叫声。

迷宫的说法可能来自克诺索斯宫殿的混乱布局，那里有许多长长的走廊和看起来不通向任何地方的漫无边际的小路。

克诺索斯宫殿遗址

我的小镇

这是一个复杂的迷宫，你能穿过小镇的街道到达城堡吗？

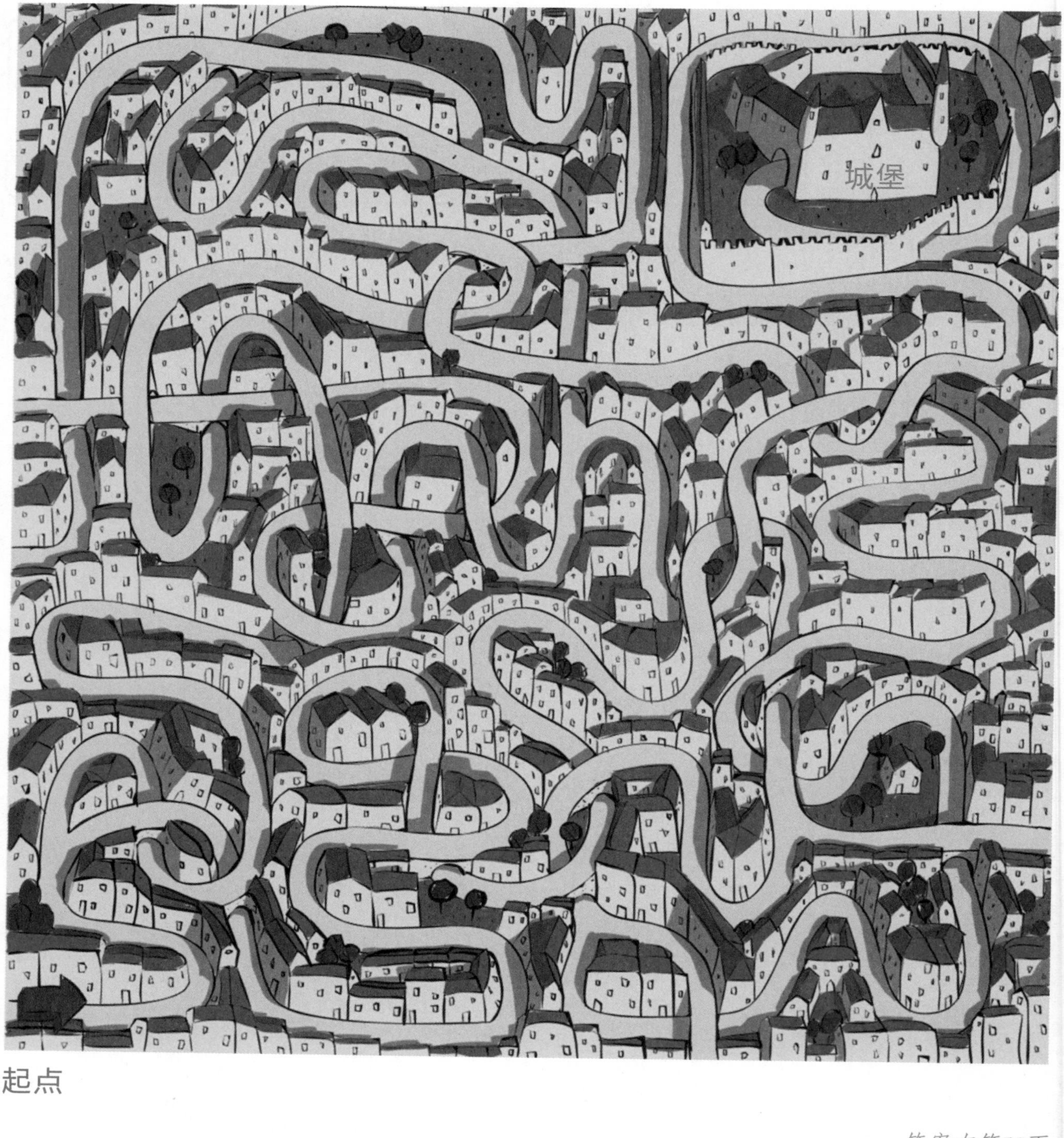

答案在第32页

纵横交错

这真是一个令人困惑的难题，你能在以下的这些直线条中找到多少个等边三角形和正方形呢？

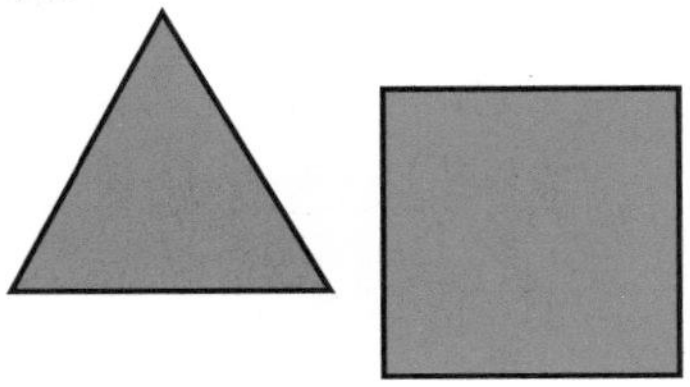

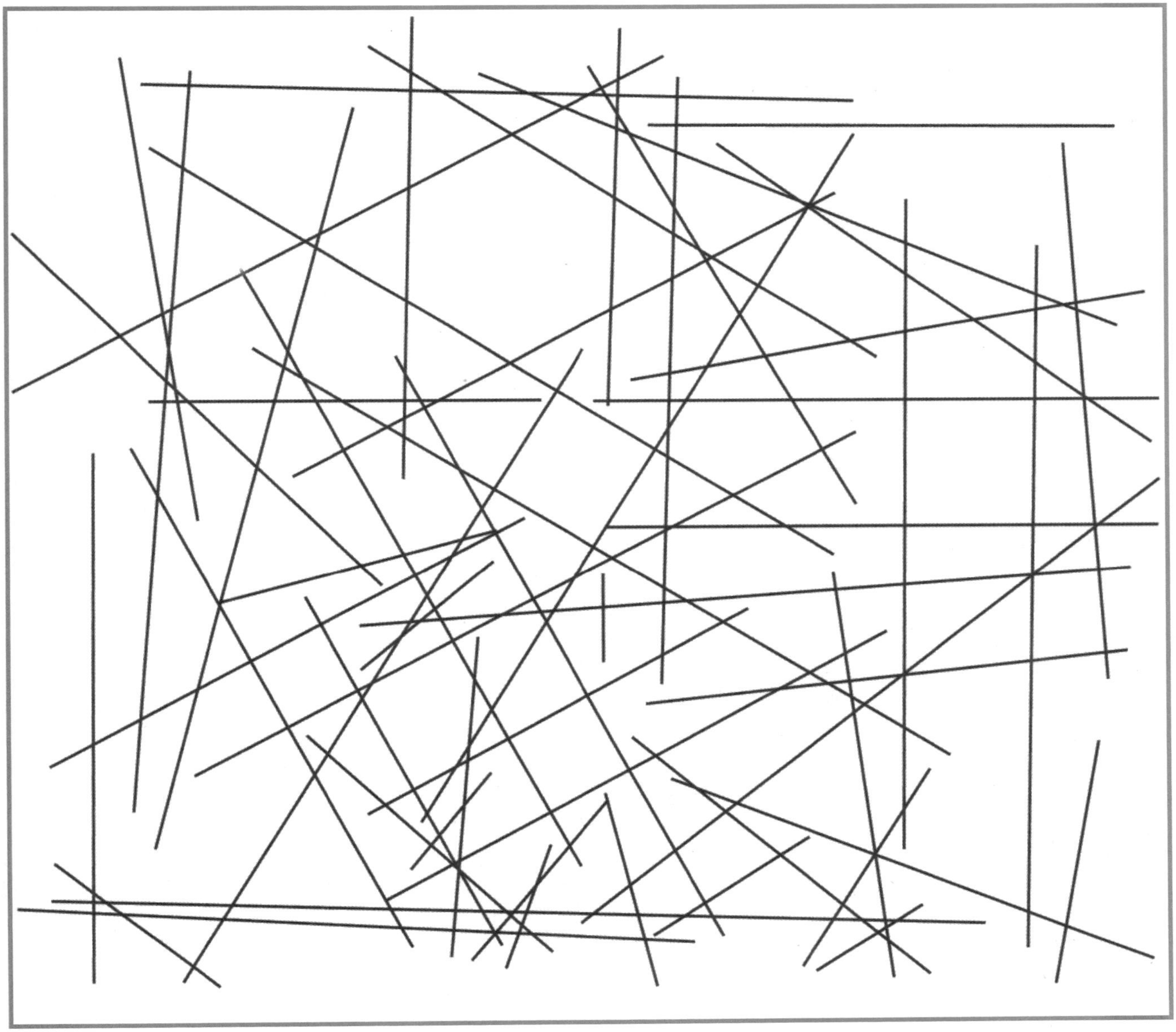

答案在第32页

撤退

战争期间，是否撤退对任何一支军队来说都是要做的最艰难的选择之一，因为撤退看起来就像是失败。然而，许多军队经历了最初的失败后取得了最终的胜利，他们能够利用撤退聚集资源从而变得更加强大。

假如你现在是准备从B地撤退到A地的爆破小分队的队长，你只有4.5小时的时间撤退到A地。在可能被捕获之前，你要在撤退过程中尽可能多地炸毁桥梁，以减缓B地敌军前进的速度。

设置炸药炸毁一座桥需要半小时的时间，从地图上的一个红点标记到另一个红点标记需要10分钟。

你会选择炸毁哪座桥？你没有足够的时间把它们全炸掉，所以请你明智地选择。加油，队长！

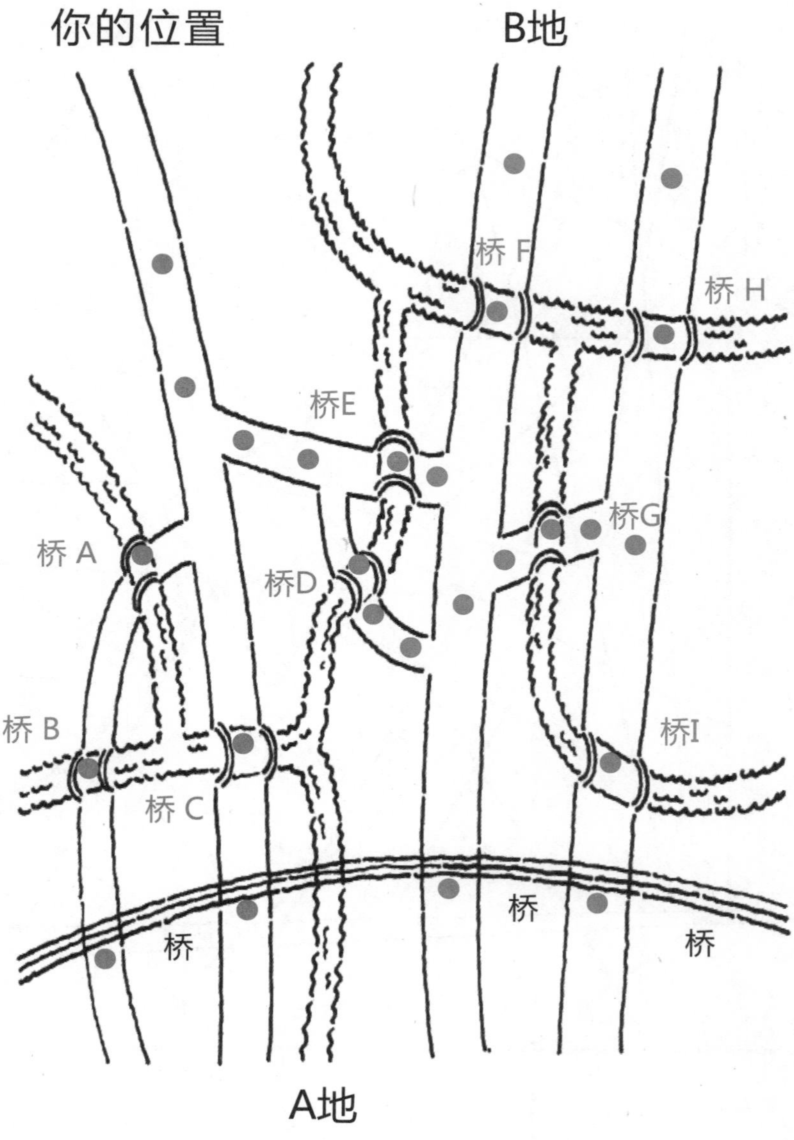

答案在第32页

球员转会

你是一个不太有名的足球队教练，不幸的是，你的球队在联赛中表现得非常糟糕。

唯一的解决办法是你可以在转会市场上买一些可以买到的球员。同样不幸的是，你没有多余的钱，你只能卖掉现有的球员，用所得的钱购买新球员（事实上，有一些球员是你想要摆脱的）。

记住，你卖出的球员只能比你买入的多两人，如果你卖出的球员太多，你的球队里将没有足够的球员。你想尽可能买最好的新球员，那么你应该卖哪些球员？买哪些球员？

祝你好运！（作为一位足球教练其实很难！）

可买入的球员是：	转会费(美元)
阿里	4700
阿兰	4300
克里斯	4100
史蒂夫	3200
米克	3000

可卖出的球员是：	转会费(美元)
弗朗西斯	2800
卡尔	2700
弗兰克	2300
哈里	2000
乔治	1500
科内尔	1100
伊万	500

答案在第32页

棘手的问题

翻绳游戏可能已经有几千年的历史了，直至今天世界各地的人们仍然在玩。这个游戏通常由两个人来玩，用一根绳子结成绳套，一人以手指编成一种花样，另一人用手指接过来，翻成另一种花样，相互交替编翻。这个游戏最大的乐趣在于翻出新花样，展现自己的聪明才智。

通常简单的玩法是首先将一根绳子的两端系在一起，把它放在你的双手之间，拇指放在外面。

然后在每只手上分别绕上一圈绳子，同样要保持大拇指在外。

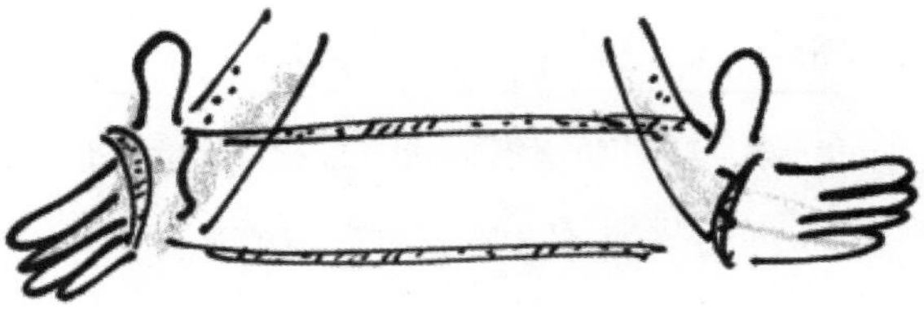

遍及世界的翻绳游戏

翻绳游戏遍及世界，受到各国人民的喜爱。但在不同文化中，编成的一些相同图形通常有不同的名字。

翻绳游戏也称为“猫的摇篮”（Cat’s cradle）。“猫的摇篮”可能源于“马槽”或“牛饲料架”。法语中“摇篮（cradle）”的图案被称为crèche（马槽），“牛饲料架（cattle feed racks）”的图案被称为cratches。

在俄罗斯，翻绳游戏被叫作“线绳游戏”——并没有提到猫。

在中国，翻绳游戏也叫作“解绷子”“翻花鼓”“解股”等。摇篮图案叫作“抓摇篮”。

在美国的一些地区，摇篮图案被称为“神坛里的杰克”（Jack in the Pulpit）。

随后将一只手的中指穿到另一只手上的绳圈中，并把绳子拉过来。

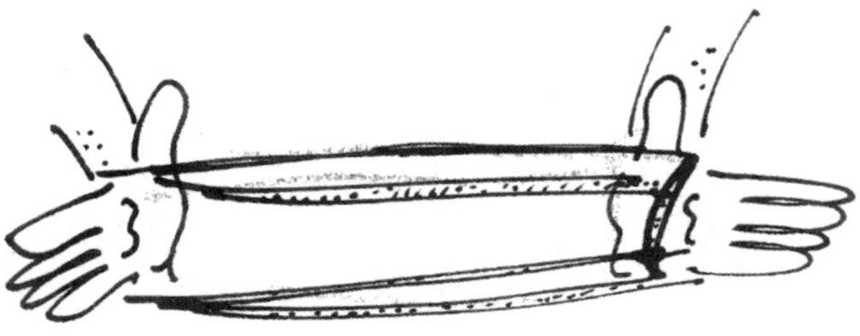

日本的一幅绘于1804年的著名绘画作品中展示了两个人正在玩翻绳游戏。

现在用另一只手的中指进行同样的操作，编成的图案就是“猫的摇篮”。

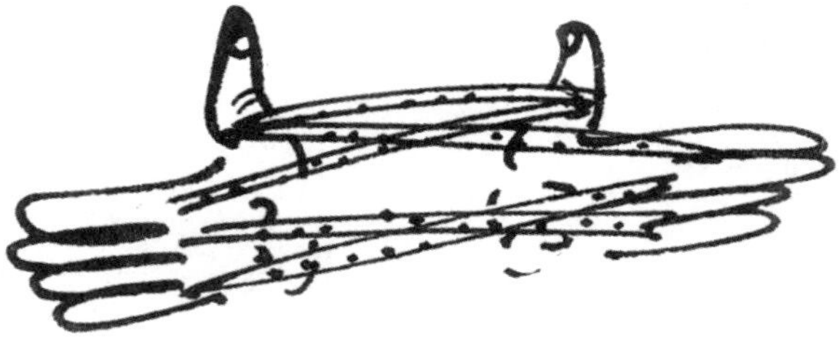

这个图案被称为“电车轨道”。

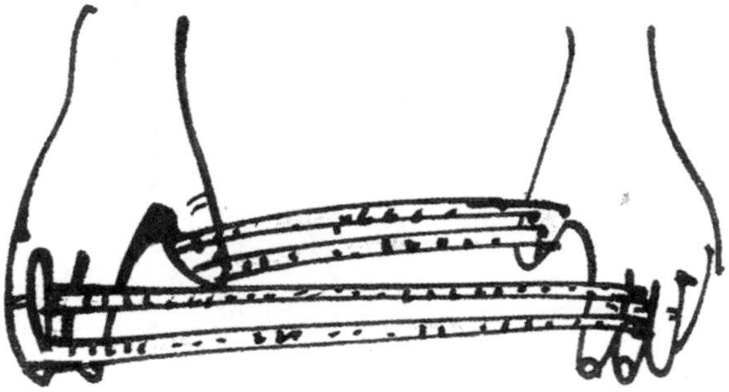

这个图案被称为“马槽”。

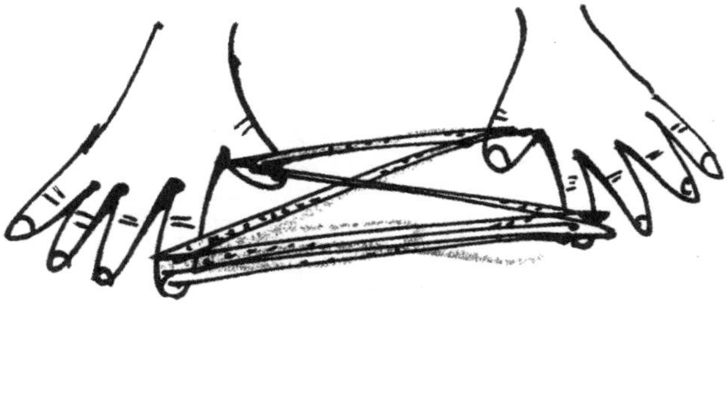

七桥问题

18世纪，德国的哥尼斯堡市[1]被普雷格尔河分割，河流将城市中心一分为二，之后又进一步分流，并形成两座小岛。人们在小岛之间架起了七座桥，可以让人们从一个地方到达另一个地方。

一天，有人提出了一个有趣的问题：“一个步行者怎样才能不重复、不遗漏地一次走完七座桥，最后回到出发点？”

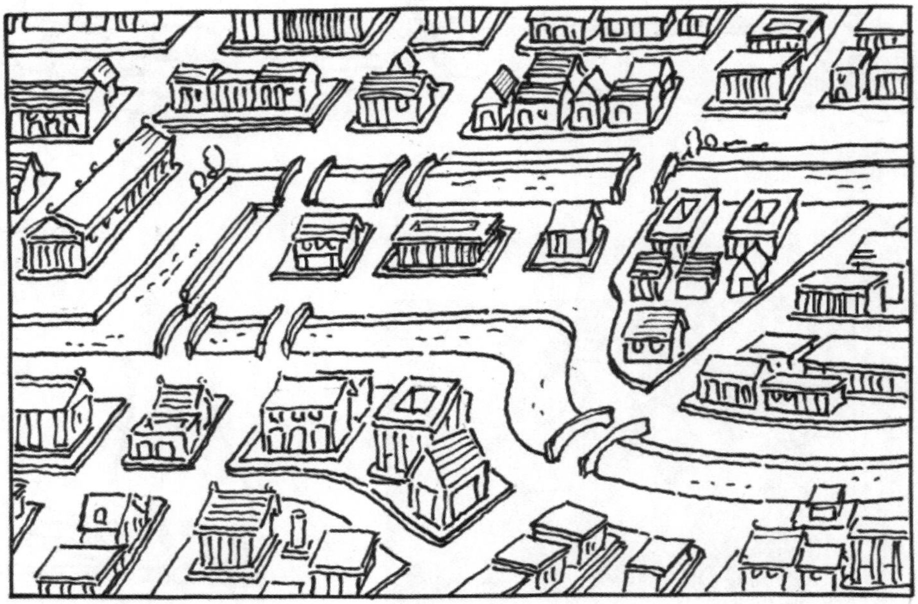

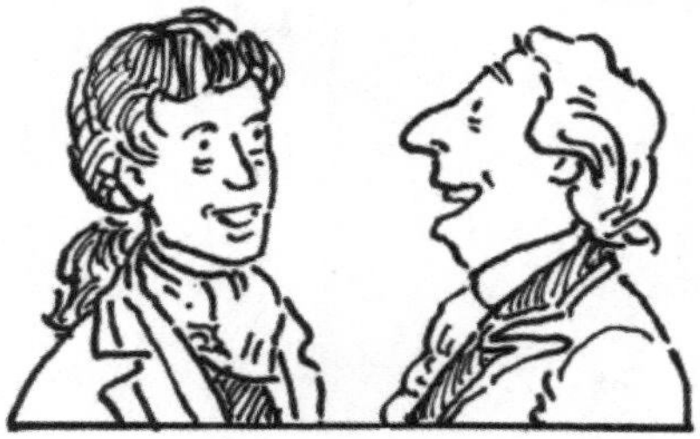

人们绘制了这样一幅地图，试图规划一条完整的路线可以经过每座桥。但无论他们怎样尝试，总是至少有一座桥不能经过！

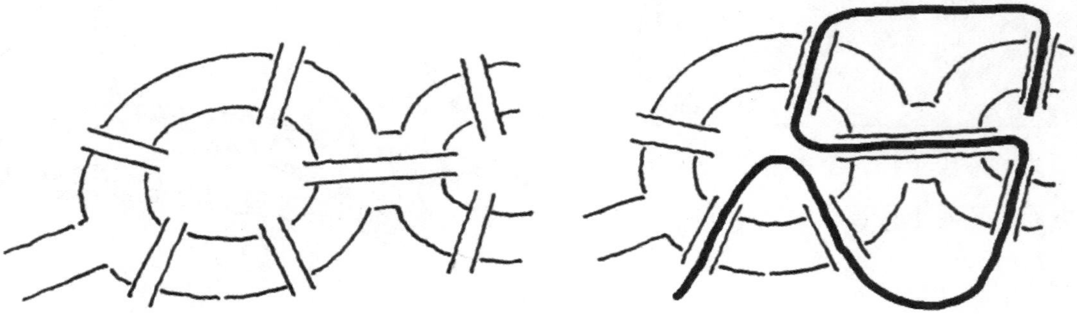

① 哥尼斯堡市：今称加里宁格勒，是俄罗斯的外飞地。哥尼斯堡市是德国著名哲学家康德的故乡。——编辑注

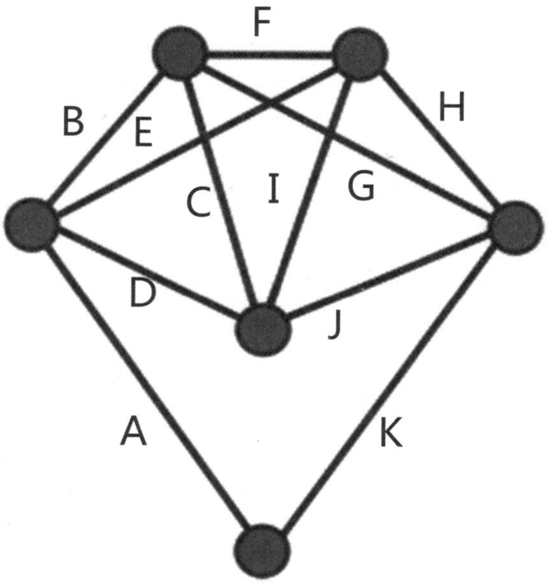

哥尼斯堡的七桥问题是历史上一个著名的数学问题，甚至连当时生活在那里的著名瑞士数学家欧拉（Euler）都不能马上解决这个问题。

后来，欧拉把四块陆地抽象成四个点，连接它们的七座桥抽象为七条线段，那么原来的问题便转化成“一笔画问题”。最终，欧拉指出这样的路线是不存在的，从而成功地给出了答案。欧拉的这个考虑非常重要，它表明了数学家处理实际问题的独特之处——把一个实际问题抽象成合适的“数学模型”。在解答问题的同时，欧拉开创了数学的一个新的分支——图论与几何拓扑。

一步一步解决

在精彩的侦探小说中，聪明的侦探往往通过一条细微的线索破获神秘的案件。然而，这之前需要做大量艰苦的工作！

大多数问题都是一步一步解决的，这样我们的理解就会一点点地深入并建立起来，直到我们最终看到如何得到答案，这种收集信息的方式叫作排序。

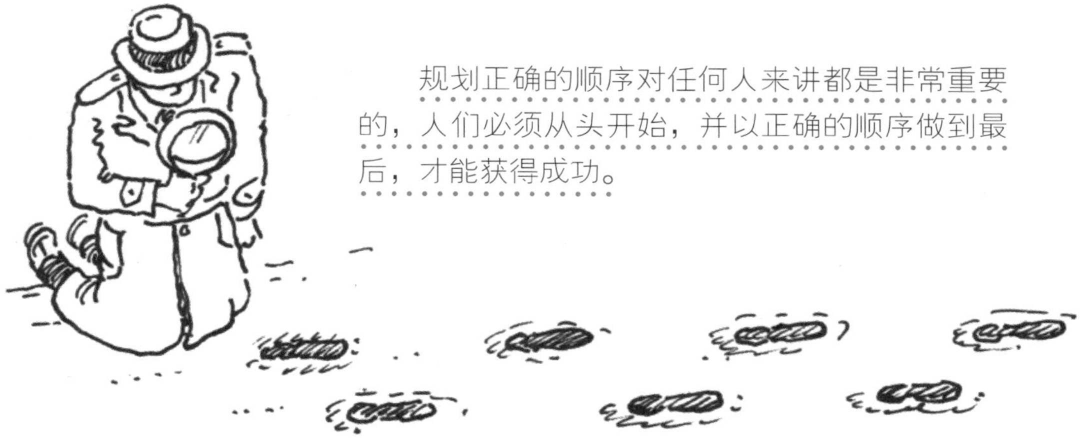

规划正确的顺序对任何人来讲都是非常重要的，人们必须从头开始，并以正确的顺序做到最后，才能获得成功。

按顺序做事

如果戴娜按照下面的顺序去做事，她很快就会一团糟！完成这些事情的正确顺序是什么？

1.戴娜将盛牛奶的脏杯子放进洗碗机里。

2.戴娜穿上衣服，这样她就可以出去玩了。

3.戴娜刷完杯子后，走进了起居室。

4.起床之后，她吃了早餐。

5.读书之后，戴娜喝了杯牛奶。

6.在玩了一个小时之后，戴娜决定在屋里读书。

7.她和小狗吉姆一起在起居室玩，直到午餐时间。

8.她早上8:30出去玩。

9.戴娜7:00起床。

10.戴娜从9:30读书到10:00。

答案在第32页

甲虫游戏

玩甲虫游戏时，你需要一个骰子、一支铅笔和一张纸。

游戏规则：每个玩家都有一支铅笔和一张纸，轮流掷骰子，并画出一个对应于以下数字的甲虫身体部分。

1 = 身体	4 = 一只眼睛
2 = 头	5 = 一个触角
3 = 一条腿	6 = 尾巴

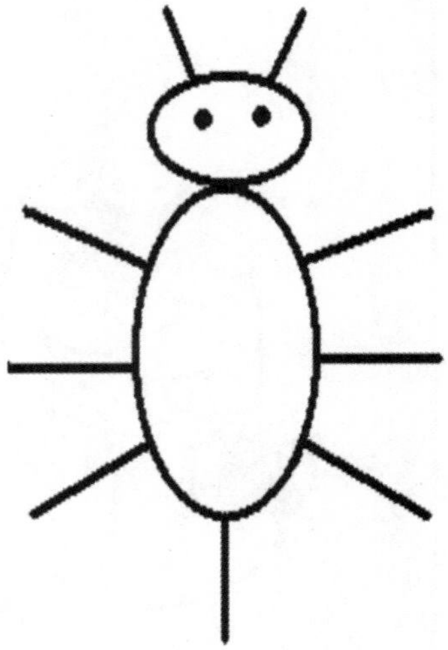

游戏者不能从腿、尾巴和头开始画，而是要轮流掷骰子，直到有人掷出1，并画出身体；接下来不能先画出眼睛和触角，直到2被掷出，并画出头。甲虫身体剩余部分的画出顺序不分先后，但是甲虫必须有一个身体、一个头、两个触角、两只眼睛、六条腿和一条尾巴。先画出甲虫的玩家赢得游戏。

没有回头路

很多人或许都听过这句名言——Crossing the Rubicon（“跨过卢比孔河”），它描述的是人们做出没有回头路的选择。

这句话源于公元前49年，罗马（Roman）将军尤利乌斯·恺撒（Julius Caesar）做出的重大抉择——让他所统帅的13军团跨过卢比孔河，从高卢向罗马进军。这一行为违反了当时的罗马法律，该法律规定将军不能让他的军队行进到一个不受他管辖的省份。恺撒非常清楚这将导致他的军队和罗马政府之间的大规模冲突。跨过了这条河，恺撒便将世界拖入了战争。这导致古罗马自由制度的毁灭，并在其废墟上建立起君主立宪制度。这对西方历史具有无可比拟的重要意义，因此在他之后，人们用“跨过卢比孔河”指代任何重要的抉择。

最终，在席卷整个罗马帝国的三年内战之后，尤利乌斯·恺撒取得了胜利并成为罗马的独裁者。

意大利面迷宫

盘子里有4根意大利面，这样就会有8个末端，这些末端从1到8标号。

请你将属于同一根意大利面的两端数字配对。

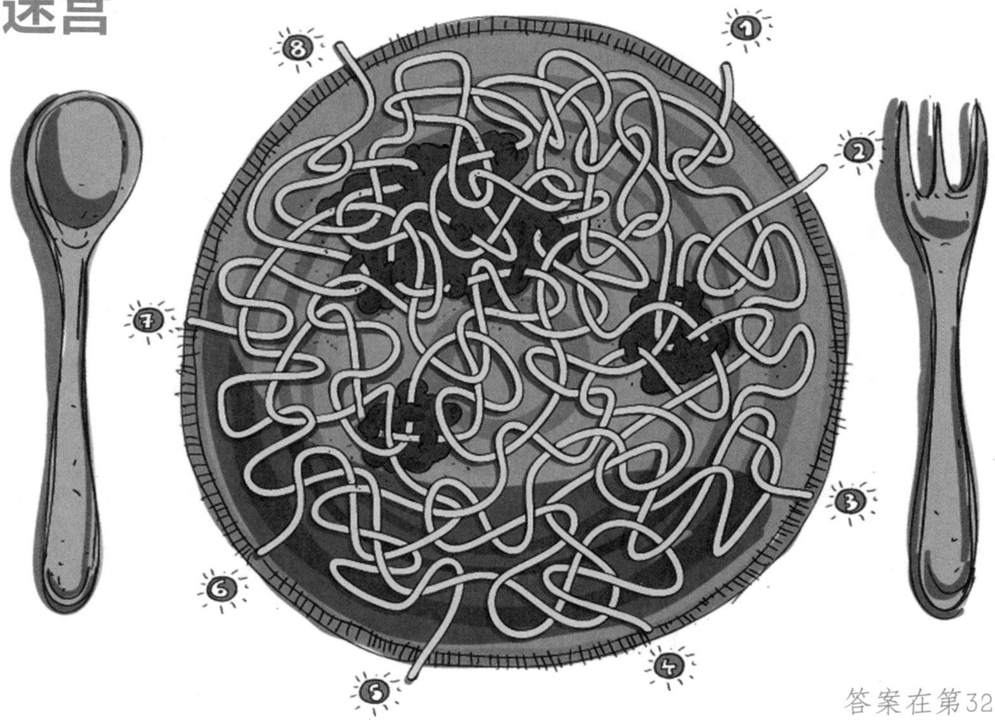

答案在第32页

单词搜索

这本书的前半部分出现过12个名字，你还记得吗？

Ariadne（阿里阿德涅）、Crete（克里特岛）、Daedalus（代达罗斯）、Euler（欧拉）、Hawara（哈瓦拉）、Icarus（伊卡洛斯）、Julius Caesar（尤利乌斯·恺撒）、Knossos（克诺索斯）、Minos（米诺斯）、Minotaur（米诺陶诺斯）、Roman（罗马）、Theseus（忒修斯）。

这些名字隐藏在下面的正方形中，你需要上下左右搜寻。你能找到它们吗？

H	M	A	N	D	A	E	D	A	L	U	S	Q	W
N	F	H	S	L	N	Y	R	W	O	M	T	J	E
E	J	W	O	E	R	X	N	M	J	A	I	L	N
M	I	N	O	T	A	U	R	A	U	C	E	L	O
A	A	A	Y	H	L	Q	E	O	L	R	R	K	C
N	E	C	R	E	T	E	T	G	I	S	W	E	H
U	Y	G	L	S	Y	U	H	A	U	U	J	I	A
M	A	I	E	E	O	L	E	L	S	K	F	C	C
A	R	B	Q	U	R	E	S	O	C	A	Z	A	M
M	I	N	O	S	G	R	Y	H	A	W	A	R	A
B	A	O	Y	H	N	Y	U	X	E	H	W	U	E
O	D	N	K	N	O	S	S	O	S	I	T	S	N
B	N	S	G	B	A	K	Y	H	A	M	A	O	N
W	E	S	D	N	O	J	N	E	R	O	M	A	N

答案在第32页

穿越房间

找到穿越房间的路，从入口1开始到出口2结束。

答案在第32页

费解的谜题

有时你可以和朋友玩一些数字游戏，表面上看起来这些数字问题非常普通，你的朋友可以做出他们的选择，但其实你已经知道他们的选择将会把他们引向哪里。事实上，他们被捉弄了！

选择数字1089

事先把数字1089写在一张纸上，不能让你的朋友看到。现在告诉你的朋友任选一个三位数，并说你会让他们做一些事情，但是你已经知道他们最终会以什么数字结束。

1. 让你的朋友任意“选择”一个三位数。唯一的限定条件是：第一个和最后一个数字必须是不同的。例如，389可以，但282不可以。
2. 要求他们自己把这个三位数的个位和百位交换位置。例如，389变成983。
3. 现在请他们用两个数字中较大的数减去较小的数。例如，983－389=594。最后，让他们把这个数字与这个数字的倒转数字相加。例如，594+495=1089。
4. 现在给他们看看你事先写下的数字！无论你的朋友事先选择怎样的三位数字，最后的答案永远都是1089！

是内是外？

在梦里，你突然出现在一条阴森的隧道里，墙上的火把发出幽暗的光。隧道的尽头有两扇大门，每扇门上面都有粗重的金属门闩。两扇门前各有一名警卫，你只知道其中一扇门的后面就是逃生之路。

你可以问每个警卫两个问题，但要求必须是相同的两个问题，其中一个警卫永远会说真话，而另一个警卫总是撒谎。你应该问哪两个问题呢？

答案在第32页

第一个到达50

在这个游戏中，你和你的朋友一个接一个地添加从1～5中选择的数字，第一个达到总数50的人赢得比赛。记住下面这三个要点，这样无论你朋友选择哪个数字，你总会赢。

1. 让你的朋友先开始。
2. 加上你将要选择的数字，并确保总和是这些数中的一个：2、8、14、20、26、32、38或44。(提示：这些数字从2开始，并且依次递增数字6!)
3. 一旦你的总和达到这些数中的任意一个，选择一个数增加到你朋友所选择的数之后，使得两数之和为6。例如：如果总和达到了20，你的朋友选择4，则你应选择2，两数和为6，总和为26。一直这样做下去，你总会赢!

回到你的起点

让你的朋友任意选择一个三位数，并且三位数中的三个数字不完全相同，当然你的朋友要让你知道这个数字。把这个数连续两次输入计算器，得到一个六位数。例如，343变为343343。

让你的朋友将这个数先除以13，然后除以11，最后除以7，得到一个数字。

在进行三次除法运算之前你就可以把结果——就是你朋友选择的那个三位数——写在纸上，并倒扣放置。然后你的朋友按照你的指示进行除法运算，最后你告诉他你早就知道答案，这时你翻开纸，显示出他选择的数字。这多么令人惊奇!

曲折的路径

标出穿越这个迷宫的路线。

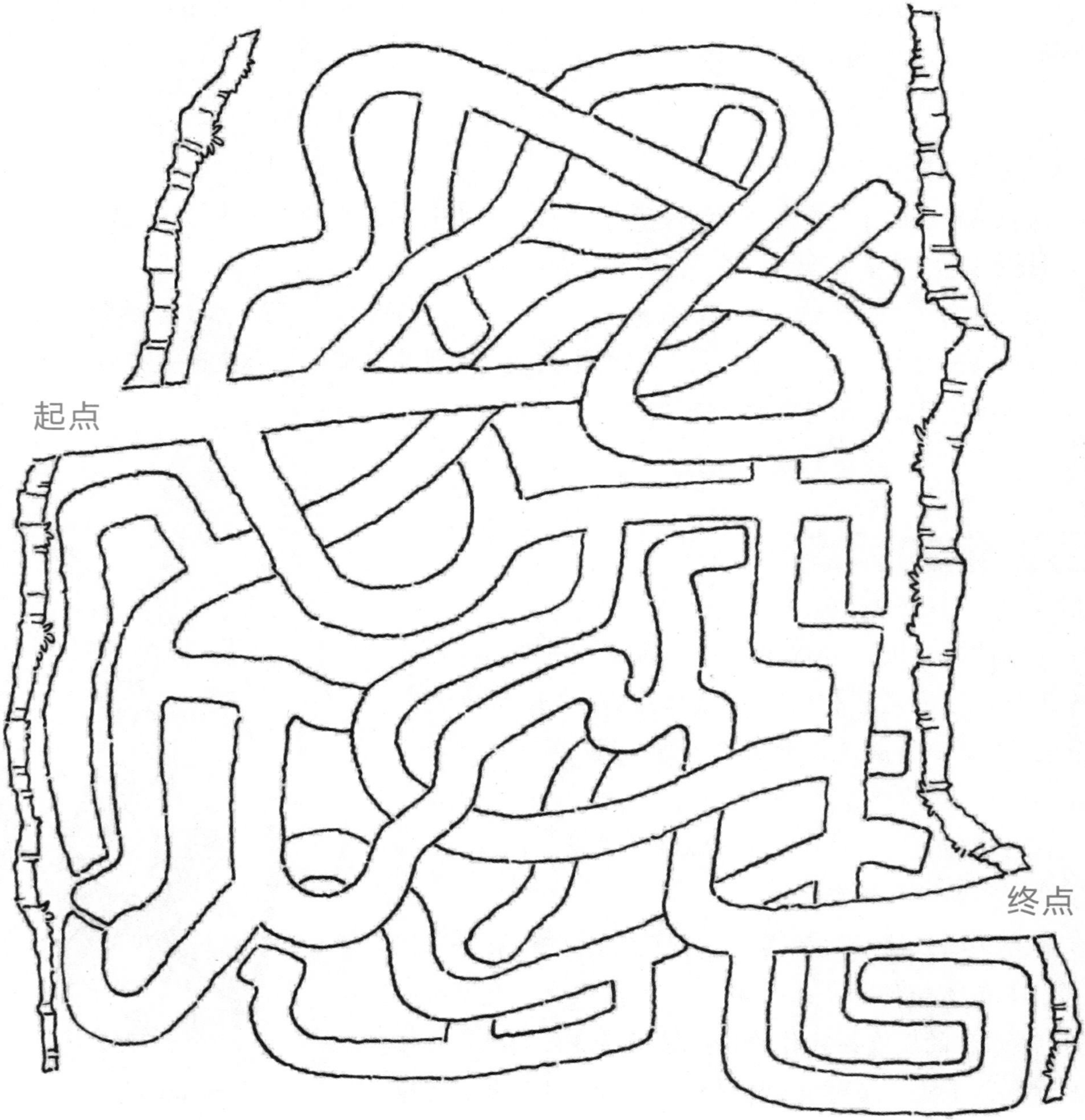

答案在第32页

困难的挑战

标出穿越这个迷宫的路线。

答案在第32页

数字迷宫

你能从迷宫顶部的数字走到底部星星所在的位置吗？游戏规则是这样的：从顶部的数字3开始，移动3个方格，你会停在数字2。现在向上下左右任意方向移动两个方格，无论你停在哪个数字那里，继续移动那个数字表示的步数。如此继续，如果你足够聪明就会到达星星那里。

			3			
2	1	3	2	3	6	4
2	3	6	5	3	4	5
1	1	4	2	5	1	4
5	6	1	3	2	5	3
6	1	1	2	4	3	1
3	2	2	1	6	5	5
			*			

你喜欢这个游戏吗？如果喜欢，这里有另一个同样规则的数字迷宫。你来试试吧！

				2				
2	4	3	4	2	2	6	5	1
2	1	6	6	3	6	1	4	4
1	5	1	2	1	4	2	2	3
1	4	1	1	6	6	2	6	5
4	2	2	4	4	3	6	3	6
2	6	3	5	4	1	1	1	1
1	2	4	1	3	1	3	2	3
1	2	5	1	4	4	2	3	6
2	5	3	2	1	6	1	5	2
				*				

答案在第32页

索引

答案

第3页　到达那里

左图为路线3；

右图为路线3

第6页　神奇的迷宫

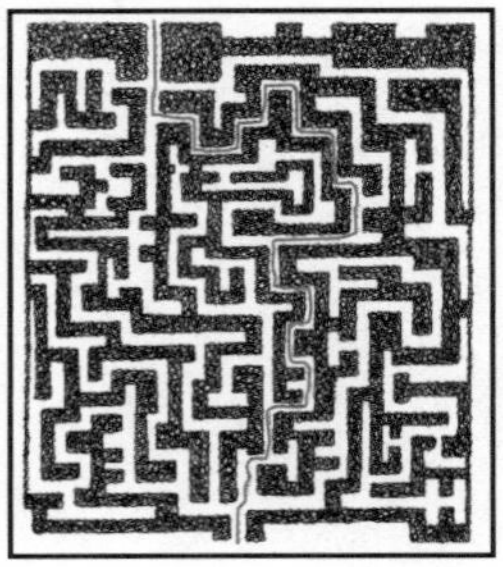

第2页　穿过洞穴

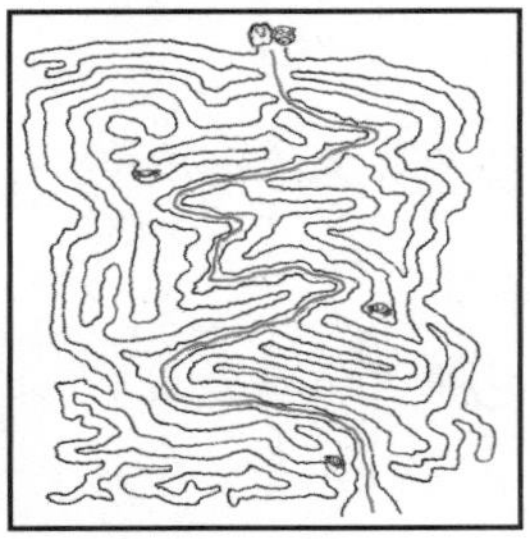

第8页　动物的脚印

第9页　三角迷宫

第11页　环形迷宫

第14页　我的小镇

第15页　纵横交错

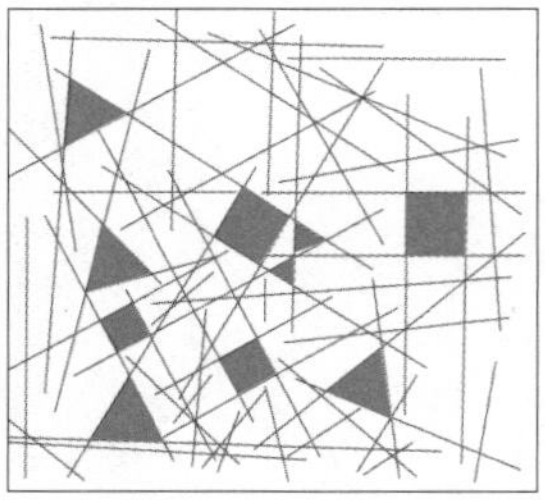

第16页　撤退

最好的撤退路线是先炸毁桥C，然后跨过桥E(没有足够的时间炸毁它)，再炸毁桥F，而后炸毁桥G，最后炸毁桥I，到达A地！

现在两条主要的道路都不通了，只给敌人剩下通行缓慢的路线——利用桥E、桥D或者桥A、桥B通过。

第17页　球员转会

买入的球员名单：阿里、史蒂夫、米克。

卖出的球员名单：弗朗西斯、卡尔、弗兰克、哈里、乔治。

第22页　按顺序做事

9、4、2、8、6、10、5、1、3、7。

第23页　意大利面迷宫

1–3，2–6，4–8，5–7。

第24页　单词搜索

H	M	A	N	D	A	E	D	A	L	U	S	Q	W
N	F	H	S	L	N	Y	R	W	O	M	T	J	E
E	J	W	O	E	R	X	N	M	J	A	I	L	N
M	I	N	O	T	A	U	R	A	U	C	E	L	O
A	A	A	Y	H	L	Q	E	O	L	R	R	K	C
N	E	C	R	E	T	E	T	G	I	S	W	E	H
U	Y	G	L	S	Y	U	R	A	U	U	J	I	A
M	A	I	E	E	O	L	H	L	S	K	F	C	C
A	R	B	Q	U	R	E	S	O	C	A	Z	A	M
M	I	N	O	S	H	R	S	H	A	W	A	R	A
B	A	O	Y	H	N	Y	U	X	E	H	W	U	E
O	D	N	K	N	O	S	S	O	S	I	T	S	N
B	N	S	G	B	A	K	Y	H	A	M	A	O	N
W	E	S	D	N	O	J	N	E	R	O	M	A	N

第25页　穿越房间

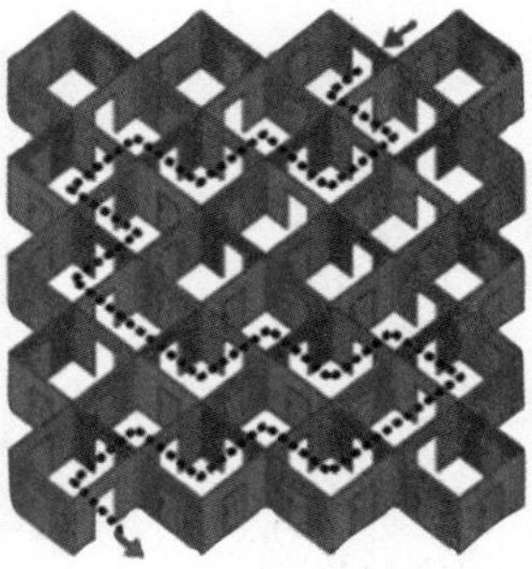

第26页　费解的谜题：是内是外？

第一个问题是“两扇门都安全吗?”撒谎者警卫会说“是”，诚实的警卫会说“不”。这样你就可以知道哪个警卫说真话，哪个警卫撒谎了。

第二个问题是“这扇门是安全的吗?”此时答案就显而易见了。

P29　困难的挑战

第28页　曲折的路径

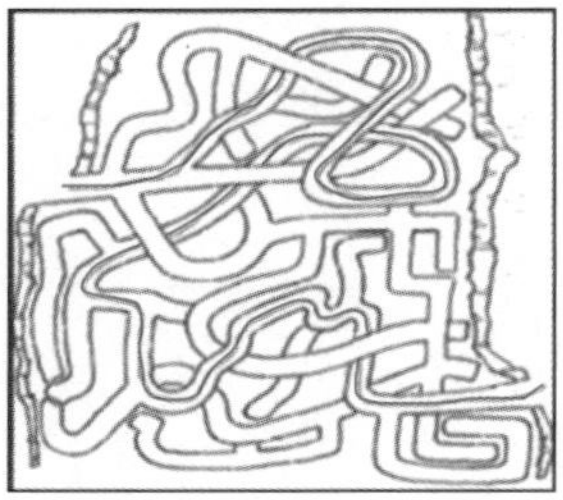

第30页　数字迷宫

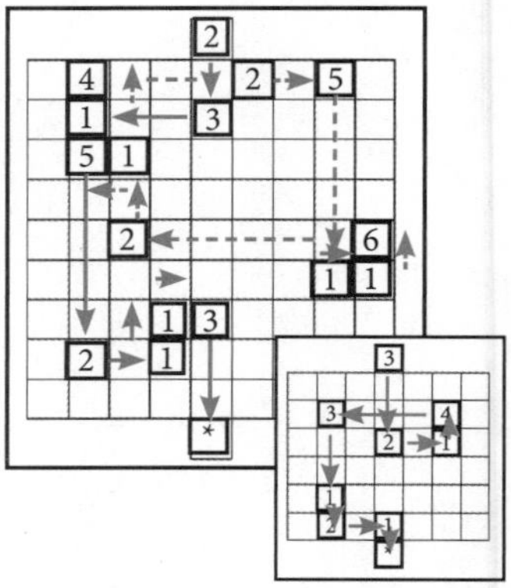

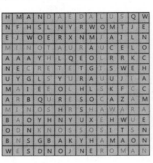

北京市科学技术协会科普创作出版资金资助

魔力数学

Magical Maths

地点与方位

完美达成既定的目标

PLACE: HOW TO GET FROM A TO B

[英]史蒂夫·韦 [英]费利西娅·劳/著

[英]戴维·莫斯廷/绘

郭园园/译

一起认识方位，体验鸟的视角，学习识读地图，

制定完美的方案吧！

知识产权出版社

全国百佳图书出版单位

—北京—

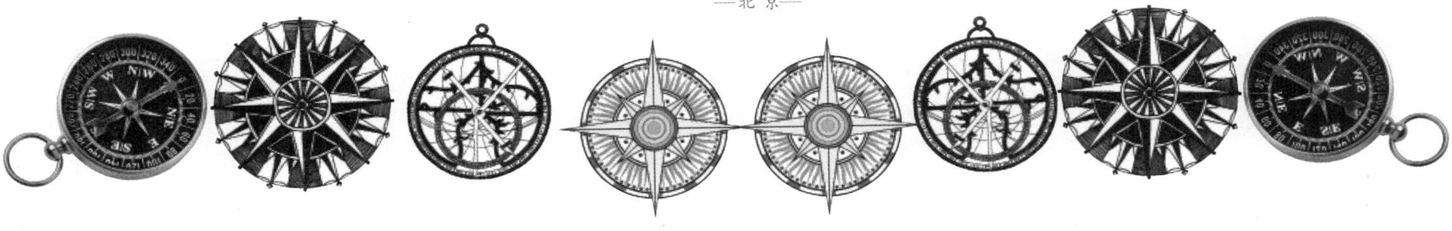

辨别方向

古时候，人们通常通过太阳和星星在天空中的位置来辨别方向。后来，指南针被发明了出来，利用指南针辨别方向比追寻太阳的轨迹要方便得多，而且更加精确！一般我们常用四个主要方向：北（N）、南（S）、东（E）、西（W）。当然，在本书中还会介绍地理学中更为精确的12个方向。

使用指南针

在指南针的盘面上标有各个方向，有助于你在旅途中辨别方向。主要的四个方向如下：

北　NORTH (N)
南　SOUTH (S)
东　EAST (E)
西　WEST (W)

上述四个主要方向中每两个相邻方向之间成90° 角（即直角）。

指南针的盘面通常被等分为360份，每一份是1°，这样可以为你指示出更加精确的方向。

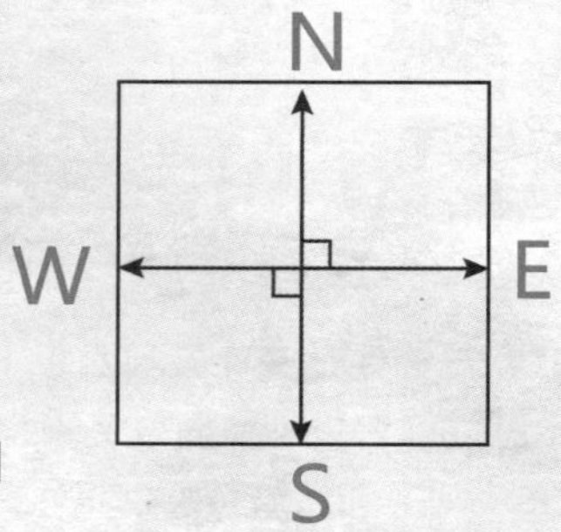

有一种能够让你按照顺时针顺序快速记住四个主要方向的方法，你只需要记住下面的口诀：

“顽皮的大象在喷水”(Naughty Elephants Squirt Water)。

从A到B

在平面上，两点之间最短的距离是连接它们的直线段的长度，其余任何连接两点的曲线或折线都比这条直线段要长。

鸿雁

我们应该如何理解两点之间直线段最短呢？想一想天空中的鸿雁，它们成群结队在秋风中飞向遥远的、温暖的南方。如果不考虑躲避障碍物的话，沿直线飞行是最佳的路线，这样路程最短，耗时最少。但是，通常鸿雁在迁徙途中要绕过高山等障碍，所以看起来它们并不是沿直线飞行，当然这也就不是地理概念上的最短距离了。

除了四个主要的方向外，人们还选取了相邻两个方向正中间的四个比较常用的方向，它们分别是：

东北　NORTH EAST　(NE)
东南　SOUTH EAST　(SE)
西南　SOUTH WEST　(SW)
西北　NORTH WEST　(NW)

得到了8个常用方向后，人们为了更加精确地描述方向，在上述8个方向中每相邻两个方向的正中间又选取了1个方向，一共是16个方向，它们按照顺时针顺序从12点位置开始的名称依次如下：

北
北东北　NORTH NORTH EAST(NNE)
东北
东东北　EAST NORTH EAST (ENE)
东
东东南　EAST SOUTH EAST (ESE)
东南
南东南　SOUTH SOUTH EAST(SSE)
南
南西南　SOUTH SOUTH WEST(SSW)
西南
西西南　WEST SOUTH WEST (WSW)
西
西西北　WEST NORTH WEST (WNW)
西北
北西北　NORTH NORTH WEST(NNW)

这些方向的示意图如下：

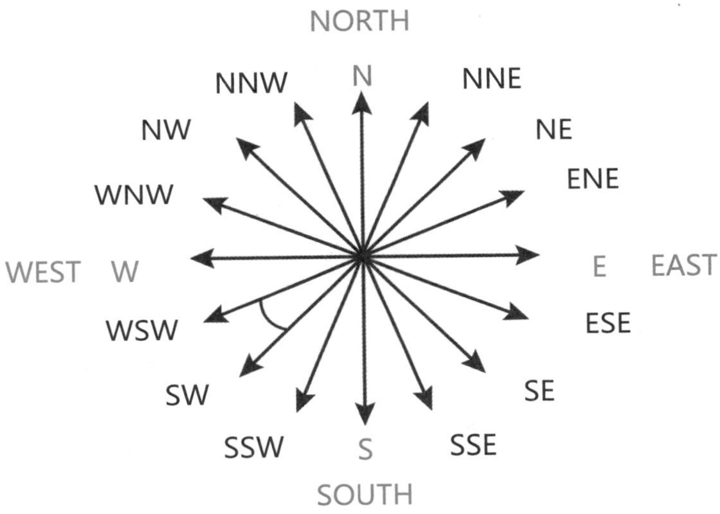

小贴士：

汉语中在表述这些复合方向时一般先说“东”“西”，后说“南”“北”，例如“东北”方向，先说“东”，后说“北”，而从来不会说“北东”。英语却正好相反，先说“南(SOUTH)”“北(NORTH)”，后说“东(EAST)”“西(WEST)”，例如“东北(NORTH EAST)”方向，先说“北(NORTH)”，后说“东(EAST)”。

如果身边没有指南针，该怎么办呢？别担心！太阳永远从东边升起，从西边落下！

我在哪？

当你身处不同的地点时，其他的地点和参照物会在你的不同方位。例如下面有四个地点，它们的名称分别是：

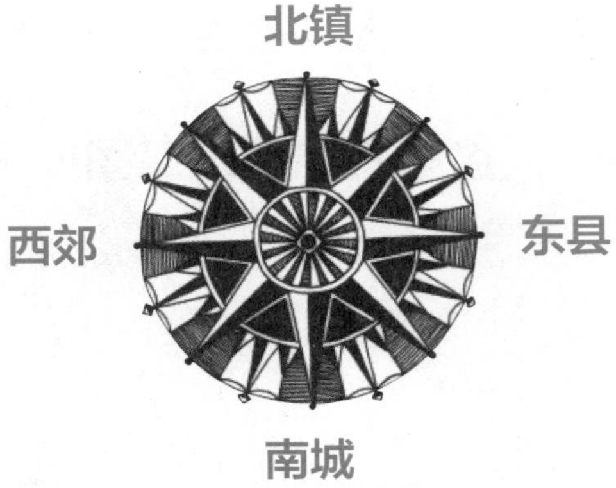

如果你在南城，那么北镇在你的正北方向，西郊在你的西北方向，东县在你的东北方向。你能根据不同位置描述方向吗？

1. 如果你在北镇，那么南城在你的_____方向，东县在你的_____方向，西郊在你的_____方向。

2. 如果你在西郊，那么北镇在你的_____方向，南城在你的_____方向，东县在你的_____方向。

星盘

星盘是一种非常古老的“天文计算机”。古时候的天文学家和数学家利用星盘观测天空中太阳或星星的位置来确定时间，这是因为在任意确定的时间，天空中太阳或星星的位置也是唯一确定的。

答案在第32页

动物界的领航员

太阳的追逐者

蜜蜂就是把太阳当作指南针来辨别方向的，即使太阳躲在厚厚的云层后面，它们也可以做到这一点。这是因为蜜蜂可以感知太阳光中的紫外线。

许多植物也可以帮助人们辨别方向，它们扮演着大自然中天然指南针的角色。植物大都具有向光性，盛夏时节，一棵大树通常南面的枝叶茂盛，树皮光滑；北面树枝稀疏，树皮粗糙。大树的南面通常青草茂密；北面比较潮湿，长有青苔。

在北半球，植物的树干南面向阳，生长旺盛，所以年轮一般比较疏松，而北面的年轮则比较细密。伐木工人通常利用树木的年轮来辨别方向。

指南植物，树叶向着太阳伸展。

男人与地图

有的人认为，女人在开车时通常利用路标和记忆来导航，而男人天生就具有较好的方向感和距离感，所以男人更倾向于用地图来导航。

漫长的旅程

动物的迁徙

北极燕鸥是一种轻盈的海鸟，能进行长距离的飞行。它们每年都要完成从地球一端到另一端的往返飞行，总里程超过7万千米，这是鸟中之最。每年六七月，当北半球正是夏季的时候，北极燕鸥在北极圈内繁衍后代。当冬季来临的时候，沿岸的水结了冰，北极燕鸥便出发开始长途迁徙。它们向南飞行，越过赤道，绕地球半周，于12月或来年1月来到冰雪覆盖的南极洲，在这里享受南半球食物丰盛的夏季。直到南半球的冬季来临，它们才向北飞回北极。

黑脉金斑蝶色彩斑斓，是地球上唯一一种迁徙性蝴蝶。在动身之前，它们往往大量聚集在一起。黑脉金斑蝶是目前已知迁徙性昆虫中行进距离最远的。每年冬季来临之前，它们要飞到美国加利福尼亚州或是墨西哥的墨西哥城这些温暖的地区过冬。当春天到来的时候，它们开始向北迁徙，在加拿大度过夏天。

在长途飞行之前，大量的黑脉金斑蝶聚集在一棵树上。

迷之旅

请你回答下面这两个关于旅行的谜题。

谜题一

你现在驾驶着一辆从英国格拉斯哥出发至法国巴黎的火车，你上午9:00出发，首先经过3个小时到达伦敦并在此停留45分钟，然后再行驶3个小时到达巴黎。请问火车司机的名字叫什么？

谜题二

一位科学家离开位于北极的实验室，向正南方向走了3千米，沿途研究北极气候，然后向正西方向又行进了3千米继续他的研究。突然间他发现了一头北极熊，不幸的是北极熊也发现了他！他马上拼命向正北方向跑了3千米才转危为安！请问北极熊是什么颜色的？

答案在第32页

阿尔卑斯山将法国和意大利分开。

汉尼拔

汉尼拔·巴卡（Hannibal Barca）是北非古国迦太基著名的将领，是欧洲历史上最伟大的四位军事家（亚历山大、汉尼拔、凯撒大帝和拿破仑）之一。公元前218年，他率领军队同罗马共和国作战。通常，军队抵达意大利并与罗马军队作战必须走海路，但是汉尼拔奇迹般地率领他的骑兵和一队战象勇敢地从西班牙翻越比利牛斯山和阿尔卑斯山进入意大利北部。

由于时值隆冬，冰雪覆盖了山路，行军变得异常艰难。同时，由于高卢部落敌军的不断袭扰，汉尼拔的军队还要随时提防从高处落下的巨石。

经过15天的艰难跋涉，汉尼拔的军队终于抵达意大利北部，当然军队的损失是可想而知的：由于严寒和敌人的狙击，37头战象仅有1头幸存下来，同时损失了大量的士兵和马匹。尽管如此，罗马人仍然感到十分震惊。后来，汉尼拔多次率军以少胜多并重创罗马军队。

虽然最后汉尼拔战败，但是他率军翻越阿尔卑斯山的壮举展现了他非凡的胆量和策略，也奠定了他在世界战争史上的重要地位。

长距离奔跑

今天，我们可以选择多种快捷的交通方式完成从一个地点到另一个地点的旅行，而在过去人们只能靠自己的双脚。即便如此，古人们一次能奔跑的距离也是十分有限的。

致命的长跑

约公元前500年，希腊和波斯之间爆发了希波战争，两军在马拉松有一次著名的战役，最后以希腊人的胜利而告终。传说有一位叫斐迪庇第斯（Pheidippides）的希腊士兵，为了将胜利的消息传回雅典，急速完成了从马拉松到希腊的长跑并传达胜利的消息，但终因体力衰竭倒地而亡，这就是马拉松长跑的起源。

第一届现代马拉松长跑比赛

为了纪念斐迪庇第斯在2000多年前的这一壮举，1896年，法国人米歇尔·布雷亚（Michel Breal）决定在第一届现代奥林匹克运动会中引入马拉松长跑比赛项目。最终希腊本土运动员斯皮里顿·路易斯（Spyridon Louis）夺得冠军，他获得了希腊民族英雄的称号，给希腊带来了永恒的骄傲。

今天的马拉松运动

今天在世界各地每年都会定期举办一些著名的马拉松赛事，例如在波士顿、伦敦、慕尼黑、纽约、阿姆斯特丹、东京、北京，当然也包括希腊。在历年的比赛中涌现出无数的长跑英雄，42.2千米的极速跑步纪录屡屡被刷新。当然这项比赛的魅力不仅仅在于它的世界纪录已经突破2小时，更在于它可以发起许多慈善募捐活动。

诗歌中的“马拉松”

19世纪英国诗人罗伯特·勃朗宁（Robert Browning, 1812~1889年）是当时世界一流的诗人，他在浪漫主义衰落后另辟蹊径开创了一代诗风。在他的一个作品中描述了一个类似于马拉松的故事。故事中三个骑手半夜从比利时根特（Ghent）骑马出发，要把消息传至法国艾克斯（Aix），以拯救这座城市，他们必须全速前进。随着故事情节的推进，勃朗宁用马飞驰的节奏营造出一种紧张的氛围：

“……我跃上了马镫，还有乔里斯，还有他；

“我飞驰，迪科尔飞驰，我们三个都在飞驰；

“……快！墙向我们发出回声，飞驰而过……”

随着太阳逐渐升起，第一匹马在奔向艾克斯的路上筋疲力尽，倒地而亡，然后第二匹马也倒下了，最后仅有这首诗的主角所骑的那匹名叫罗兰的马胜利抵达艾克斯，完成了任务。

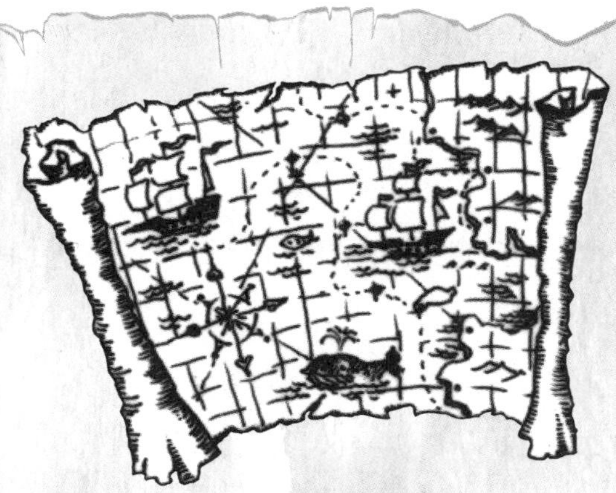

环球航行

所谓环绕航行，顾名思义就是围绕着岛屿或是一片区域航行，最著名的环绕航行当属环球航行了，第一个完成此项人类壮举的是葡萄牙人费迪南·麦哲伦（Ferdinand Magellan）。

1519年9月，麦哲伦从西班牙起航，当时他所率领的船队有5艘船，包括270名水手。不幸的是，当船队航行至南美洲时正值冬季，由于天气寒冷、食物短缺，船员们发生了暴乱。麦哲伦很快平息了这场暴乱，处死了其中一名组织暴乱的船长，剩余的叛变分子被流放上岸，他率领剩余的人继续发现之旅。1520年，当船队行至南美洲大陆最南端时，首次发现了连接南大西洋与南太平洋最重要的天然航道。为了纪念麦哲伦的壮举，今天该条航道以他的名字命名——麦哲伦航道，它是巴拿马运河建成前最重要的海上航线。

标定信息

在下面的游戏中你需要根据已知的线索确定几个单词并组成完整的一句话，试试吧！

DOOR		YOU		JUMP			
	EAR	TRY	CARE			POND	
COAT			CAT		HOW	DISH	COW
	SAFE		MIND				
		EASY		PLUM		GO	TOE
TREE			HEAD			TRAY	EGG

下面有四句提示，每句提示都可以让你找到一个单词，这四个单词按照顺序可以组成一句话，这句话是每一位探险家最希望获得的美好祝愿！

1. 第一个单词在“HEAD”的正北方向。
2. 第二个单词在“POND”的西南方向。
3. 第三个单词在“DOOR”的正东方向。
4. 第四个单词在“EGG”的西西北方向。

答案在第32页

飞行路线

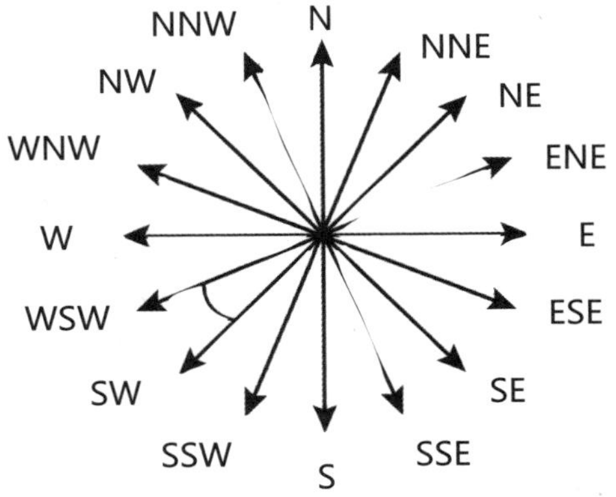

下面的这群鸟可不一般，它们是由10种不同的鸟组成的，每种鸟飞行在队伍的不同位置，这样有助于它们找到回家的路。

你能根据下面的提示找到每种鸟所在的位置吗？请在下图中空白处填上对应鸟的名称。

1. 信天翁飞在队伍的最北面。

2. 凤头鹦鹉在信天翁的正南方向。蜂鸟在凤头鹦鹉的正西方向，在天堂鸟的西西北方向。

3. 天堂鸟在鹳的西南方向，在秃鹫的东北方向。

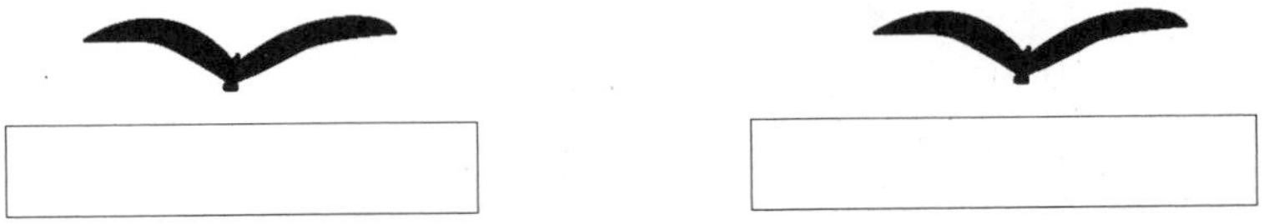

4. 翠鸟在蜂鸟的西南方向。

5. 秃鹰在天堂鸟的正南方向，在秃鹫的东东南方向。

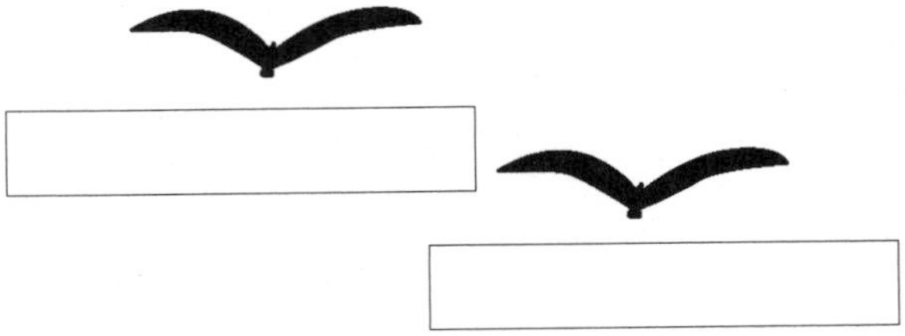

6. 雀在鹳的正南方向，在秃鹰的东南方向。

7. 画眉在雀的正西方向。

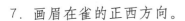

答案在第32页

你在地球上的什么位置？

你知道从天空中的卫星看地球是一种怎样的景象吗？事实上，对于普通人而言是无法在宇宙中欣赏这种美景的。别着急！今天我们可以在家中利用谷歌地球这样的软件领略这奇妙的情景。

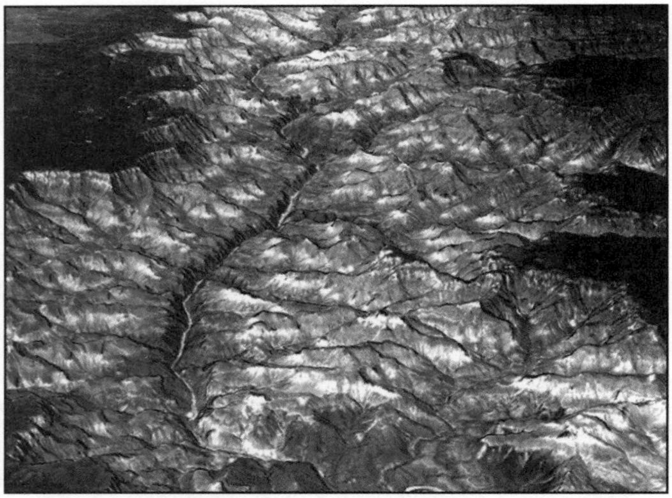

这张图片是从空中拍摄的美国科罗拉多大峡谷。

谷歌地球

谷歌地球是谷歌公司开发的一款虚拟地球仪软件，它把卫星照片、航空摄影和地理信息系统（Geographic Information System，GIS）布置在一个地球的三维模型上。这就好像将一张平面的世界地图拉伸后覆盖在球形的地球表面一样。用户可以在计算机或手机的客户端软件中通过输入具体的地址免费浏览全球各地的高清晰度卫星照片。

当然，你可以通过谷歌地球从远处观看到美国科罗拉多大峡谷或是位于中国的喜马拉雅山脉主峰珠穆朗玛峰的三维立体图像，就像你长上了翅膀从它们上方飞过时看到的壮美景象一样。

GPS

一颗GPS卫星

GPS是英文Global Positioning System（全球定位系统）的简称。今天我们许多人的汽车里、便携计算机或是手机中都内置了GPS接收器，它可以帮助我们在不太熟悉的地方定位和导航。

整个GPS系统主要由三部分构成：一是地面控制部分；二是空间部分，由24颗绕地飞行的人造卫星组成，它们分布在6个轨道平面；三是用户GPS接收器。如果我们手中有GPS接收器，这些卫星就可以帮助确定我们的位置、行进速度和方向，其中民用GPS定位精度可以达到10米以内。自第一颗试验卫星于1978年发射到1994年，全球覆盖率高达98%的24颗GPS卫星布置完成。今天GPS系统覆盖了从导航到地图绘制再到大地测量等领域，已经在我们的日常生活中占有举足轻重的地位。

如果你驾驶一辆汽车，打开GPS导航，它在很短的时间内（大约1/10秒）便可以接收到4颗或者更多数量的卫星信号，它们协同工作便可以确定你的位置。

令人惊奇的是，它们同样可以准确地计算出你现在的移动速度，当然在空中高速移动的物体——例如飞机——也不在话下。

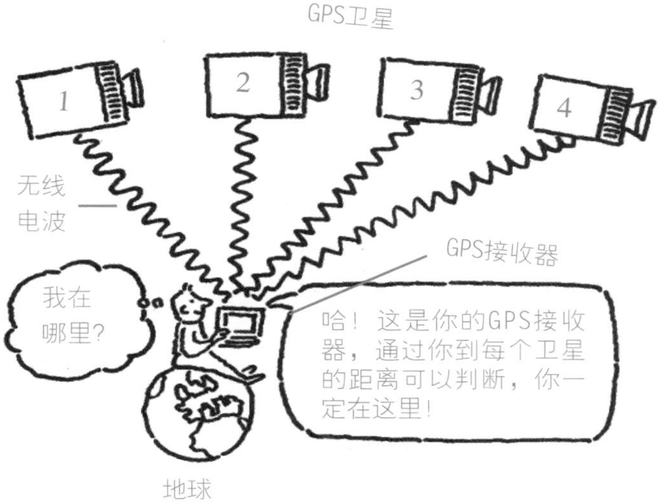

目前全世界除了美国的GPS系统外，还有中国的北斗卫星导航系统（BDS）、俄罗斯的格洛纳斯（GLONASS）等多个卫星导航系统，可以在全球范围内全天候、全天时为各类用户提供高精度、可靠的定位、导航和授时服务。

有趣的网格游戏

通常，网格在绘制地图时非常有用，但是你知道吗，网格也可以帮助我们画出有趣的图案。在下面这几组由点构成的网格中画有直线段，它们可以被看作一面镜子，其两侧的图案是对称的。

双向网格

在右面的网格中仅有镜子一侧的图案，按照对称的原则把另一半补充完整吧！

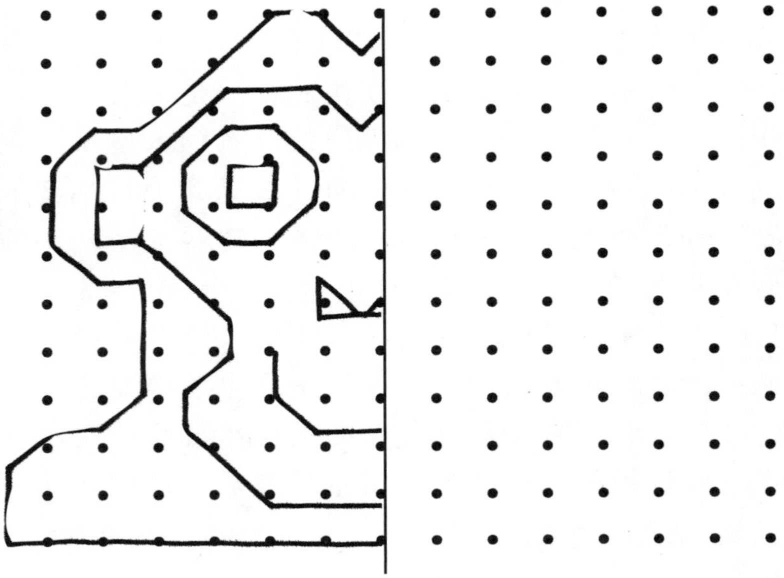

三向网格

右面的三向网格中有三面镜子，它们交会于一点并且把所有的格点分成三部分。现在仅在其中一部分有图案，按照对称的原则把另两个空白部分的图案补充完整吧！

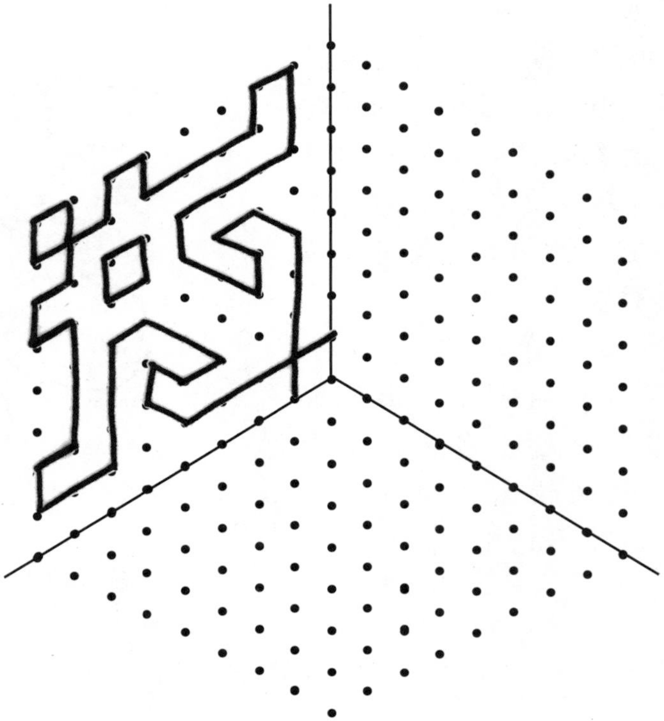

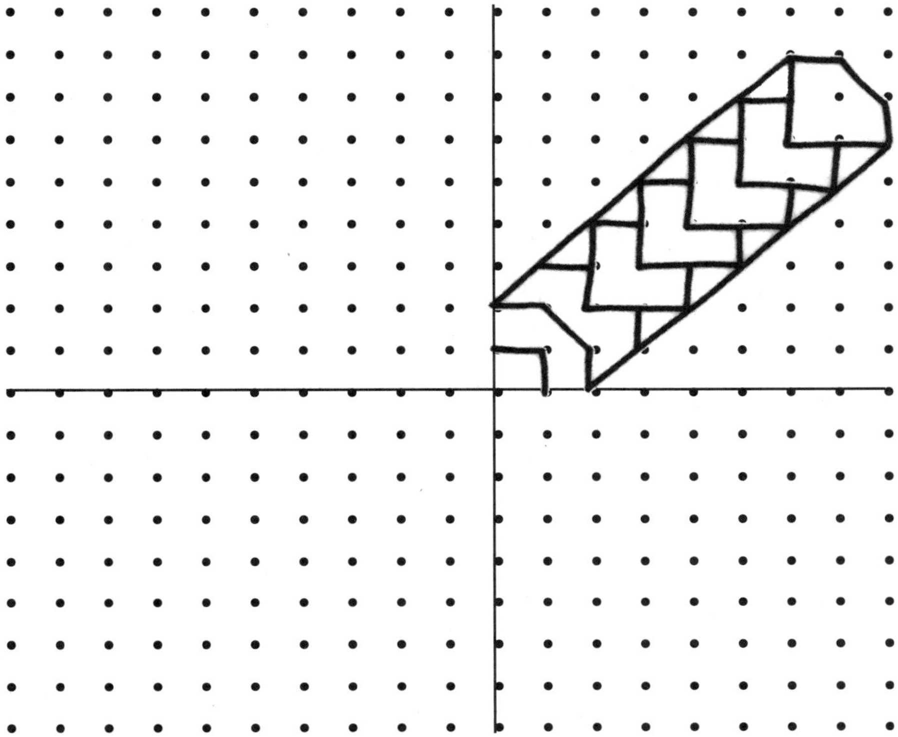

四向网格

左面的四向网格中有四面镜子，它当然要比前面的两幅图案更复杂一些，四部分的图案都是对称的，试试把所有缺失的部分补充完整，看看会得到什么图案？

六向网格

如果你能够完成右面的六向网格图案，说明你已经掌握了这个游戏的要领！把图案补充完整，快来看一看是什么吧！

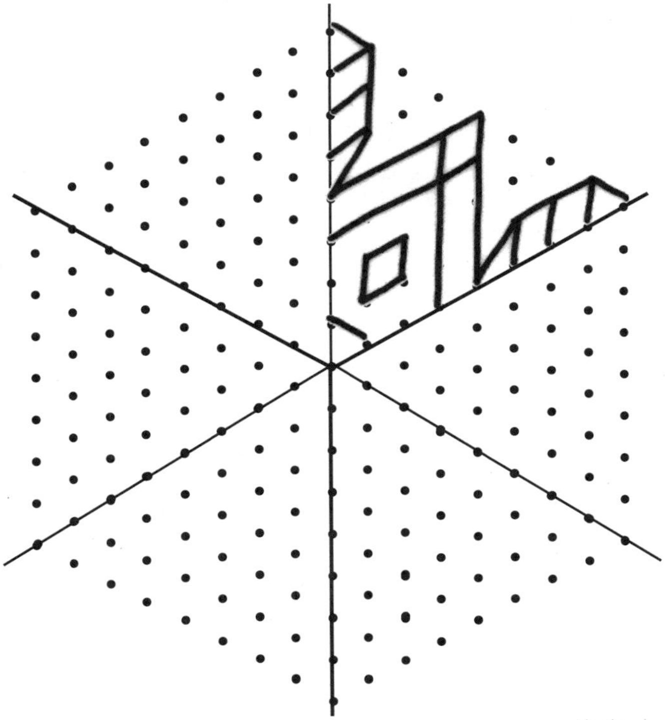

答案在第32页

战舰游戏

战舰游戏是一款战争策略游戏，两个玩家采用点击格子找出对方的战舰、潜艇或是其他海军舰艇的方式进行攻击。

游戏的进程反映了敌我双方采取军事行动的过程。如果在战场上，你知道了敌方军队、坦克、飞机等军事力量的部署情况，那么你就能在战场上赢得主动。

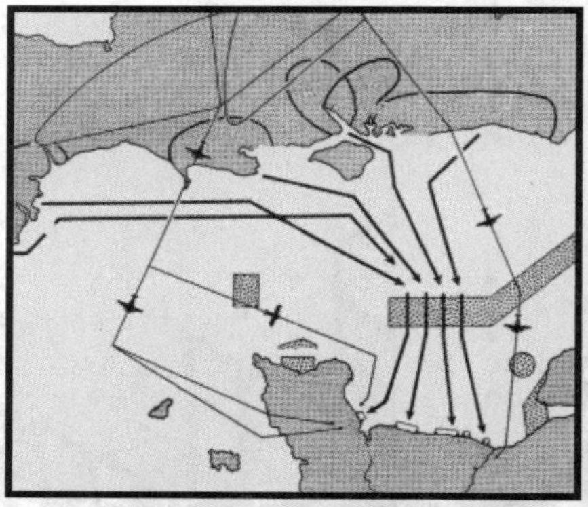

这张军事地图表现了第二次世界大战中诺曼底登陆战役中陆军、海军及空军的位置和进攻方向。

军事地图通常标有网格，且在上面显示出敌我双方的军事力量部署细节。本页的这幅军事地图就是著名的D-DAY作战图，其中标有参战双方的空军及其他部队的作战情况。这场战役就是发生在1944年6月6日著名的诺曼底登陆战役，代号“霸王行动”，它是第二次世界大战中盟军在欧洲西线战场对纳粹德国展开的一场大规模攻势。

德国和英国空军在飞机上涂上不同的标志，以便在空战中区别敌我双方

游戏规则

每一位玩家都需要两张如图所示9×9的网格，一张用于部署自己的军舰，另一张用于进攻敌方的军舰。

每一位玩家在开战前都需要在自己的网格中部署属于自己的6艘战舰和3艘潜艇，其中每艘战舰需要占据两个小方格，每艘潜艇需要占据一个小方格。

游戏采用回合制，双方需要掷骰子来决定谁先开始。

每回合玩家有一次攻击敌方战舰的机会，例如当你首先开战时，你可以选择攻击对方的C3位置。如果没有击中敌方战舰，将会轮到对手回击；如果击中敌方战舰，那么敌方战舰将被击沉，而且你可以继续进行攻击。

当一方的战舰和潜艇全部被击沉后，另一方获胜。这个游戏主要考验玩家对战争布局的掌控能力。

首先在自己的网格中部署你的战舰和潜艇

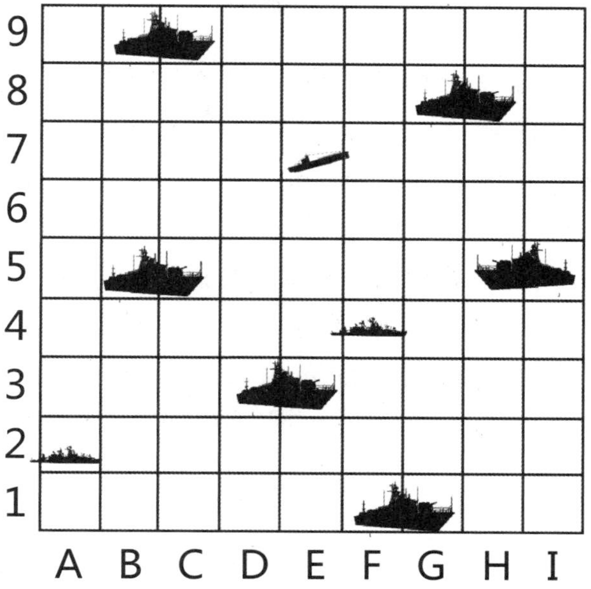

对方的海战部署网格

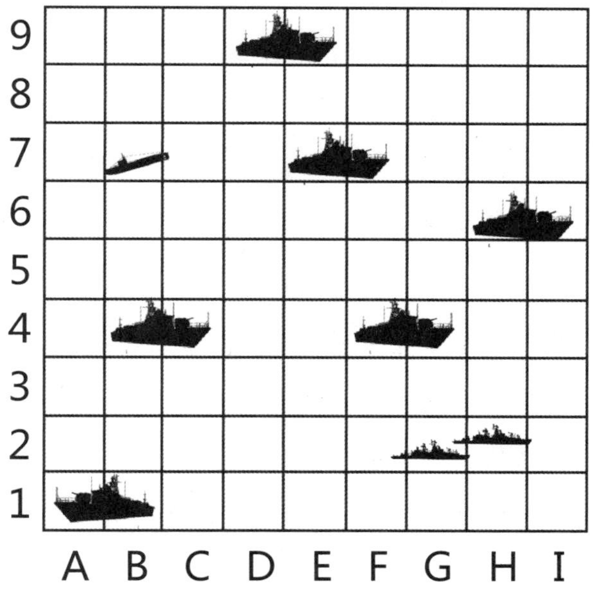

切记！玩游戏的时候，不要事先偷看对方的战略部署！

早餐与坐标

标注坐标是一种常用的描述某物位置的方法，例如在地图上标出城镇的坐标用以精准确定其位置。坐标可以准确描述平面上任一点的位置，它通常是一组有序的数对，例如把一个字母和一个数字组合在一起描述小方格的方法就是一种常用的坐标表达方式。

右页展示了一张餐桌的平面图，上面画有网格线，例如牛奶壶位于G6的小方格中，其中字母“G”表示该小方格在水平方向的位置，数字“6”表示该小方格在竖直方向的位置，每一个这样的字母与数字的组合对应唯一的小方格。以此类推，茶杯位于H5的小方格中。

仔细观察右面的网格，回答下列问题：

1. 胡椒罐在哪个小方格中呢？
2. 如果主人需要拖鞋，他应该去哪里寻找呢？
3. 在I7的位置上有什么？啊！
4. 在C6的位置上有一些谷物从盒子里撒出来了，它们遭遇了什么？啊！啊！
5. 猫咪躲在桌子下面，你能找到它的位置吗？
6. 在D8发生了一件不幸的事情，究竟是什么？
7. 最小的勺子在哪里？
8. 茶壶在哪里呢？
9. 装糖块的碗在哪里呢？
10. 小狗到哪里可以找到它吃饭的碗呢？

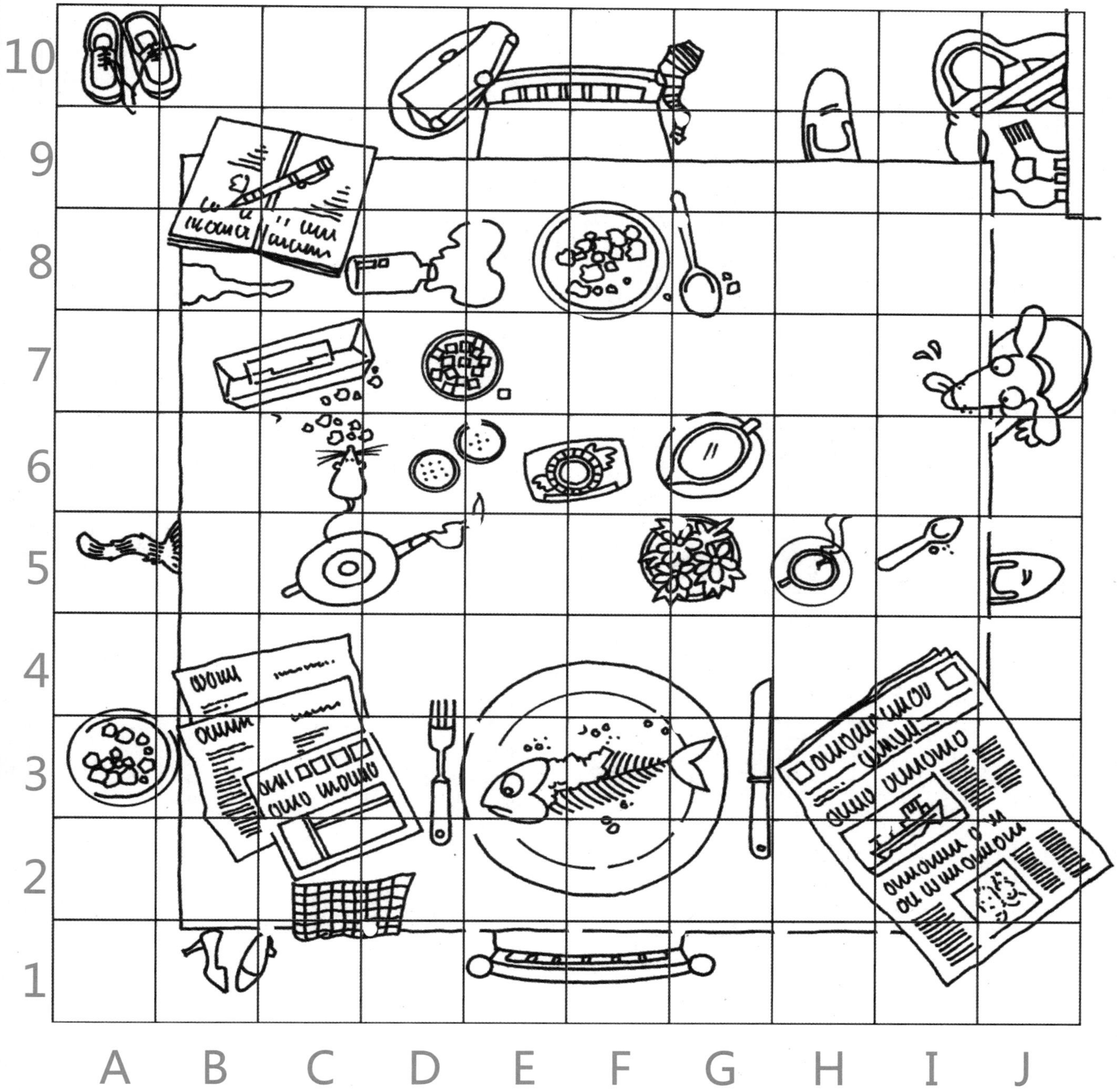

答案在第32页

酒店度假

下面是一张酒店度假村的平面图，它在水平和竖直方向被等分成了12×9的网格。水平和竖直方向的一组有序数对可以对应唯一的小方格。注意，首先要书写水平方向的数字。

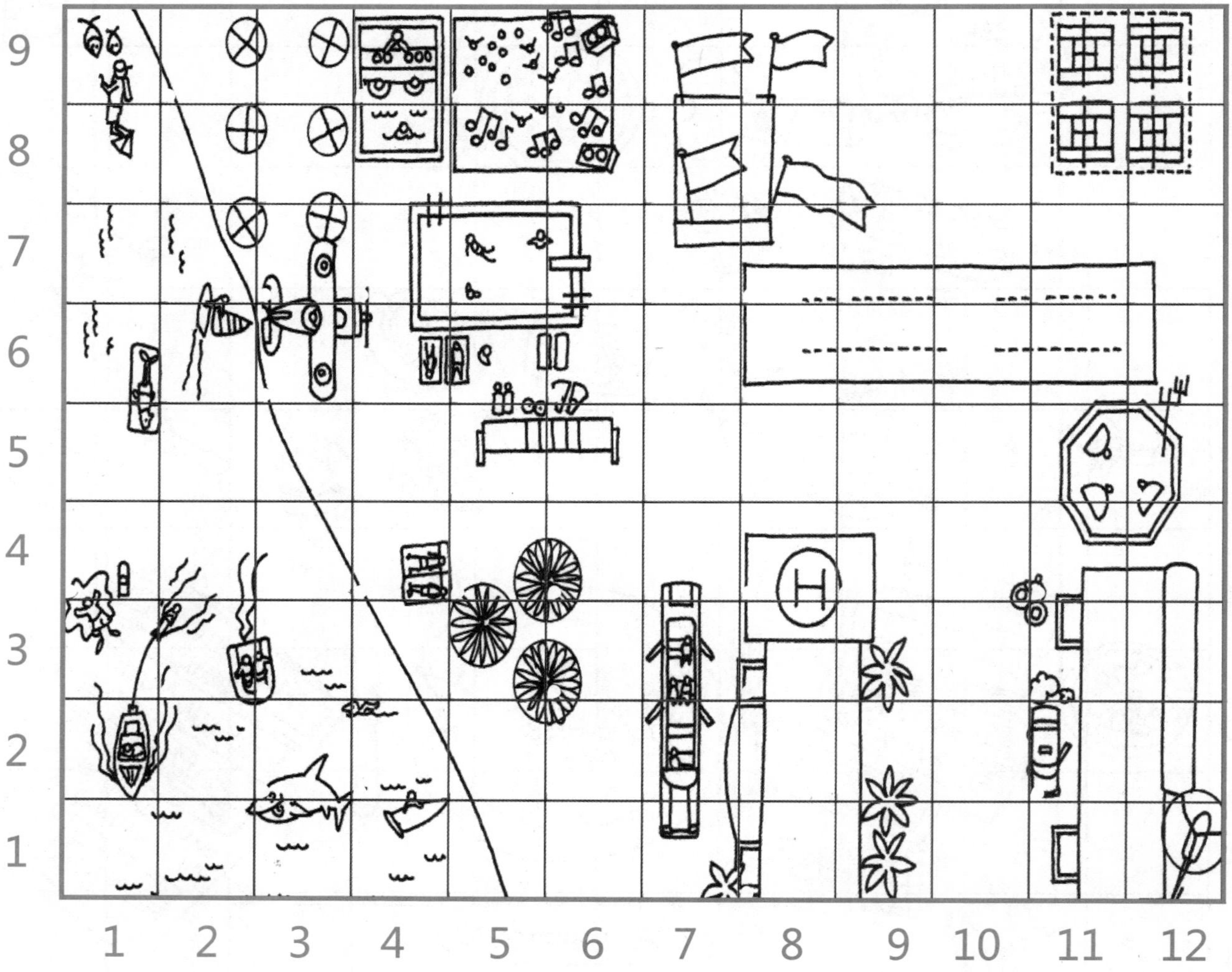

请回答下面的问题：

1. 直升机在哪？
2. 直升机起飞和降落的停机坪在哪？
3. 你在哪里可以打网球？
4. 游泳池在哪？
5. 你能看见海里的鲨鱼吗？它在哪？
6. 大海里有一位勇敢的划水者，你能找到吗？

答案在第32页

凌乱的卧室

在“酒店度假”的挑战中，我们用一组有序数对来表示网格中的小方格，事实上还有一种更为常用的表示坐标的方法，是用一组有序数对来表示网格中的点。

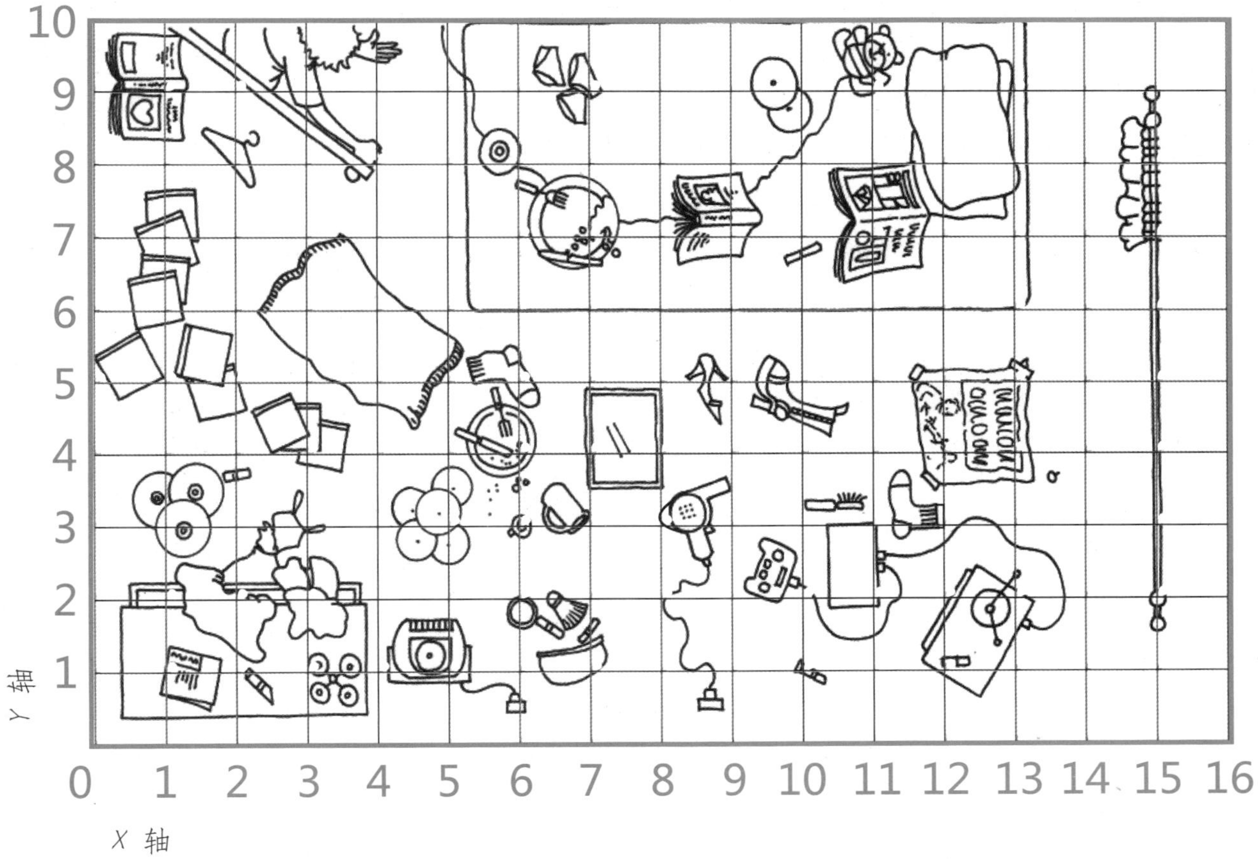

图中是一间凌乱的卧室，注意在水平方向底部标有数字的直线称为X轴，竖直方向最左侧的直线称为Y轴，网格平面中的任意一个点可以用一组有序数对来表示。例如，报纸的位置可以用（1，1）表示。

请回答下面的问题：

1．房间的主人在哪里可以找到她吃饭用的盘子呢？
2．墙上的一张海报掉在地板上了，你能找到它吗？
3．女主人的袜子在哪？
4．她的CD在哪？
5．主人现在想要把她湿漉漉的头发弄干，她该去哪呢？
6．你能找到图中的书吗？

答案在第32页

等高线

在工程制图中常常把物体在某个投影面上的正投影称为视图，分别有正视图、俯视图和侧视图。我们通常从正面观察物体，这样得到的投影图像称为正视图，下面将要介绍的等高线图属于俯视图。

等高线指的是地形图上海拔相等的相邻各点所连成的闭合曲线。在同一幅图中，相邻等高线的高度差一般相同，例如10m。等高线排列越密，说明地面坡度越大；等高线排列越稀松，说明地面坡度越小。不同高度的等高环线不会相交，除非地表为悬崖峭壁，才会使得某处的等高线过于密集而出现重叠的现象。

一条等高环线的等高线地图表明这个小岛基本上是与海平面相齐的平面，它的正视图可能如下：

间隔较大的等高线表明地势较缓，这个小岛的正视图可能如下：

等高线比较密集说明地势陡峭，这个小岛的正视图可能如下：

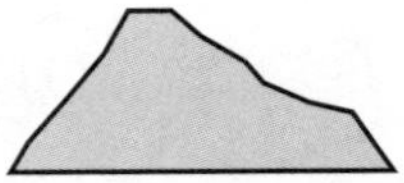

岛屿与等高线地图

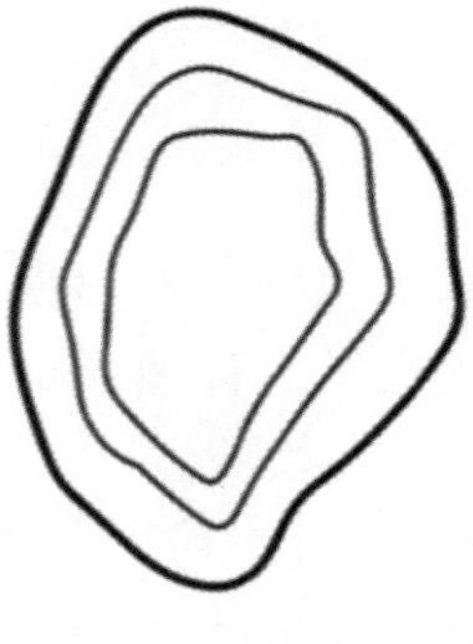

上面分别是3个岛屿的等高线地图，你能根据它们分别画出3个小岛的正视图吗？

答案在第32页

鸟的视角

制作和识读地图其实是有一定难度的，因为它属于俯视图。阅读地图的时候，你需要把自己想象成一只在天空中飞翔的小鸟，地图就像是你在空中所看到的景象，这就是为什么我们把这称为“鸟的视角”。

下面是一些我们日常生活中比较常见的物品，但是这是通过“鸟的视角”所得到的景象，你看出它们是什么了吗？

1

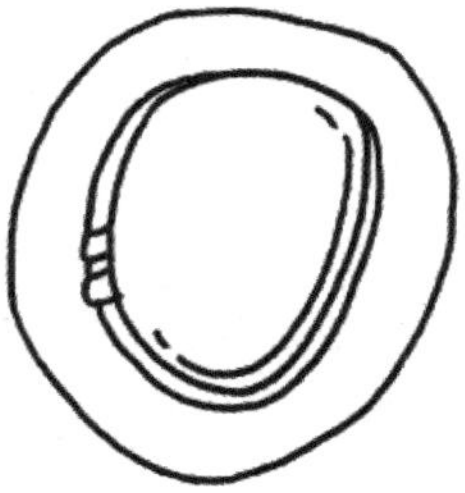

2

3

4

9

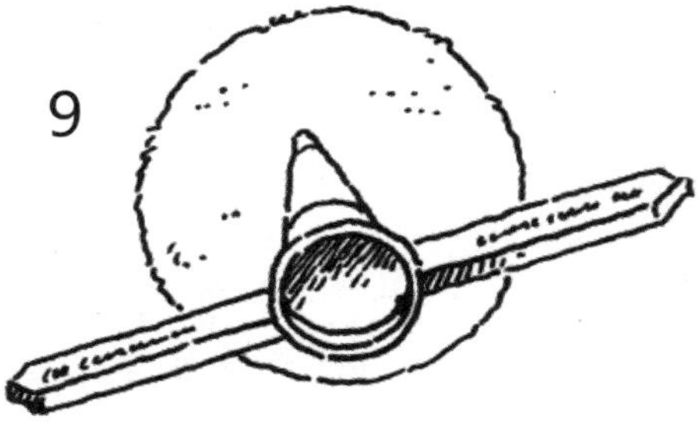

5

6

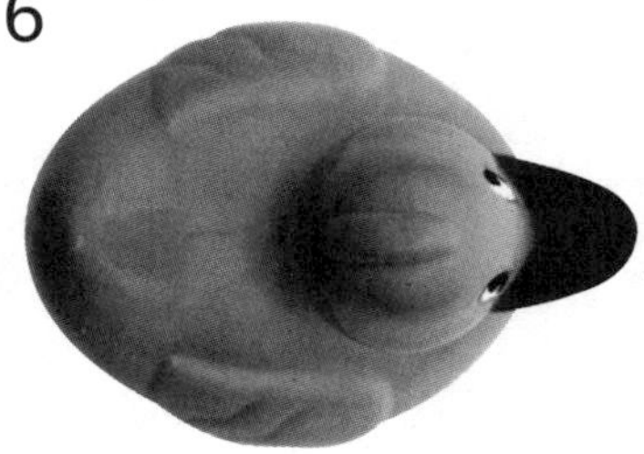

10

7

8

答案在第32页

环球航行

在很久以前，当勇敢的水手们驾船横跨大洋的时候，他们只能通过观察太阳、月亮和星星来判断船只所处的位置，但这只能判断出船只的纬度位置。17世纪以后，当新的航海设备出现后，水手们才能定位自己在大海航行中的经度。今天，人们借助卫星可以更精确地确定某一位置的经纬度。

纬线

纬线是一些人们假想出来的位于地球表面的圆环，它们从赤道出发向南极和北极移动，各分为90°。

北纬23.5°的纬线被称为北回归线，它是太阳光能够直射在地球上最北的界线。每年夏至日（在6月22日前后），这里能受到太阳的垂直照射，然后太阳直射点向南移动。北半球北回归线以南至南半球南回归线以北的区域每年太阳直射两次，获得的热量最多，形成热带。因此，北回归线是热带和北温带的分界线。

经线

经线也称为子午线，和纬线一样是人类为了度量方便假想出来的辅助线，定义为地球表面连接南北两极并且垂直于纬线的半圆。任意两条经线的长度相等，相交于南北两极点。经线从0°经线开始向东和向西移动，各分为180°。

格林尼治

0° 经线是计算东西经度的起点，1884年国际经度会议决定通过英国皇家格林尼治天文台原址的经线为0° 经线，这样全世界就有了统一的全球时间和经度计量标准参考经线。

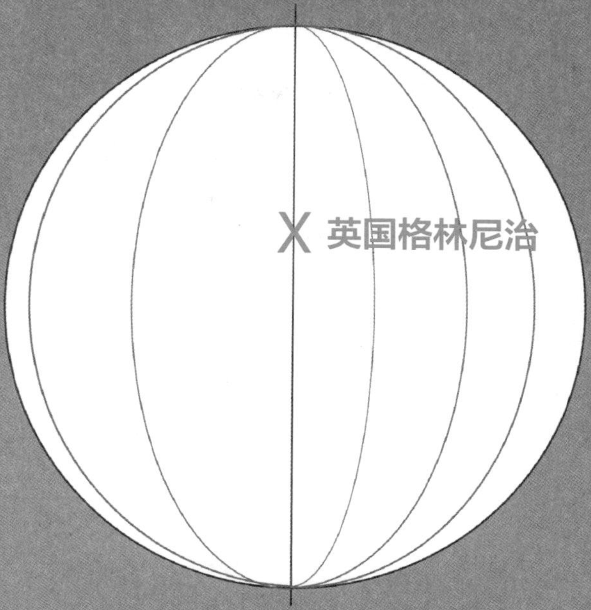

◀英国皇家格林尼治天文台

▶ 格林尼治天文台0° 经线标志

0° 经线又被称为格林尼治子午线、国际子午线或本初子午线。

纬度和经度

地图是按一定的比例运用线条、符号、颜色、文字注记等描绘显示地球表面的自然地理、行政区域的图形。地球上的每一个地点都有唯一的经纬度与之对应。下面会给出一些地点的经纬度，你可能需要借助地图来回答下列问题。

下面这些地点分别位于哪个国家境内？

1. 10° S，70° W
2. 20° S，140° E
3. 60° N，100° W
4. 80° N，40° W
5. 40° N，140° E

如果你没有借助地图集或是地球仪就能正确回答上述问题，那么你绝对是一个地理专家！

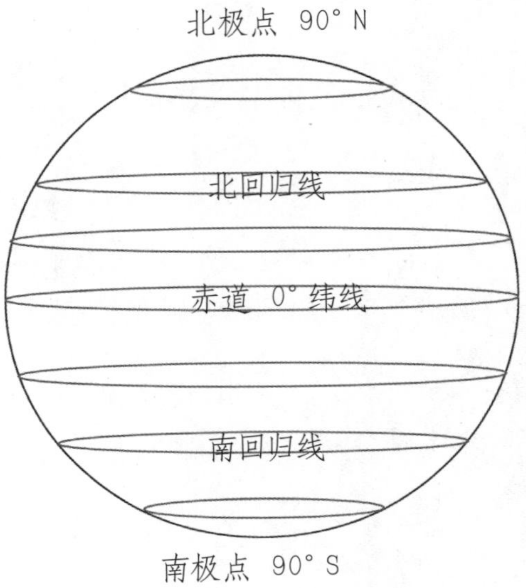

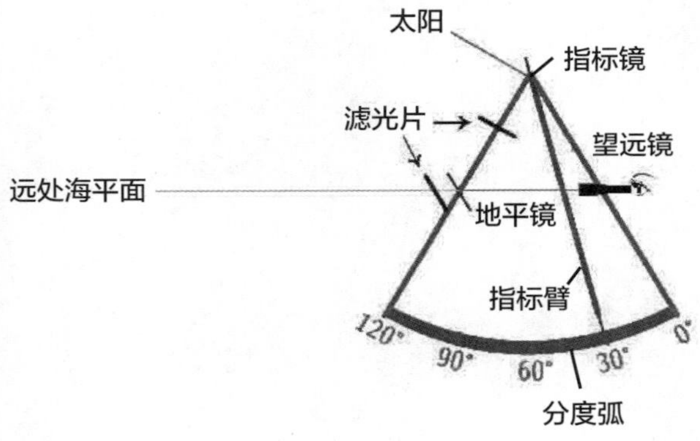

六分仪示意图

六分仪

由于大海中没有任何的地标可以参照，对于古代的水手们而言，要确定船只在大海上的位置是非常困难的事情。后来人们发明了六分仪，它可以帮助水手们确定船只所处的纬度。由于距离赤道的远近不同，所以你所观察到的海平面或地平面与当天正午太阳的高度会呈现出不同的角度。六分仪上的镜子就可以测出海平面或地平面与太阳之间的角度，进而确定当地的地理纬度。

答案在第32页

国家名称

下面给出了南美洲不同国家的经纬度，你能将这些国家的名称写在图中正确的位置吗？

30° S 60° W
阿根廷
5° N 75° W
哥伦比亚
22° S 60° W
巴拉圭
0° 80° W
厄瓜多尔
4° N 58° W
苏里南
32° S 56° W
乌拉圭
5° N 63° W
委内瑞拉
6° N 61° W
圭亚那
10° S 50° W
巴西
15° S 65° W
玻利维亚
10° S 75° W
秘鲁
5° N 56° W
法属圭亚那
40° S 72° W
智利

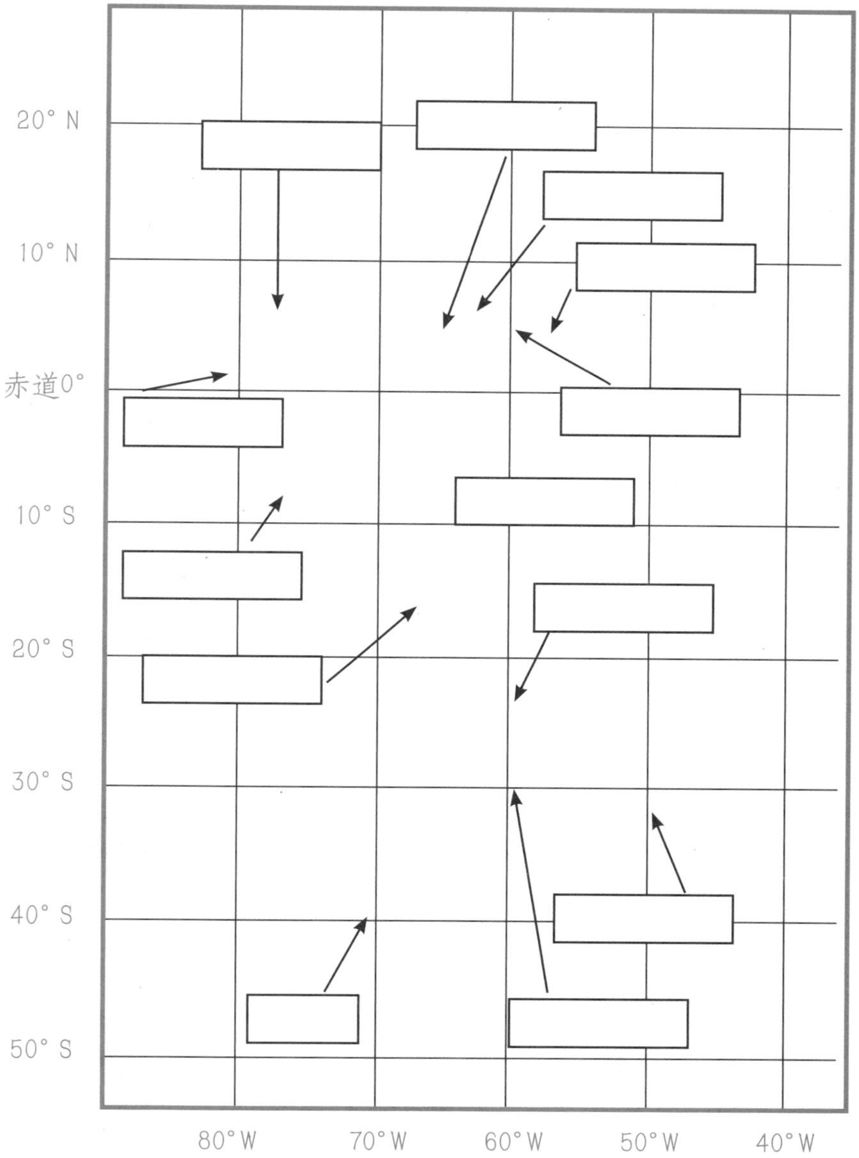

答案在第32页

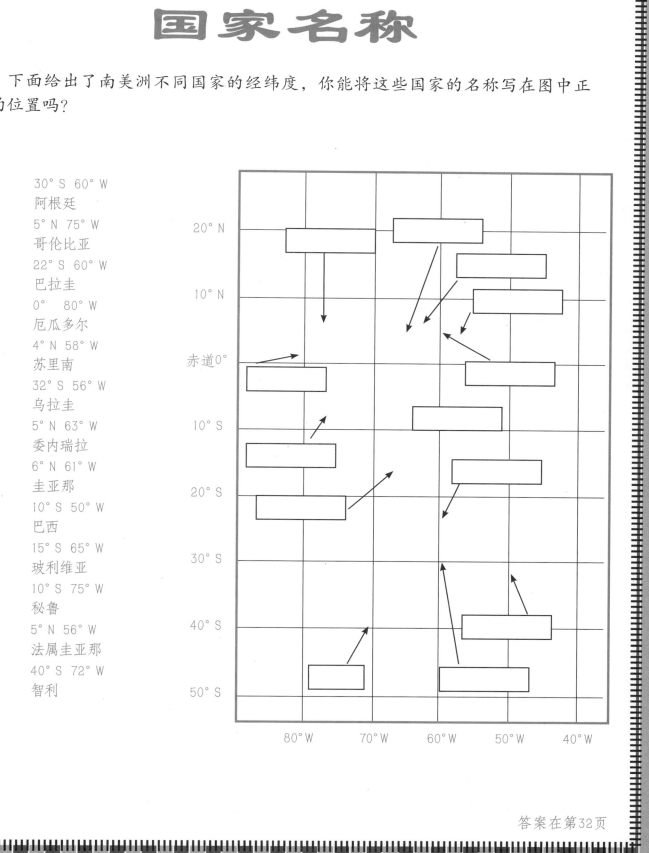

识读地图

如果你不想在外出的时候迷路，那么识读地图是非常重要的一项技能！但是地图的种类有很多，出于不同的目的，我们通常要使用不同的地图，这一点非常重要！

地图，地图，地图

一本世界地图集里面有世界各国的地图。

一张国家行政区划图会标出各个行政区域和重要城镇。

一张旅游地图会标出该地区的名胜古迹。

官方测量图上会标出某一区域的山川河流概况，但是一般情况下我们普通人用不上这种地图，除非你是一位专业人员或户外探险者。

交通地图则会标出主要的公路、铁路及沿线车站、服务区等信息。

定向越野地图可以帮助你徒步穿越某一区域。例如，这种地图上不仅会标出某棵树的位置，还会告诉你它大概有多粗；标出两地之间不同的路线、某条路上的障碍物等信息。

一些地图标志：

最短距离

打开世界地图，你可能认为从地球上任意地点出发到另外一个目的地的最近路线是连接两点的直线段，但事实并非如此。

有过乘飞机长途旅行经历的人都会知道，飞机的最短航线通常是一条巨大的圆弧，而并非想象的直线段，这条圆弧是经过地球球心的平面与地球表面相交形成的大圆上的一部分。这条圆弧的长是球面上两点之间的最短距离，在数学上这条圆弧被称为“测地线”。

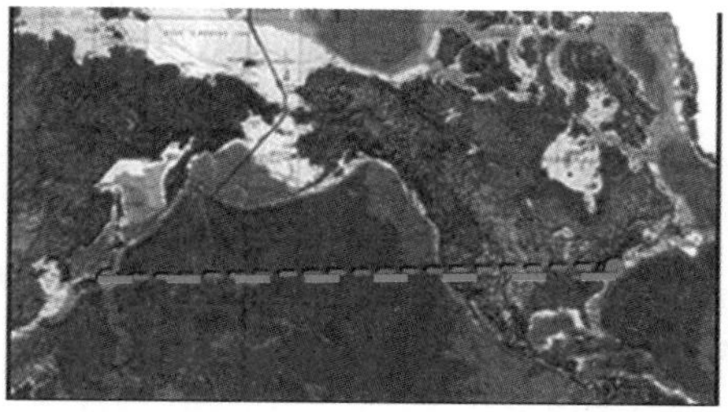

在平面地图上，两点之间的最近路线看起来像是这样的。

事实上两点之间的最近路线却是一条大圆弧。

巧用标志

你可以画出下面名称对应的属于自己的地图标志，将它们画在对应的小方格中，然后根据提示画在下面的路线图中。

岩石　峡谷　海滩　桥　树木　溪流　瀑布

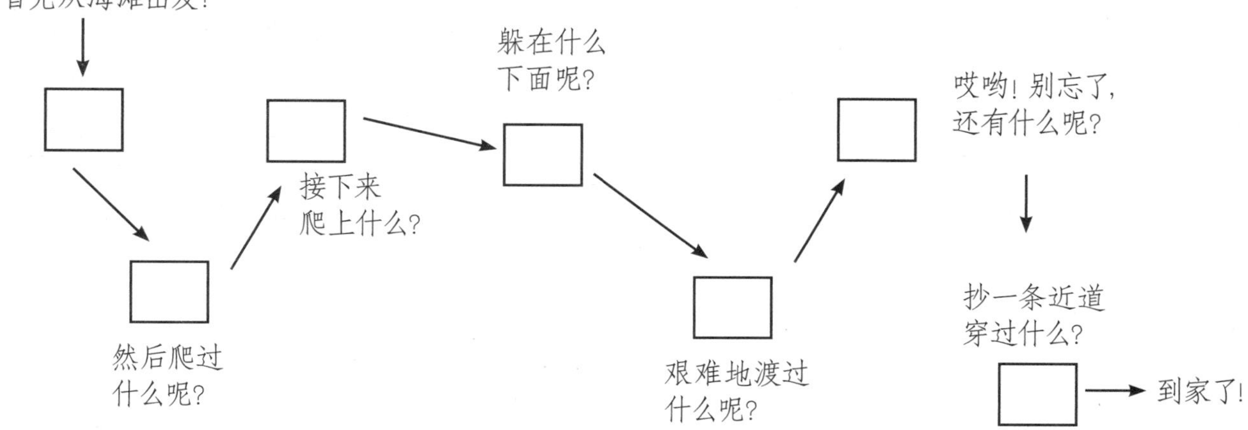

环球旅行

在世界各地有许多著名的自然和人文景观，每年都吸引着成千上万的游客参观游览。其中一些自然和人文景观对全世界人类都具有杰出的普遍性价值，那么这些景观便属于世界文化遗产项目。你认识下面这5处世界文化遗产吗？

▶ 这些高耸的圆锥形状的岩石仿佛是童话世界的烟囱。

◀ 这座白色的巨大宫殿是为一位皇后修建的陵墓。

▲ 这是一座古代的法老坟墓。

▲ 这些巨大的石像表情严肃地注视远方，仿佛在保护着部落或村庄。

▲ 这是一座建造在山上的印加王朝的城堡。

答案在第32页

索引

答案

第4页 我在哪?

1. 正南、东南、西南。
2. 东北、东南、正东。

第6页 迷之旅!

谜题一 你!因为你就是火车司机!

谜题二 白色!北极熊永远是白色的!

第10页 标定信息

MIND HOW YOU GO!(一帆风顺!)

第11页 飞行路线

信天翁

蜂鸟 凤头鹦鹉 鹳

翠鸟 天堂鸟

秃鹫

秃鹰

画眉 雀

第14-15页 有趣的网格游戏

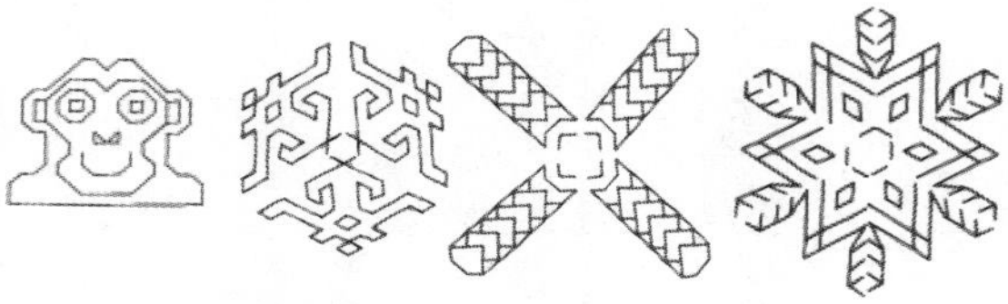

第18-19页 早餐与坐标

1. D6 2. J5和H9 3. 狗正在舔桌子
4. 一只老鼠正在吃谷物 5. B5 6. 装牛奶的瓶子倒了
7. I5 8. C5和D5 9. D7和E7 10. A3

第20页 酒店度假

1. (12,1) 2. (8,4) 3. (11,8)、(11,9)、(12,8)或(12,9)
4. (5,7) 5. (3,1)和(3,2) 6. (2,3)

第21页 凌乱的卧室

1. (6,4)和(7,7) 2. (12,4), (13,4) , (12,5), (13,5)
3. (6,5)和(12,3) 4. (1,3), (5,3), (10,9), (6,8) 5. (8,3)
6. (9,7)、(11,7)和(1,9)

第22页 岛屿与等高线地图

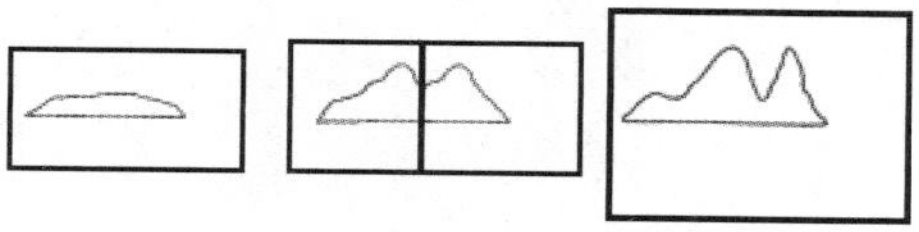

第23页 鸟的视角

1. 帽子 2. 头顶 3. 烤面包机上的烤面包片 4. 电熨斗
5. 杯子 6. 橡皮鸭 7. 梯子 8. 铁轨 9. 路标牌 10. 旋转楼梯

第26页 纬度和经度

1. 巴西 2. 澳大利亚 3. 加拿大 4. 格陵兰岛 5. 日本

第27页 国家名称

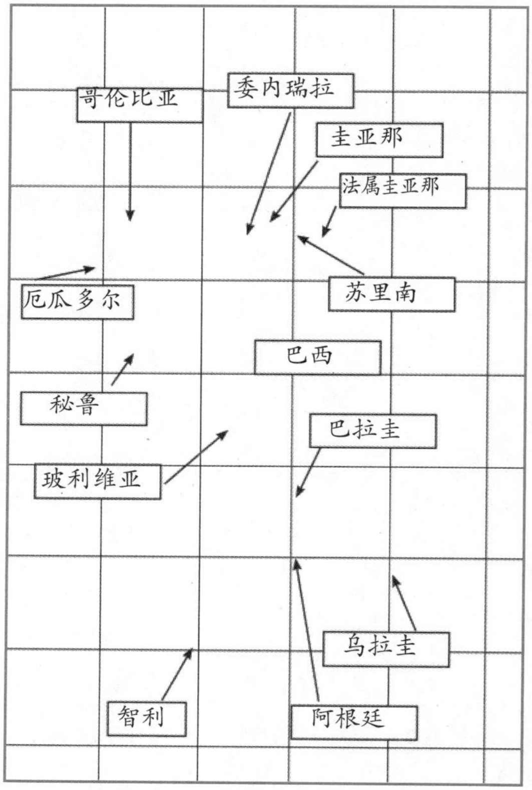

第30页 环球旅行

1. 土耳其卡帕多西亚“精灵烟囱”。
2. 印度阿格拉泰姬陵。
3. 埃及吉萨胡夫金字塔。
4. 智利复活节岛摩艾石像。
5. 秘鲁“失落的印加城市”马丘比丘。

北京市科学技术协会科普创作出版资金资助

魔力数学

Magical Maths

机会与概率

科学预测未来的奥秘

CHANCE AND PROBABILITY:
HOW TO PREDICT THEM

[英]史蒂夫·韦 [英]费利西娅·劳/著
[英]戴维·莫斯廷/绘
郭园园/译

一起学习简单的概率计算，
尝试运用概率计算进行预测和制订计划吧！

知识产权出版社
全国百佳图书出版单位
—北京—

风雨欲来

每种天气现象的产生都是一个变幻莫测的过程。气象观测员们可以根据气象卫星发布的信息精确预测第二天的天气情况。若是没有这个神通广大的帮手，人们就只能依靠经验去猜测天气的变化了。

下面将要讲述的就是关于气象变化的几个小故事。

蝴蝶效应

蝴蝶效应是美国气象学家爱德华·罗兹在1963年提出的一个科学假说——一只南美洲亚马孙河流域热带雨林中的蝴蝶，偶尔扇动几下翅膀，可以在两周以后引起美国得克萨斯州的一场龙卷风。按照蝴蝶效应的说法，任何微小的气流波动都会影响天气的变化。因为每一个微弱的气流波动都会引起附近空气系统的改变，这种空气系统的改变又会引起更大范围的空气系统或其他系统产生相应的变化，由此引发一个连锁反应，最终导致一场龙卷风的侵袭。

动物气象员

小动物们对于气象的变化十分敏感。当暴风雨即将来临的时候，奶牛们就会提前找一个安全的地方趴下来，蜜蜂则会陆续回到巢穴附近。在暴风雨来临之前，气压降低，空气湿度变大，昆虫的翅膀因沾有水汽变得沉重而无法高飞。鸟儿为捕食它们，也开始贴近地面盘旋。因此，当我们看到小燕子开始低空飞行的时候，很有可能就是要下雨了。

当天气渐渐好转，鸟儿们又会继续回到高空翱翔，蜘蛛们也开始重新活跃起来。

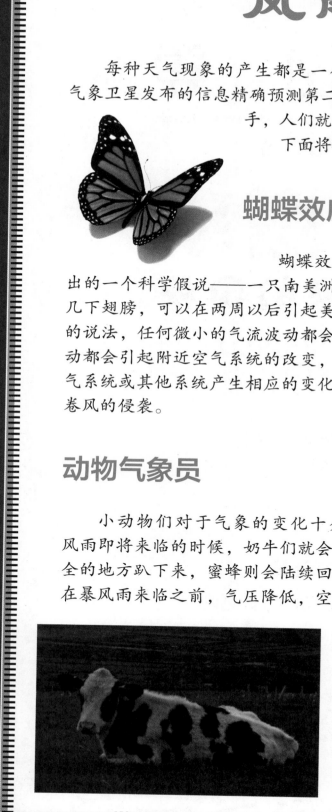

天气预报

英语中的气象学“Meteorology”一词来自古希腊语“Meteoron”，它在古希腊语中有“高远”的含义，象征着气象活动是发生在天上的事情。古希腊人一直坚持不断地观察云、风和雨，试图在这些变化中窥探自然的真谛。

不断变化的天气现象构成了变幻莫测的天气系统，大大小小的天气系统相互交织、相互作用，构成大范围的天气形势，进而构成半球甚至全球的大气环流。因此，一场精准的天气预报通常需要很多人甚至很多国家一起合作。

来自美国、英国、俄罗斯、澳大利亚和许多其他国家的气象观察员们，每天都要多次交换通过气象雷达系统、气象卫星和气象站收集的天气观测数据。其中，气象雷达系统是气象观测中的一种重要手段，它不断地向空中发射无线电波脉冲，并根据反射回来的数据预测天气。

地震云

地震是地球板块剧烈运动的结果，是最难预测的自然现象之一。地震学家为此绞尽脑汁，希望能够找出预测地震的科学方法。如果实现了地震预测，那些生活在地震带上的人们就可以在危险来临之前安全撤离了。有证据显示，处于地震带上的岩石会在地震来临之前升温。

许多传说中讲到，在地震来临前甚至数月之前，地震带附近就会有形状奇异的云朵出现。但科学家们不同意这样的说法，地震云的故事虽然引人入胜，实际上却只是神秘的谣言罢了。

脑洞大开

我们通常会用一些词语来描述事情发生的概率，其中最有趣的就是“一定”，因为在现实生活中，很少有什么事情可以真正用“一定”这个词来形容。

周日晚上你说：“明天我要上学。”一般来说，这是一个事实陈述。然而，世界上充满着无数的可能性，人们永远都不知道明天会发生什么事情。比如学校的水管突然爆裂，整个学校发大水了……所有的老师突然感冒，集体请假……尽管可能性很小，但我们必须知道，概率永远存在，一切皆有可能。

在下列事件发生的概率上画圈。

1. 你的车会变成一个果冻布丁。
   一定会/有可能/百分之五十/不太可能/完全不可能

2. 明天会到来。
   一定会/有可能/百分之五十/不太可能/完全不可能

3. 下一个在你们当地医院出生的婴儿是男孩。
   一定会/有可能/百分之五十/不太可能/完全不可能

4. 抛硬币的时候正面朝上。
   一定会/有可能/百分之五十/不太可能/完全不可能

5. 地球上所有的火山同时喷发。
   一定会/有可能/百分之五十/不太可能/完全不可能

6. 从一副洗好的扑克牌里抽出黑桃A。
   一定会/有可能/百分之五十/不太可能/完全不可能

7. 外星人登陆地球。
   一定会/有可能/百分之五十/不太可能/完全不可能

答案在第32页

8. 蜗牛学会说话。
一定会/有可能/百分之五十/不太可能/完全不可能

9. 扔骰子的时候得到大于1的点数。
一定会/有可能/百分之五十/不太可能/完全不可能

10. 下一个在地球上咳嗽的人的名字是凯文。
一定会/有可能/百分之五十/不太可能/完全不可能

11. 全国的人同时收看同一个频道。
一定会/有可能/百分之五十/不太可能/完全不可能

12. 高尔夫球活了。
一定会/有可能/百分之五十/不太可能/完全不可能

两只白袜子

为了参加一次重要会议，詹姆斯正在急匆匆地穿衣服。像往常一样，他一丝不苟地打理自己的头发，以至于还没穿好鞋袜，他叫的出租车就已经到了门口。眼瞅着詹姆斯就要迟到，公寓又突然停电了。他急得手忙脚乱，从抽屉里抓出一双袜子胡乱地套在脚上，穿好鞋子就跑出了房门。现在，我们知道在詹姆斯的抽屉里一共有四只袜子，有黑色的，也有白色的，他抓出两只黑袜子的概率是1/2。

那么问题来了：詹姆斯穿了两只白袜子的概率是多少呢？

答案在第32页

浅谈概率

正面还是反面？

当抛出一枚硬币的时候，我们能够准确猜中哪一面朝上的概率是多少呢？幸运的是，一枚硬币只有正反两面，所以我们猜对的概率至少有1/2！

概率是我们对于未知的一种判断，无论是在哲学还是数学领域，它都是一个神秘的难题。当我们开始猜测某件事情发生的可能性时，每一个细微的变量都会让情况变得更加复杂。数学家利用数学公式来计算随机概率，可以说这是唯一可能窥探未知的方式了。

明天是不是你的生日？这也许是一个十分简单的问题。但事实上，因为一年有365天，所以明天就会有1/365的机会成为一个人出生的日子。想想看，如果你不知道自己的生日究竟在哪一天，那么对于你来说，每天都有1/365的机会在一大堆生日礼物中醒过来，这是不是很有趣呢？当数学家谈及概率的时候，他们只是估计出某件事情发生或者某件事情是正确的可能性。

在英语中，硬币的正反两面被分别称为“头”和“尾”，这是因为在古希腊和古罗马时代，硬币的一面一般雕刻着统治者的头像，另一面雕刻着神话中带尾巴的生物，这也许就是硬币有“头”有“尾”的由来吧。

相同的生日

在一个著名的滑雪度假村里，有45位来自世界各地的游客。已知一年有365天，那么这45位游客中至少有两个人生日在同一天的概率是多少？请从下面的分数中选择出正确答案。

45/365　90/365　125/365　347/365

67/365　95/365　250/365

答案在第32页

有什么机会？

找到一棵四叶草的概率是多少？

关于爱尔兰三叶草，有着许多有趣的传说。在爱尔兰文化中，三叶草是幸福的象征，它的三片叶子分别代表希望、信念与真爱。

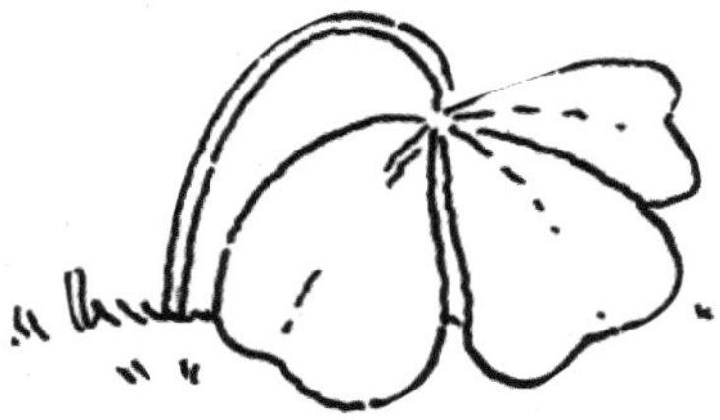

在非常罕见的情况下，三叶草会长出代表幸运的第四片叶子，发现四叶草的人就会成为世界上最幸运的人。据统计，自然界三叶草长出四片叶子的概率只有十万分之一，有些四叶草的狂热粉丝声称曾找到了16万棵四叶草。

被太空垃圾击中的概率是多少？

在地球周围的太空轨道上飘浮着至少50万个太空垃圾，其中最小的只有1.27厘米长。有时候这些太空垃圾会重新进入地球的大气层，坠落在地球上的某个位置。据科学家计算，我们每个人都有一千亿分之一的机会被从天而降的太空垃圾击中。听到这个消息，你有没有感到害怕呢？

遇见一个外星人的概率是多少？

在浩瀚的宇宙中，除了地球，人们还没有发现其他有生命迹象的星球。像人类一样的智能生命的诞生，是一个漫长的过程，需要经过四个复杂的进化步骤——单细胞细菌的出现，复杂细胞的形成，复杂生命形式的出现，会使用语言的智能生命的诞生。

虽然一切皆有可能，但是科学家告诉我们，发现外星人的可能性并不高，至少在未来40亿年里，这个可能性不会超过0.01%。

条件概率

条件概率是指事件A在事件B完成后发生的概率，需要借助乘法来计算。

比如，当玩抛硬币的游戏时，第一次抛出正面，第二次同样抛出正面的概率是多少？请看下面这个算式：

0.5	×	0.5	=	0.25
（第一次抛出正面）		（第二次抛出正面）		（两次抛出正面）

1. 玛丽从小就梦想成为一名真正的军人，在入伍之前，她必须通过三次严格的体能测试。她通过第一次测试的概率是100%，她通过第二次和第三次测试的概率分别只有50%。那么玛丽最终能顺利过关的概率是多少呢？

2.约翰正在为一次重要的面试选购西装。但他的衣着品位有点儿怪异，对购物也一窍不通。他选择难看的西装的概率是20%；他选择合适的领带的概率是60%。约翰能够搭配成功的概率是多少呢？他同时选择了难看的西装和难看的领带的概率又是多少呢？

3.罗密欧想与朱丽叶约会，但是朱丽叶不喜欢接电话，只喜欢穿着睡衣待在家里。朱丽叶接电话的概率是50%；朱丽叶因为没有洗头而不想出门的概率是75%；朱丽叶刚刚洗过头发并且想与罗密欧约会的概率是25%。罗密欧与朱丽叶成功约会的概率是多少呢？

答案在第32页

找出相等的概率

我们经常用不同的形式来表示概率的结果，请将下面所有代表相同概率的表现形式进行分组：

10%

完全不可能

25%

根本没机会

必然

0.1

0.25

50%

十分之一

成功失败机会相等

1.0

0%

零

100%

二分之一

1/2

50/50

0

0.5

四分之一

1/10

确定

提示：将所有的概率转化为分数形式或是百分数形式进行比较。

答案在第32页

难以捉摸的问题

1693年，英国皇家学会会长、《佩皮斯日记》的作者塞缪尔·佩皮斯在给大科学家艾萨克·牛顿的信里面提到了这样一个概率问题：

“如果有一场骰子三人局：第一个人必须在6次抛掷中至少投出一次六点；第二个人必须在12次抛掷中至少投出两次六点；第三个人必须在18次抛掷中至少投出三次六点；那么究竟谁最有可能获胜呢？”

牛顿在1693年12月16日的回信中给出了答案。如果你是牛顿，你会给出怎样的回答呢？

答案在第32页

轮盘风云

我们在玩“大富翁”游戏的时候，经常会用到轮盘，通过旋转轮盘，确定行进的步数，这个步数充满刺激与风险。右图中有一个刻着0～36的数字轮盘，当游戏开始时，轮盘向逆时针方向转动，玩家把一个小木球或塑料球放在微凸的轮盘面上以顺时针方向旋动。待小球转速下降，会落入轮盘上任意一个数字的格子中。如果用这个轮盘来玩“大富翁”，若小球落到数字0的格子中，你就只能停留在原地了；如果小球落到36的格子中，你有可能一下就走到了终点。

当轮盘开始转动时，小球停在任意一个数字上的概率都是1/37

聪明的大臣

在很久以前，有一位威猛无敌的大酋长。他希望大大提高国家里贵族家庭女孩的出生率，这样，当酋长的儿子们长大以后，就会娶到更多的贵族妻子。为了实现这个计划，他把大臣们召集在一起，命令他们想出一些好办法。

大臣们建议在所有的贵族家庭里实施一项新的规定：如果一位贵族家庭中的母亲产下一位男婴，那么就禁止这位母亲再生产其他的孩子。这样就会控制男孩的出生率，使一些贵族家庭可能会有几个女孩，且没有任何一个贵族家庭男孩的数量会超过一个。

酋长陷入了深深的思考，他的大臣真的那么聪明吗？

答案在第32页

巧合真的存在吗？

设想一种情况，你一边想着你的一个朋友，一边在街上散步，正好发现你的朋友从对面走了过来。你心里一定会想，哇，怎么这么巧啊！

生活中常有诸如此类的情况发生，所以有些人认为这是因为人类拥有“第六感”的缘故。但另外一些人会说，这分明是因为我们把关注点放在了这些事情上。

比如，我们走在街上的时候，遇到陌生人的概率实际上远远大于遇到一个熟人的概率，可是由于我们的关注点都放在了熟人身上，就对其他陌生人视而不见了。

星 座

毫无疑问，大部分人都对未来充满了好奇。几百年来，占星家们一直声称可以通过“星座”预测未来——从一个人出生时候的星象来预测他的一生。

占卜家

一些占卜师们通过凝视水晶球的方式来预测未来

占卜家号称可以帮助人们预测未来。有时他们可以从掌纹中预测人的一生，有时他们会借助卡牌、茶叶、水晶球来解释即将发生的事情。比如茶叶占卜，在英国贵族中十分流行，据说占卜家可以从茶杯中剩余的茶渣来预测未来。还记得《哈利·波特》中的占卜老师西比尔·特里劳妮吗？她就是一个酷爱茶叶占卜的人。

掌纹中的秘密

有些人认为掌纹中藏着一个人一生的信息。一般来说，一个人的手掌中都有三条较为清晰的掌纹，它们从上到下分别是感情线、智慧线和生命线，有的人在无名指、中指和食指下方还有一条弯弯的金星线。但是另一些人认为，这些掌纹只是皮肤上的自然褶皱，跟神秘莫测的人生没有丝毫关系。

黑色13

13真的是一个不幸的数字吗？还是说这仅仅是一个迷信？

关于黑色13有许多神秘的传说。起初，因为13是一个难以整除的数字。如果正好有13个人在一起，无论是分成2人一组、3人一组、4人一组还是6人一组，始终会剩下一个倒霉的家伙，没有办法被分进任何一个组里。所以，人们认为第13号是一个倒霉的号码。

除此之外，一年有12个月，所以13很难被人们接受。

传说，尤利乌斯·恺撒大帝就用他神秘的第13军团击败了元老院。显然，13对于恺撒大帝来说是个幸运的数字，可对于元老院来说就不是了。

被忌讳的数字13

在苏格兰，所有的机场都没有13出入口，取而代之的是12B。有些飞机的座位跳过了13，从12排直接到了14排。同样，许多建筑都没有13层，而是14层或者12A层，有些街道上的房屋甚至没有13号。

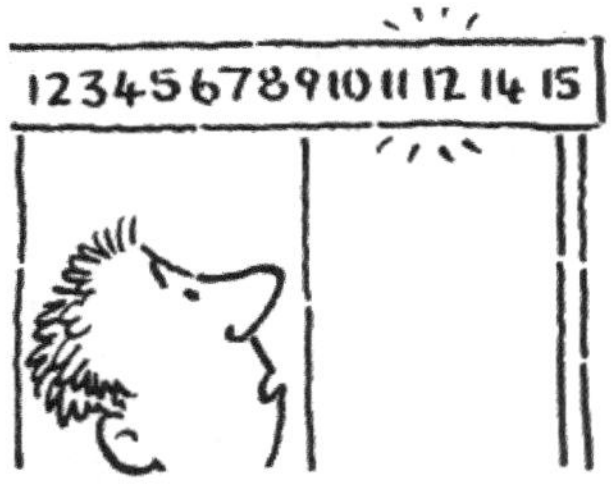

许多赛车手认为13是一个不吉利的数字，至少13号赛车从来就没有在印第安纳波利斯500英里大奖赛中获胜过，几乎所有的F1赛车组委会也都不会将13号发给选手。

神谕

阿波罗神庙

古希腊的德尔斐城是传说中宇宙中心的所在。其中最有名的古老建筑当属阿波罗神庙，它是古希腊人获晓神谕的圣地。在古希腊人心中，神谕可以为他们指点迷津、揭示未来，而传达神谕的女祭司就是神在人间的代言人。

阿波罗神庙的遗址

每一代阿波罗神庙的皮提娅祭司都是从德尔斐城附近居民中选出的女子。

传说皮提娅祭司继承了蛇神皮同预测未来的神力，当有人向她提问的时候，皮提娅祭司会依靠神力进入通神的迷幻状态。蛇神皮同的圣魂会通过祭司之口来宣晓一些模糊的预言，由另一位男祭司向提问人做出解释。

实际上，现代科学家认为在神谕所下方存在某种气体，这种气体可能是一种潜在的迷幻剂，当时的皮提娅祭司很有可能是在这种气体的作用下才处于迷幻状态的。

大预言家诺斯特拉达姆士

很多人都对16世纪的法国医生诺斯特拉达姆士很感兴趣，因为他不仅仅是一位医生，还是一位著名的大预言家。传说他留下的《百诗集》预言了法国大革命、第一次世界大战等重要的历史事件。

《百诗集》于1555年出版后未曾再版，但它吸引了世界各地的研究者来破解其中的奥秘，出版了超过2000种研究文献。但其实大多数学者并不相信《百诗集》中的预言，他们认为诺斯特拉达姆士的四行诗给出的预言模糊不清。预言的应验只是因为它的描写太广泛，既没有证据证明预言诗的真确性，也没有证据证明预言诗精准预言了某一个历史事件。

现代社会中的神谕

即使在今天，神谕仍然很流行，很多人依旧需要神谕来指引前路。

在尼日利亚和一些拉丁美洲国家，人们会在奥义之父“巴巴拉瓦”的帮助下体验属灵通神，找到自我并修复内心的迷惘。而只有一些体质特殊的人才有成为奥义之父的资格。科学家认为属灵通神的体验实际上是一种催眠的过程，能够担任“巴巴拉瓦”的人体质很特别，天生对催眠免疫，所以这些人在求助者被催眠的时候还可以保持清醒。当求助者被催眠的时候，“巴巴拉瓦”会询问他们一些问题并记录下来，从而了解求助人内心的隐秘和心理创伤的原因，并有针对性地给出建议。

在古印度，神谕通常被视作“上天的指示”或者“梵天之音”。在今天印度奥里萨邦的卡卡特浦，仍有一个神秘的村庄，传说那里的人个个可以通晓神谕。这个村庄如今已经对外开放，有许多慕名前往的求助者，希望能在那里得到神的指示。传说曾有通神者手持空白的银书页或者铜书页，当有人询问时，神谕会奇迹般地在书页中显现。

下下签

在英国乡村的农场里，当人们难以分配一些脏活累活的时候，农场的工人们会凑在一起抽签决定。他们会准备一把长度相等的麦秆，将其中一根的末尾剪掉，当有人不幸抽中“短麦秆”的时候，那么他就抽中了那个当之无愧的“下下签”了。所以今天在英国，“短麦秆”就是“下下签”的代名词。例如，现在有6个人，6根麦秆，其中包含1根短麦秆，所有人同时抽，那么每个人都有1/6的机会抽中“下下签”。

在其他国家，人们会用不同的办法来抽签。有时候游戏中有一些必不可少但不受喜爱的角色，孩子们也会凑在一起，用各种办法来决定谁是那个“倒霉蛋”。

谁是“倒霉蛋”？

“摸鼻子”是一个比较常见的办法，当发令员喊出“开始”的口令后，最后一个摸到鼻子的人就输了。

在葡萄牙，这个游戏被称为“摸天空”，人们聚在一起，选出最后一个摸到自己上颚的人。

在荷兰，人们需要随着口令迅速将双手指尖在头顶接触而形成一个“屋顶”，看起来像倒立的“V”字。而在加拿大西部，人们用迅速单膝下跪的方式来决定胜负。

公平还是不公平？

虽然大家想出各种各样的办法来抽签，但总有一些懒家伙想方设法逃避劳动。

现在需要用硬币和骰子来进行公平的抽签，请你判断下列情况是否公平。

1. 一个人必须用骰子扔出一个六点，另一个人必须用硬币扔出一个正面朝上。

公平/不公平

2. 一个人必须用骰子扔出一个一点或者六点，另一个人必须用硬币扔出一个正面朝上。

公平/不公平

3. 所有的参与者必须把骰子扔出一个奇数点。

公平/不公平

4. 一个人必须用骰子扔出一个奇数点，而其他人必须在扔硬币的时候连扔出两个正面朝上。

公平/不公平

5. 一个人必须扔出两次奇数点，另一个人抛出两次正面朝上。

公平/不公平

6. 一个人必须扔出三次奇数点，另一个人必须扔出两个正面朝上。

公平/不公平

7. 一个人必须扔出三个正面朝上，另一个人必须扔出三次奇数点。

公平/不公平

答案在第32页

“邦科”游戏

最早起源于英格兰的“邦科（Bunco）”游戏是西方文化中十分流行的骰子游戏，游戏规则非常简单，只需要两个以上的玩家参与游戏。首先玩家们设定总局数，比如“5”。然后每个人轮流扔骰子，每次扔3个骰子，如果其中有1个骰子的点数与所玩局数相同，那么就会得到一个“邦科”赢点。例如，正在玩第4局，玩家扔骰子，有1个骰子是“4”的话，那么玩家就得到一个“邦科”赢点。5局之后，获得“邦科”赢点最多的选手赢得比赛。

搞笑交通事故集锦

汽车已经成为现代生活的必需品。随着越来越多的人拥有汽车，交通事故发生的概率也大大增加了。当撞车之后，你需要填写一份保险理赔单要求赔偿，同时你需要解释事故的原因。因此，汽车保险公司变得十分忙碌，他们在收集受损汽车保险理赔单的同时，也见识到了五花八门、笑料百出的事故原因。

你能不能也编出一个类似有趣的事故原因呢？

“我撞上了一辆停在另一条路上的大卡车。”

“回家的时候我开到别人家门口，结果撞上了他们家门口的一棵大树，我家门口可没有这棵倒霉的树。”

“一辆无影无形的车突然冒出来，撞在我的车上，然后又消失不见了。”

“有一天，我开车的时候路过一个马戏团。结果我只顾着看大象，没看到停在一旁的小丑车，就一头撞了上去，把小丑车撞了个稀巴烂。万幸的是，车里面没有人。小丑们看到这个滑稽的场景笑成一团。一个小丑捧着奶油蛋糕跑过来，把它糊在了我的脸上，这下子我也成一个小丑了。”

“我以为车窗摇下来了，所以伸出头去，结果头就撞在了玻璃上，原来它并没有被摇下来。”

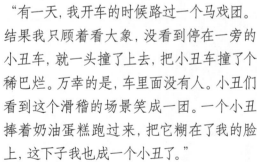

安全第一！

目前已经退休的统计学家弗兰克·达克沃斯博士曾经获得过“大英帝国勋章”，他在统计学领域里做出了不少贡献。1999年，他给出了人类生命风险评估的“达克沃斯量表”。这个量表一共分为8级，如里氏震级一样，危险系数随着级别的升高呈级数增长。所以，2级风险与1级风险之间的差别不大，但是7级风险与6级风险之间可谓天差地别了。

达克沃斯量表

达克沃斯量表中风险评估的结果常常让人大吃一惊！一般来说，从高楼坠落和卧在飞驰的火车前面都属于8级风险，那么你认为下列每组的两种情况中谁的风险系数更高呢？

1. 攀岩20年 VS 35岁的男性一天抽10支香烟

2. 遇见一个杀人犯 VS 洗碗

3. 在马路上散步 VS 完成一次100千米的火车旅行

4. 完成一次150千米的飞机旅行 VS 使用吸尘器

5. 交通事故 VS 35岁的男性一天抽20支香烟

答案在第32页

大、小王游戏的奥秘

在下面的扑克牌游戏中，看似你和你朋友胜负的概率差不多，但实际上你获胜的概率要大一些：

*从一副扑克牌中选出6张牌：大王、小王和另外4张牌。
*让你的朋友把6张牌打乱之后倒扣在桌子上。
*提醒你的朋友这6张牌里有大王、小王。
*告诉你的朋友你将从中随机抽出2张牌。
*如果你抽到了大王、小王中的任意一张，你就赢了；如果你没抽到，你的朋友就赢了。

游戏原理：

下面列出了所有你能抽到的一对牌的可能性：

K1、K2代表大王、小王，N1、N2、N3、N4代表另外4张牌。

N1N2	N2N3	N3N4	N4K1	K1K2
N1N3	N2N4	N3K1	N4K2	
N1N4	N2K1	N3K2		
N1K1	N2K2			
N1K2				

全部15个组合中共有9个组合中有王，所以你获胜的概率是3/5！

奇数球挑战！

有两个罐子，其中一个放置1~8号球，另外一个放置9~16号球。如果你从两个罐子中各取一个球，至少获得一个奇数球的概率是多少？

答案在第32页

布丰投针

17世纪中叶有一位叫乔治·路易斯·勒克莱尔的著名科学家，他就是大名鼎鼎的布丰伯爵，他曾撰写了36卷本的浩瀚巨著《自然史》。而我们这里要讲的是布丰在数学上的天才发明——布丰投针实验，他因此开创了几何概率的先河。在今天许多精密科研领域中广泛应用的蒙特·卡罗方法就是由布丰投针实验演化而来的。1733年，布丰在论文《法兰西游戏》中设计了布丰投针实验，但直到1777年这篇论文才正式发表。投针实验的形式很简单，但是布丰的天才构想着实令人赞叹不已。

根据布丰的构想，我们设计“火柴实验”如下：在平面上画一组间距相等的平行线，将25根长度不大于平行线间距的火柴任意掷在这个平面上，计算火柴与任一条平行线相交的概率。如果实验多次反复，我们会发现火柴与平行线相交的概率约为9/25。根据布丰论文里的公式，可以用这个概率来计算圆周率的大小。

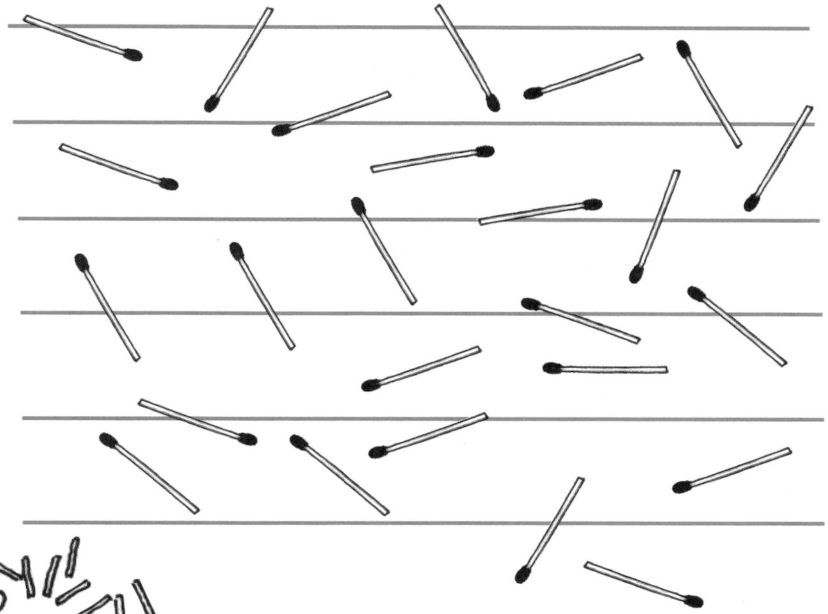

1901年，意大利数学家拉兹瑞尼做了3407次布丰投针实验，与概率9/25不符的情况只有0.0000003%！！

双色牌游戏

如果你懂得更多的概率学知识，那么就会在扑克牌游戏中有更多胜算。你可以像赌神一样大显身手，让你的朋友们完全蒙在鼓里。不过一定要手下留情，可别让你的朋友们输得太惨啦！

游戏玩法

1. 我们首先需要准备三张扑克牌，将它们涂上金银两种颜色：第一张正反两面都是金色；第二张正反两面都是银色；最后一张其中一面是金色，另一面是银色。

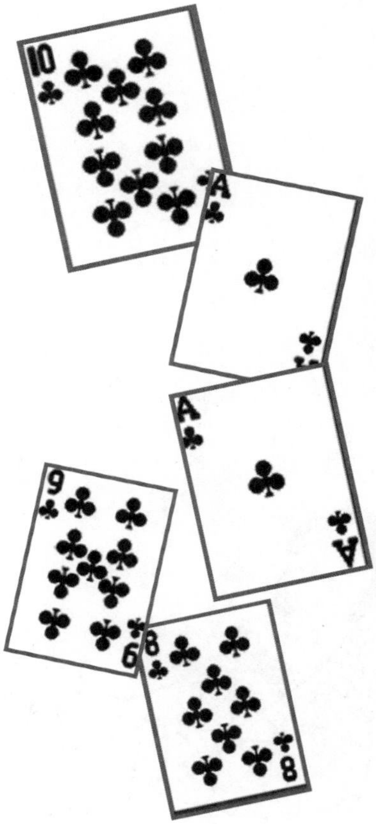

2. 当着你朋友的面将三张扑克牌放入一个帽子或是箱子里，总之让大家都看不见就可以。

3. 让你的朋友从中取出一张牌，然后将其放在桌子上，注意在这一过程中大家都只能看见牌的正面。现在你和你的朋友需要猜出牌的反面是什么颜色。

4. 如果牌的正面是金色，那么你可以说："我赌牌的反面也是金色。"如果牌的正面是银色，那么你可以说："我赌牌的反面也是银色。"

快来尝试一下你获胜的概率大不大。

提高你的胜算！

下面的游戏需要两个玩家，每个玩家获胜的概率相同。尽管如此，我们还是可以给你提供一些策略以提高你在这个游戏中的胜算。

游戏规则

如图准备四个六角形的数字转盘，其中每个转盘上的数字总和都为24。每一局中一个玩家需要转动任意一个转盘，转盘停止转动时，转盘跌落靠近地面的那个数字为该玩家的得分。由于每个转盘的数字总和都是24，那么无论选哪一个转盘都是公平的。当一个玩家结束后，另一个玩家要选取不同的转盘继续游戏，每局得分最高的玩家获胜。游戏采用三局两胜制。

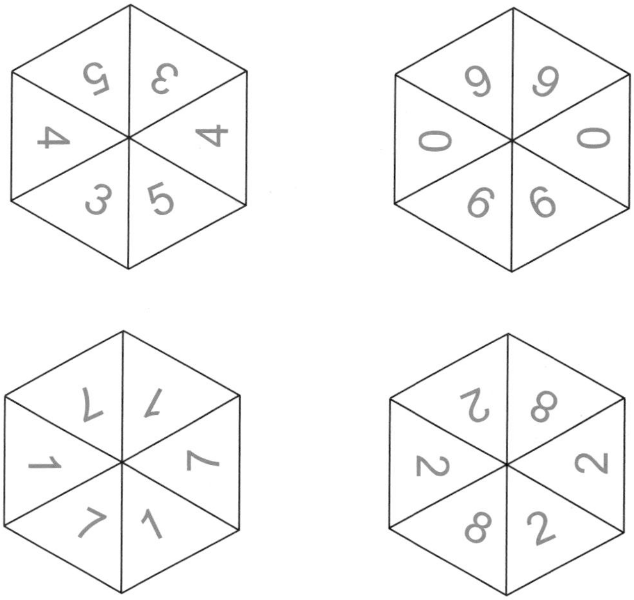

决胜秘籍

这个游戏中玩家选择转盘的顺序十分重要。首先让对方玩家先选择转盘，然后根据对方玩家的得分来进行选择，你要选择比对方玩家得分高出1的转盘：

如果对方玩家选择了转盘1，得5分，那么你一定要选择转盘2，因为此时你得6分的概率为2/3。

如果对方玩家选择了转盘2并得6分，那么你选择转盘3得7分的概率为1/2，而选择转盘4得8分的概率只有1/3。

如果对方玩家选择了转盘3并得7分，那么你别无选择，只有选择转盘4才有胜利的机会。

如果对方玩家选择了转盘4并得8分，那么对方玩家这局赢定了。但实际上当对方玩家选择了转盘4，他得8分的概率只有1/3。如果他得2分，你选择转盘1就会必胜无疑！祝你好运！

赛马日

赌球和赛马都是高风险的赌博项目，但很多人仍然乐此不疲。对于博彩公司来说，当然希望越来越多的玩家参与进来，因为玩家总是输多赢少。毕竟在这场没有硝烟的博弈中，谁是概率的精通者，谁才有可能笑到最后。

有四个人在赛马游戏中分别下注不同的赛马，而最后只有一匹马胜出，那么谁的奖金可能最高呢？

名字	赌注	赔率
卡洛斯	3英镑	3:1
阿里	2英镑	11:2
阿米尔	5英镑	5:4
卡尔	6英镑	同额

有五个人在赛马游戏中分别下注不同的赛马，而最后只有一匹马胜出，那么谁的奖金可能最高呢？

名字	赌注	赔率
楚	10英镑	30:1
帕尔文	60英镑	13:2
约翰	250英镑	同额
迪	280英镑	4:5
米歇尔	450英镑	1:2

答案在第32页

赌注与赔率

如果有人在赛马比赛以3:1的赔率下注了1英镑，就意味着当他下注的马赢得比赛时，就可以额外获得3英镑。而如果他选择了“同额”，就意味着他1英镑的本金就有可能赢得额外的1英镑。如果赔率是2:3，意味着每3英镑的本金可以额外获得2英镑。

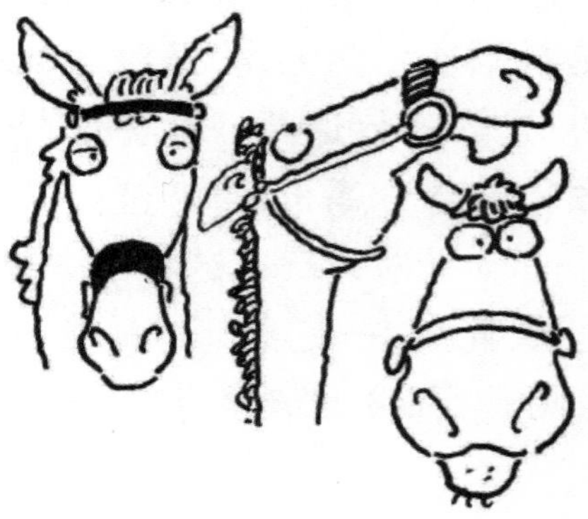

必定发生！

某个事件可能出现的所有结果的概率之和永远为1（或者说100%）。用数学语言来说，即当某个事件发生时，必然会有且只有一个结果。

例如，当我们抛掷一枚硬币时，正面朝上的概率是0.5（50%），而反面朝上的概率是0.5（50%），即0.5+0.5=1（50%＋50%＝100%）。又如，在某个比赛中，所有选手赢得比赛的概率之和为1（或者说是100%）。

蜗牛赛跑

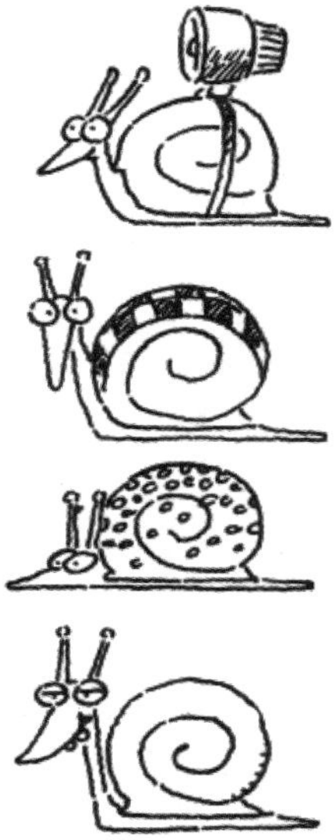

五只蜗牛界的赛跑健将正在激烈地角逐本次蜗牛田径大赛的冠军。

稳稳爬在第二名的是蜗牛“火箭”，它将有1/4的机会赢得冠军。

爬得最快的是蜗牛“F1”，它赢得比赛的概率是身后暂时排在第三位的对手“导弹”的2倍；而“导弹”赢得比赛的概率是“猎豹”的2倍；“猎豹”赢得比赛的概率是爬得最慢的“小蜗”的2倍。

那么每只蜗牛赢得冠军的概率分别是多少呢？

下棋比赛

保罗赢得比赛的概率是0.3；
玛丽赢得比赛的概率是0.2；
大卫赢得比赛的概率是0.1；
克洛伊和海蒂赢得比赛的概率是一样的。
谁将是棋王争霸赛的冠军呢？

答案在第32页

疑云密布

你们知道闪电是怎样形成的吗？实际上，在雷雨天我们所看到的耀眼夺目的闪电并不是从天上来的。当积雨云到来的时候，云朵中的负电荷开始“呼唤”地面上的正电荷。当两种电荷相遇时，巨大的电流从地面直向云朵涌去，产生一道道明亮夺目的闪光——就是我们看到的闪电啦！

上面图中有一个闪电迷宫，请分别指出闪电A、B、C、D、E到达的云朵吧！

答案在第32页

有点不太可能！

每年人类被陨石击中的概率是六百万分之一。虽然这种可能性微乎其微，但被闪电击中的概率更小。因为被闪电击中的概率是一千万分之一。由于种种原因，男性被闪电击中的概率是女性被闪电击中概率的6倍。

1：6000000

我们该如何躲避雷电呢？

1：10000000

当雷雨来临的时候，不要站在像高尔夫球场一样空旷的地方，不要携带或佩戴能够导电的物品，比如含有碳纤维的钓鱼竿、高尔夫球杆等，也不要穿带有金属饰品的衣服，更要远离那些高大的树木。如果在户外，最好避开山顶和山脊，找地势低的地方蹲下，双脚并拢，手放膝下，身体向前屈。人多时要分散开，不要集中在一起，更不能牵手靠在一起！

夺命办公室

研究表明，工作比喝酒、吸毒和战争都危险。因为每年大约有200多万人死于工作场所或由于工作的原因而感染疾病，而仅有65万人死于战争。难道真的只能待在家里，哪儿也别去吗？

谁是优秀统计员？

巧克力法则：谁购买巧克力，谁就喜欢巧克力！

有些信息可以一目了然，比如经常购买巧克力的人一般都喜欢吃巧克力。但是更多的时候真相可能没这么简单，所以搜集信息的方式就变得十分重要。

下面给出几种信息搜集的例子，你认为哪一种有用？哪一种没有用？

1. 史蒂文想在家乡的小镇上开一家巧克力店，为了决定进货种类，他计划询问十个当地人他们最喜欢的巧克力品牌是什么。

2. 布莱恩是一家篮球俱乐部的老板，他想知道顾客如何看待俱乐部比赛季票的定价，所以他计划向俱乐部过去和现在的球迷们大量随机发放问卷，询问他们是否愿意以现在的价格购买季票。

3. 神奇蒙蒂是一家马戏团的老板，计划带领自己的马戏团去一个从未去过的小镇表演。在表演之前，他想知道自己的马戏团能否赢得小镇居民的喜爱，就派出小丑们挨家挨户发放演出的传单，居民们在购买门票时可以凭借传单享受7折优惠。

4. 山姆老师想知道学校里学生们的运动量是否达标，所以他给女子曲棍球队的队员们发放了调查问卷。

答案在第32页

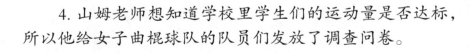

数独

数独是一种数学游戏，共有81个格子。数独盘面是个九宫格，每一宫又分为9个小格。在这81个格中给出一定的已知数字和解题条件，利用逻辑和推理，在其他的空格上填入数字1～9。使数字1～9在每一行、每一列和每一宫中都只出现一次，所以又称“九宫格”。

			30%
	30%	10%	
			40%
20%			

左图展示的是精简版的数独，可以检验我们对百分数计算知识的了解。这个数独中每一行、每一列的数加起来都是100%，而且不能重复。

概率迷宫

右图是一个概率迷宫，箭头所指的地方是迷宫的入口。完成迷宫的条件：在通往出口的路上所遇到的每一个数字相加的和必须恰好等于1。

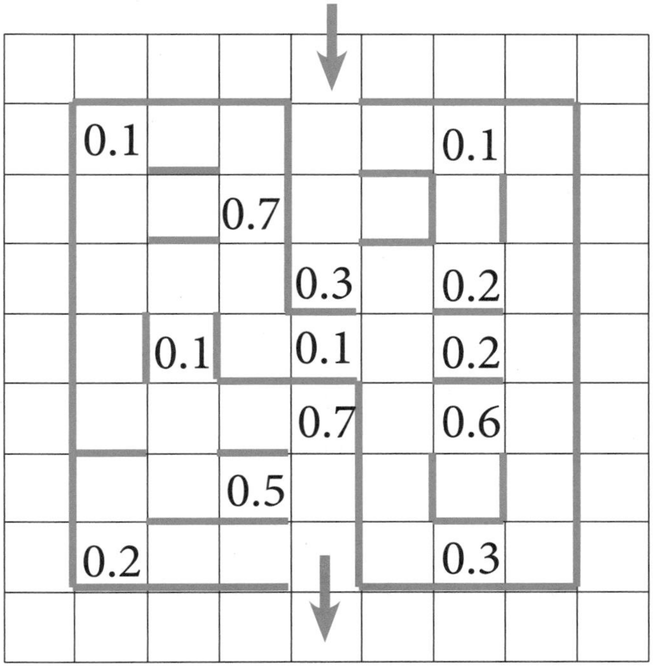

答案在第32页

洗牌算法

每次我们洗牌的时候，是否想过这样的可能性——这次洗好的牌和上一次的顺序完全相同。

答案是几乎不可能！

因为每副扑克牌都有54张，所以每张牌被放在第一张的概率为1/54，而剩下的53张牌每张被放在第二张的概率为1/53，以此类推。

现在根据条件概率的算法，可知在洗牌后使得每张牌在某个确定位置的可能性为(1/54)×(1/53)×(1/52)×(1/51)×…×(1/1)，这就意味着每次洗牌之后顺序完全一样的概率为$1/(2.3\times10^{71})$。

也就是说，你现在拿起扑克牌随便洗一下，得到的牌的顺序可能是人类历史上第一次出现的，神奇吧！

脑筋急转弯

一个人声称自己可以预测在开场之时每一场足球比赛的比分，常胜不败，他是如何做到的呢？

如果你拿着唯一的一根火柴走进一间黑屋子，屋子里面有柴油灯、一些报纸和一些可以用来引火的松明子，你最先选择点燃谁呢？

一个人走进森林，最多能走多深呢？

答案在第32页

索引

答案

第4－5页 脑洞大开

1.完全不可能 2.一定会 3.百分之五十 4.百分之五十 5.不太可能 6.不太可能 7.不太可能 8.完全不可能 9.有可能 10.不太可能 11.不太可能 12.完全不可能。

第5页 两只白袜子

詹姆斯穿两只白袜子的概率为0。因为已知抽屉里有四只袜子，而詹姆斯穿两只黑袜子的概率为1/2，所以可推断出抽屉里有三只黑袜子一只白袜子。他穿一黑一白两只袜子的概率也为1/2。

第6页 相同的生日

347/365

第8页 条件概率

第1题：1×50%×50%=25%

第2题：成功概率是（1−20%）×60%＝48%

失败概率是20%×（1−60%）＝8%

第3题：50%×25%=12.5%

第9页 找出相等的概率

第一组：必然，确定，1.0，100%，50/50

第二组：十分之一，10%，0.1，1/10

第三组：25%，0.25，四分之一

第四组：成功失败机会相等，0.5，50%，二分之一，1/2

第五组：0，0%，零，根本没机会，完全不可能

第10页 难以捉摸的问题

在18次抛掷中至少投出三次六点的那个人获胜的概率大。

第11页 聪明的大臣

大臣们给出的办法实际上根本没有改变出生率，男孩与女孩的出生率仍然是相等的。

第17页 公平还是不公平？

1. 不公平；2. 不公平；3. 公平；4. 不公平；

5. 公平；6. 不公平；7. 公平。

第19页 达克沃斯量表

1. 一天抽10支烟风险更大；2. 洗碗风险更大；3. 在马路上散步风险更大；4. 使用吸尘器风险更大；5. 一天抽20支烟风险更大。

第20页 奇数球挑战！

至少有一个奇数球的概率是3/4。

第24页 赛马日

最后胜出的分别是阿里和帕尔文。

第25页 蜗牛赛跑

五只蜗牛获胜的概率分别是："F1"，40%；"火箭"，25%；"导弹"，20%；"猎豹"，10%；"小蜗"，5%。因为已经知道"火箭"的赢率是1/4，所以其他四只蜗牛的赢率之和为1−1/4=3/4，小蜗的赢率最低，所以设小蜗的赢率为x，即$x+2x+4x+8x=3/4$，所以$x=0.05$，小蜗的赢率为5%。

第25页 下棋比赛

克洛伊和海蒂获胜的概率分别为（1−0.3−0.2−0.1）/2=0.2，而保罗的胜率最高，所以最有可能成为冠军。

第26页 疑云密布

A. 云5；B. 云7；C. 云9；D. 云8；E. 云2。

第28页 谁是优秀统计员？

1. 没有用，样本过少；2. 有用；3. 有用；4. 没有用，样本不具有代表性。

第29页 数独

数独答案

10%	20%	40%	30%
40%	30%	10%	20%
30%	10%	20%	40%
20%	40%	30%	10%

概率迷宫（答案不止一种）

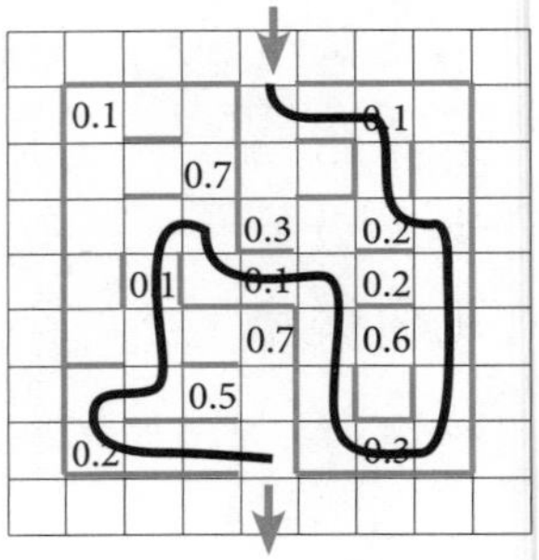

第30页 脑筋急转弯

任何比赛开始时的比分永远都是0：0。

火柴先被点燃，在火柴未点燃之前没有办法点燃其他的东西。

一半，因为走到一半之后人就开始向森林外走去了。